微波技术基础

WEIBO JISHU JICHU

主　编　黄麟舒

参　编　顾睿文　项顺祥　李　荃

主　审　王新稳

西安电子科技大学出版社

内 容 简 介

本书是海军工程大学对海对潜通信重点学科重点建设教材。书中主要介绍了微波技术的基本概念、基本理论和基本分析方法。全书包括绪论及六章内容。绪论讲解了微波的定义、微波技术的发展；第 1 章电磁场基础理论，是对先修课程"电磁场与电磁波"相关知识的总结和提炼；第 2 章传输线理论，讲述了微波在各种均匀无耗传输线中的传输原理；第 3 章波导和平面传输线，从电磁场的角度阐述了规则波导、同轴线、微带线等一些典型微波传输线理论、分析方法及其应用；第 4 章微波网络基础，从电路的角度论述了微波网络的基本理论；第 5 章微波元件，分述了常用的微波无源器件的结构、主要特性及应用；第 6 章微波技术应用，简要介绍了几种典型的微波系统和微波技术的应用。为了巩固所学内容，每章末均提供了习题。

本书可作为高等院校工科电子信息类专业本科生的教材或参考书，也可供微波工程、微波电路及器件研制开发、天线、电磁兼容等领域的教师、研究生和工程技术人员参考。

图书在版编目（CIP）数据

微波技术基础 / 黄麟舒主编. -- 西安：西安电子科技大学出版社，2025.4. -- ISBN 978-7-5606-7538-1

Ⅰ. TN015

中国国家版本馆 CIP 数据核字第 2025FV7685 号

策　　划　杨丕勇
责任编辑　赵婧丽
出版发行　西安电子科技大学出版社（西安市太白南路 2 号）
电　　话　(029) 88202421　88201467　　邮　　编　710071
网　　址　www.xduph.com　　　　　电子邮箱　xdupfxb001@163.com
经　　销　新华书店
印刷单位　陕西日报印务有限公司
版　　次　2025 年 4 月第 1 版　　　2025 年 4 月第 1 次印刷
开　　本　787 毫米×1092 毫米　1/16　印张　12.5
字　　数　292 千字
定　　价　39.00 元
ISBN 978-7-5606-7538-1

XDUP 7839001-1

＊＊＊ 如有印装问题可调换 ＊＊＊

前　言

　　海军工程大学信息与通信工程是博士学位授权一级学科，是军队重点学科，也是湖北省重点学科。"微波技术基础"课程是该学科的一门专业基础课。

　　海军工程大学的"微波技术基础"课程要求面向全部电子信息类专业开设，涉及通信工程、雷达工程、信息对抗等专业，课程教学时数规定为 40 学时。在宝贵的学时条件下，如何定位军事院校的"微波技术基础"课程，即如何通过教学使学员对射频和微波基本知识的掌握达到一个相对完备的状态，既能够奠定本专业的良好基础，融入专业体系的后续课程中，又能够初步应用，把理论知识应用于实际中，是我们在教学中一直思考的一个问题。

　　本书是在编者多年的教学和实践经验基础上编写而成的。书中主要讲解了微波技术的基本概念、基本理论和基本分析方法，在阐述电磁场基础理论后，分析微波传输线的一般理论和特性以及波导的传输特性，讲授微波网络基础知识，阐述微波元件的结构和工作原理，并介绍微波技术的典型应用。

　　本书体系完整、简明精练。每章开头给出本章导读，有利于学生明确本章知识点；每章末给出本章小结，有利于学生对本章内容进行系统复习。

　　本书由黄麟舒主编，具体编写分工是：项顺祥编写了第 2 章习题，顾睿文编写了第 4 章习题，李荃绘制了部分插图，其余内容均由黄麟舒完成。

　　在编写本书的过程中，王新稳教授提出了详细且宝贵的意见和建议，赵春晖、陈章友、陈斌、蒋燕妮等老师也提供了很多帮助，编者在此表示衷心的感谢。本书初稿形成阶段，张献、张鹏、康颖、廖燕荣、伍侠、徐冠勖、刘洋、龙智凯、冯远、许博宇、王茗帜、王帅等同学付出了辛勤劳动，感谢他们。同时，向本书参考文献的作者致以崇高的敬意。

　　本书受到海军工程大学"对海对潜通信重点学科"重点课程建设计划的资助。

　　限于编者水平和经验，书中难免存在一些缺点和疏漏，恳请读者提出批评和建议，以利我们后续改进。

编　者

2024 年 12 月

目　录

绪　论

0.1　电磁频谱及微波

　　微波(microwave)是一种高频电磁波,其频率通常在 300 MHz～3000 GHz 范围内。图 0-1-1 给出了微波频段在整个电磁频谱中所处的位置。由图可知,在电磁频谱图中,微波是一段很小的波段,它的两边分别是超短波和红外线,是无线电波中波长最短(频率最高)的波段。根据电磁波在自由空间的传播速度和频率的关系 $c=\lambda f$ 可知,上述微波频段对应的波长为 1 m～0.1 mm,进而可以将微波划分为四个频段:分米波(波长从 0.1 m 至 1 m)、厘米波(波长从 1 cm 至 10 cm)、毫米波(波长从 1 mm 至 1 cm)和亚毫米波(波长从 0.1 mm 至 1 mm)。微波波段频谱如表 0-1-1 所示。

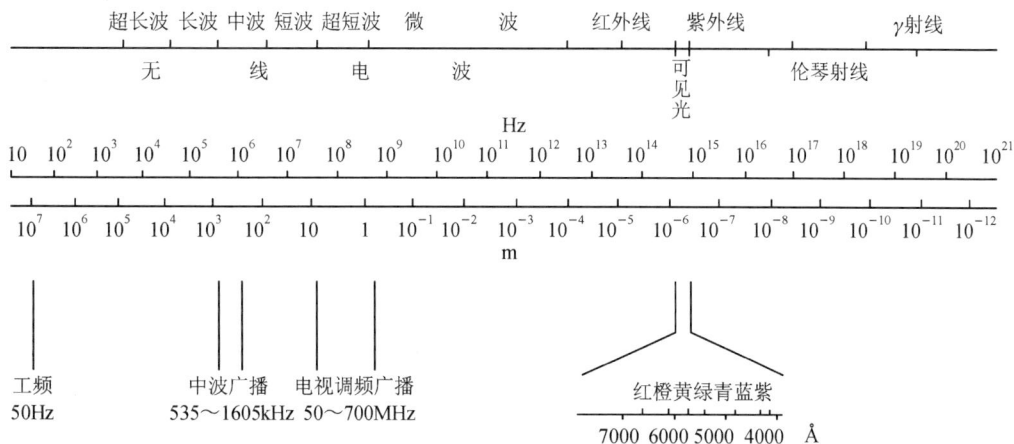

图 0-1-1　电磁频谱图

表 0-1-1　微波波段频谱

波段名称	波长范围/m	频率范围	频段名称	代号	备注
分米波	1～0.1	300 MHz～3 GHz	特高频	UHF	微波
厘米波	0.1～0.01	3 GHz～30 GHz	超高频	SHF	
毫米波	0.01～0.001	30 GHz～300 GHz	极高频	EHF	
亚毫米波	0.001～0.0001	300 GHz～3000 GHz			微波与红外的过渡

在长期实际应用中,对微波波段还有更细的划分,并用不同的拉丁字母作为各波段的代号,如表0-1-2所示。常用的有:"S"波段,波长在10 cm左右;"X"波段,波长在3 cm左右;"Q"波段,波长在8 mm左右。

表0-1-2 微波常用波段代号及对应的频率范围

波段代号	频率范围/GHz	波段代号	频率范围/GHz
UHF	0.30～1.12	Ka	26.50～40.00
L	1.12～1.70	Q	33.00～50.00
LS	1.70～2.60	V	40.00～60.00
S	2.60～3.95	M	50.00～75.00
C	3.95～5.85	E	60.00～90.00
XC	5.85～8.20	F	90.00～140.00
X	8.20～12.40	G	140.00～220.00
Ku	12.40～18.00	R	220.00～325.00
K	18.00～26.50		

这些代号是雷达研究初期出于保密需要而编制的,后来沿用至今。它们没有严格的和统一的定义。比较通行的雷达波段代号如表0-1-3所示。

表0-1-3 雷达波段代号

波段代号	P	L	S	C	X	K	Ku	Ka	V
典型波长	米波	22 cm	10 cm	5 cm	3 cm	2 cm	1.25 cm	8 mm	4 mm

0.2 微波的特点和应用

微波具有不同于普通无线电波的特点,也具有不同于光波的特点。微波的应用领域和研究方法及所用的传输系统、元件、器件和测量装置等都不同于其他波段。因此,必须把微波波段从普通无线电波波段单独划分出来进行研究。

在频率较低的电路中,我们往往可以区分出电路的某一部分是电容(电场集中的地方),另一部分是电感(磁场集中的地方)或电阻(损耗集中的地方),而连接它们的导线则既没有电容、电感,也没有电阻,这就构成集总参数电路。但是,到了微波波段,元件中的电场与磁场已构成一个交变的电磁场或电磁波,使用的元件称为传输线、波导、谐振腔等,相位滞后、趋肤效应、辐射效应等在微波波段特别明显,系统内各点的电场或磁场均呈"分布"状态,而非"集总"状态。因此,集总参数电路方法就失效了,取而代之的是分布参数电路方法,所使用的器件也是特殊的微波器件。当电磁波进一步过渡到红外线以至可见光,即频率更高的电磁波谱时,则可采用所熟悉的几何光学方法。电磁场理论中以麦克斯韦方程为基础的宏观理论是电磁波技术中最基本、最重要的研究方法,习惯称其为场的方法。

在微波工程中,人们常常以麦克斯韦方程及其解作为开始。这些方程带来了数学上的复杂性,因为麦克斯韦方程包含了作为空间坐标函数的矢量场量的矢量微分或积分的运算，人们试图使这个场理论的解简化为可以用更简单的电路理论来表达的结果。场理论的解通常给出了空间中每一点的电磁场的完整描述，它比我们在绝大多数实际应用中所需的信息多得多。典型地，人们更关心终端的量，例如功率、阻抗、电压和电流等这些常用电路理论概念表达的量。正是这种复杂性给微波工程增加了挑战性。

微波技术的实际应用与其特点是密切相关的，具体如下所述。

（1）波长短，易于实现窄波束定向辐射，且视距传播，能穿透电离层。

微波的波长短，介于一般无线电波与光波之间，比地球上的宏观物体（如建筑物、飞机和军舰等）的尺寸小得多，其传播特性与光相似，如沿直线传播，主要为视距传播，遇到障碍物有反射、折射、绕射、干涉等现象；遵循某些几何光学原理，如惠更斯原理、镜像原理，透镜聚焦可获定向窄波束辐射，具有多普勒效应等。利用这些特点，可以制造出高方向性微波天线，从而为雷达、卫星通信、导弹制导和微波中继通信等提供了必要条件。

雷达就是基于无线电波的反射测定目标位置的，这也是雷达的原理。为了精确定位，必须让无线电波定向发射，也就是聚成一个窄束，否则就无法判断反射波究竟是从哪个方向反射回来的。理论和实践表明，为了使电磁波定向发射，必须使用尺寸远大于波长的天线。例如，常用的抛物面天线，它发射电磁波的波束角约等于

$$\theta = \frac{140^\circ}{D/\lambda}$$

其中，D 为抛物面直径，λ 为波长。为了得到波束角为 5° 的波束，就必须使用直径为波长 28 倍的抛物面，即使选用短波波段的最短波长（10 m），也要使用一个直径达 280 m 的抛物面天线，这样大的天线建设在地面上已十分庞大，更不用说装在船舶或飞机上了。而如果选用微波波段，例如 3 cm 波段，则使用一个 84 cm 的抛物面天线就可获得同样窄的天线，这样的天线装在小型歼击机上也是可行的。因此，只有掌握了微波波段，才能使雷达的实现成为可能。

由微波发展的历史可以看到，微波技术几乎是伴随着雷达一起发展起来的。现在，雷达的种类和用途已是多种多样，如远程或超远程警戒雷达、火炮控制雷达、火箭或航天器的制导以及轨道警戒雷达、导航雷达、气象雷达、汽车防撞雷达等，它们所使用的都是微波波段。

微波易于实现定向辐射的特点还有助于点对点通信及定向广播。向空间定向辐射电磁波，进行点对点通信、定向广播或接收其反射波的各种雷达，测定目标位置时都必须选择大气吸收电磁波能量弱的波段，这些波段习惯上称为大气窗口。表 0-1-3 中所列雷达波段就是大气窗口。

各波段的无线电波在空间的传播特性是不一样的。长波可以沿着地球的弯曲表面传播到很远，这种传播方式叫地波；短波可借助 60~300 km 高空的电离层折射返回地面，这种传播方式叫天波；超短波、微波和光波波段，则能穿过电离层到达外层空间，属于视距传播，这种传播方式称为空间波。考虑到大气吸收，视距传播通常利用的是微波波段。地球和宇宙空间之间的通信、卫星通信等必须使用微波。在军事通信中仍然使用微波接力通信。

微波的视距传播特性的不利一面也是十分明显的，即在地球上它不能直接传播到很远的地方。因为地球表面是弯曲的球面，一个高 100 m 的发射天线其作用半径只有约 40 km。为了解决微波在陆地上传播距离有限这个困难，通常采用以下几种方法：

①　中继通信(接力通信)。在发射台与接收台之间设立若干中继站,站与站之间的距离不超过视距,这样微波信号就可以像接力棒一样一站一站地传递下去。

②　散射通信。地面上几十千米以内的大气层叫作对流层,可以利用它对微波的散射作用进行远距离通信。

③　卫星通信和卫星广播。把中继站设立在人造地球卫星上,这样就增大了通信距离和广播的服务半径。目前广泛使用的是赤道上空距地面 36 000 km 的同步轨道上的同步卫星,三颗同步卫星就可覆盖全球的大部分面积。近年来,轨道高度在 300～3000 km 的低轨道卫星系统也渐渐开始得到应用。

(2) 频率高,频带宽,信号容量大。

任何通信系统,为了传递一定的信息需占用一定的频带,因为纯粹的单频正弦波并不携带任何信息。为传递某种信息所必需的频带宽度叫作信道,例如,人耳所能听到的声音频带范围是 20～20 000 Hz,但对于语音,只需要传递 300～3400 Hz 这一频带的信号就足够了。也就是说,一个语音信道至少要有 3000 Hz 的频带。普通电话就是这样设计的,因此电话传送的声音可以让人听懂但不够悦耳,也就是不够逼真。为了逼真地传送语音和音乐,则需要占用 6～15 kHz 的频带,这就是广播所要求的频带。为了传送电视图像,则需要更宽的频带。例如,600 MHz 下 1% 的带宽为 6 MHz,这是一个电视频道的带宽;而 60 GHz 下 1% 的带宽为 600 MHz,这是 100 个电视频道的带宽。带宽在通信中特别重要,因为电磁频谱中的可用频带正在被迅速地耗尽。

除了传输信息的频带,实际中还需要有间隔频带,就是一个地区内或一条线路上各个信道所占的频带必须错开,因此在一定频段内所容纳的信道是有限的。即使采用数字通信,线路的信息容量仍然取决于线路的频带宽度。

根据目前的技术,一条通信线路或者一个收发系统,一般只有不超过百分之几的相对带宽(频带宽度与中心频率之比),所以为了把许多路电视、电话或电报同时在一条线路上传送,就必须使信道的中心频率比所要传递的信息的总带宽高几十倍乃至百倍、千倍。因此,采用微波波段通信其信息容量就可以很大,现代多路通信系统几乎无一例外地工作在微波波段,例如卫星通信系统、光纤通信系统等。自从 1966 年高锟等人提出光纤可以用作通信媒介,1970 年美国康宁玻璃公司研制出第一条光导纤维(损耗为 20 dB/km,波长约为 0.8 μm),以及 20 世纪 70 年初实现半导体激光器的室温连续运转以来,光纤通信就获得了飞速发展,成为具有巨大社会经济效益的产业。因为光纤通信应用的频率比微波频率更高,所以它具有极宽的频带。理论计算表明,一根光导纤维的数据传输率高达 20 000 Gb/s 以上,相当于在 1 分钟内把人类有史以来的全部文字知识传送完毕。在未来信息社会中,光通信将发挥极为重要的作用。

(3) 热效应和微波能的应用。

高频感应加热和介质加热早已应用于许多工业部门。在微波波段,材料的介质损耗增大,特别是含水分的材料对微波能的吸收非常有效,从而使微波成为较好的加热手段。微波加热具有效率高、透热深度大、加热迅速等特点,因此,微波加热和微波烘干正日益广泛地应用于粮食、食品、卷烟、茶叶、木材、纸张、蚕丝、皮革、纺织等工农业生产中。另外,微波能穿透生物体,这是微波生物医学的研究基础,微波理疗也日益广泛地被应用。

微波在未来能源的探索和开发中也起着重要的作用。例如,在受控热核聚变研究中利用毫米波电子回旋共振效应加热等离子体,在空间太阳能发电站的设计中用微波作为将能量送回地面的手段。

(4) 量子特性。

微波具有波粒二象性。根据量子学理论,电磁辐射的能量不是连续的,而是由一个个"能量子"组成的,每个量子具有与其频率成正比的能量 $E=hf$(其中,f 为频率,h 为普朗克常数,$h=6.626\times10^{-34}\mathrm{J}\cdot\mathrm{s}$)。低频无线电波的频率很低,量子能量甚小,故其量子特性不明显。而微波的频率很高,其量子能量范围为 $10^{-5}\sim10^{2}\mathrm{eV}$,故在低功率电平下,微波的量子特性明显地表现出来。另外,一些分子和原子的超精细结构能级落在微波波段,顺磁物质在磁场作用下的能级差也落在这一波段。利用微波与这些物质相互作用产生的物理现象,可以研究物质的结构,从而形成一门"微波波谱学"。微波与物质的相互作用比较强烈,特别是水分子吸收了微波能量后会产生热效应,这一特点在实际中可充分利用起来。

0.3 微波技术的发展

1. 微波简史

微波工程领域常常被认为是相当成熟的学科,因为电磁学的基本概念在 100 多年前就已经发展起来了。第二次世界大战期间,雷达的应用极大地推动了微波技术的发展。20 世纪四五十年代以来,多数电子设备(包括通信设备、雷达、导航设备、遥控遥测设备等)已工作于微波波段。

(1) 第一阶段(1940 年以前)。

赫兹(Heinrich Hertz)验证了麦克斯韦(Maxwell)的预言,在实验室中演示了电磁波的传播,并研究了电磁波沿传输线和天线的传播现象,开发了几个有用的传输结构。因此赫兹被称为第一代微波工程师。

赫兹虽然透过火花实验第一次证实了电磁波的存在,但却断然否认利用电磁波进行通信的可能性。他认为,若要利用电磁波进行通信,需要有一面面积与欧洲大陆相当的巨型反射镜。但是,赫兹电波的闪光,却照亮了两个年轻人不朽的征程。这两个年轻人便是波波夫和马可尼,他们各自独立发明了无线电并加以应用。

1904 年,弗莱明(Fleming)发明了第一只电子管——检波二极管。

1938 年,第一只调速管问世。

(2) 第二阶段(1940—1945 年)。

MIT 辐射实验室是林肯实验室的前身,它成立之初叫作微波实验室,后来为迷惑敌方改叫辐射实验室。该实验室用 5 年时间研制出了第二次世界大战战场上一半的雷达。

该实验室还留下了一系列的科学巨著,即 28 卷辐射实验室系列丛书。该丛书奠定了微波学科基础,被后世微波电子学的物理学家和工程人员奉为经典。

(3) 第三阶段(1945—1973 年)。

1946—1971 年,射电天文学大发展;1947 年出现第一台微波炉,微波开始被利用,并且微波医学开始发展;1964 年国际卫星通信组织成立;1965 年以后,单片微波集成电路(MMIC)快速发展。

在微波电路方面，从 20 世纪 50 年代后期至 60 年代，半导体器件所构成的系统在小型化和轻量化方面迈进了一步，很快地又由分立晶体管电路迈向集成电路。从 20 世纪 60 年代后期起，微波集成技术开始兴起，出现了多种类型的微波集成电路，这是电子系统的另一场革命。

（4）第四阶段(1973—1995 年)。

1973 年，摩托罗拉总设计师马丁·库珀发明世界上第一台移动电话。

民用移动通信使微波由军事领域发展到民用领域，微波技术也经历了明显的变化：从军到民，从冷到热，从偏基础理论到更具体实用。

20 世纪 70 年代后期，新型的微波固体器件砷化镓场效应管出现，它具有极为优异的微波特性，工作频率可高至亚毫米波段，使芯片上无源元件品质得以改进，但此时具有高 Q 值、低寄生参数的高品质无源元件仍难以在芯片上实现，因此，某些关键电路(如微波滤波器等)仍需借助混合集成电路实现。

1980 年以后，微波技术的全面发展使其得到广泛应用，尤其是手机的发展。

（5）第五阶段(1995 年至今)。

从 20 世纪 90 年代起，由于深亚微米和纳米技术的发展，硅基片上的 MOS 器件工作频率迅速提高，甚至直达毫米波段。

20 世纪 90 年代后期开始，微波集成电路出现了一些新的技术研究和应用方向。例如，微电子机械系统(Micro-electromechanical systems，MEMS)使用半导体开关电路减小机械开关的损耗，尽管此电路也容易和微带线结合，但是寿命和速度仍是难题；另一个是超导技术与微带电路结合，有效地解决了一般微带滤波器损耗较高、滤波特性不够理想的难题。

此后，微波技术作为一门学科，无论在理论分析还是设计计算方面，都有许多进展，下面对此再做简要的叙述。

2. 现代微波技术的发展

1）微波技术的发展

目前，微波技术的发展可归纳为三个方面，即：① 应用范围不断扩大，向着新的微波应用领域方向发展；② 与固体材料相结合；③ 向毫米波和亚毫米波方向发展，并已获得实际应用。

（1）与实际应用紧密结合。

微波在国防上最重要的应用是雷达和导弹控制。正是由于雷达的实际应用需要，才推动了微波技术的飞速发展。近年来，各种远程雷达在信息论的基础上出现了许多新颖的接收方法。与此同时，在微波技术方面也有很大进展，如发射功率不断提高、天线尺寸继续加大、接收机中采用低噪声量子放大器等。

在生活中，微波重要的应用之一是多路通信。微波多路通信的主要形式是中继通信(频率通常在 1000～10000 MHz 之间)。散射通信是另一种重要的多路通信形式。在米波(超短波)波段利用电离层散射传播可获得 2000 km 左右的可靠通信，在厘米波波段利用对流层的散射传播可获得 500 km 以上的可靠通信。随着空间技术的发展，卫星通信、卫星导航已广泛应用于航空和海运中的导航系统中，以及最新的空间通信和跟踪系统中。

此外，微波在工业、工程和工艺学等方面也有着愈来愈广泛的应用。微波在工业上的应用主要基于这个波段上电磁波辐射的热效应。

在科学研究中，微波技术也占有很重要的地位。例如，原子能研究中一种重要的器件——电子加速器（加速器和回旋加速器）就是利用微波技术制造的。又如，在控制热核反应的等离子区测量方面，毫米波技术提供了极为有效的方法。

在国防科技研究中，高功率微波技术发展迅速，它是近几年国际上研究的热点之一，也是正在发展中的新概念武器技术。高功率微波武器具有多样性，不同的技术途径、不同的频率、不同的波形、不同的作用和威力范围将形成各种各样的高功率微波武器，如电磁脉冲弹、高功率微波炮等；按运载平台来分，可将高功率微波武器分为地（海）基高功率微波武器和空基高功率微波武器等。

随着这门学科本身的发展，微波的一部分内容在结合物理学的某些分支的基础上已经逐渐从原来的微波领域中划分出来，形成了若干新的学科分支，如微波天文学、微波气象学、微波波谱学、量子电子学、微波半导体电子学等。

（2）与固体材料相结合。

近年来，微波技术和固体物理更加紧密地联系了起来，使这门学科的发展有了新的生命力。在 1999 年左右，微波技术中应用的固体材料还只限于晶体二极管检波器和混频器。这种状态现已大大改观。半导体在微波技术中的应用有了巨大发展。举例来说，参量放大器和隧道二极管都取得了重要的成就；此外，铁氧体磁性半导体在微波技术中的应用也日益广泛。

微波技术和新材料的结合，促进了微波电路向小型化和单片集成化方向发展。

（3）向毫米波和亚毫米波方向发展，并已获得实际应用。

无线电电子学自发展以来，从来没有中断过开拓新的频率。约在 1920 年以前，人们掌握的波段是长波和中波，1930 年左右发展到了短波，以后大致是每隔十年掌握一个新波段，逐渐发展到超短波、微波（分米波、厘米波和毫米波）。因此，频率越来越高的波段将是微波技术研究的发展趋势。目前而言，微波的发展前沿主要是在毫米波和亚毫米波（远红外）波段。

无论从通信、雷达还是基本研究来看，毫米波与亚毫米波波段都有着美好的应用前景。在毫米波波段，高功率的新型微波管已经制成，微型毫米波固体器件的研究也取得了进展。例如，已出现能用于 6～8 mm 波段的微波参量放大器；3 mm 波段参量变容管和隧道二极管混频器及倍频器等毫米波固体器件可用于高分辨力雷达、宽频带传输线和空间通信等系统中。

随着半导体工艺的发展，以 GaAs（砷化镓）材料为代表的毫米波器件及芯片的性能大幅提高，广泛应用于毫米波电路中。低噪声放大器（Low Noise Amplifier，LNA）是实现信号低噪声放大的重要器件，在毫米波频段，不能再使用传统的场效应管低噪声放大器，取而代之的是高电子迁移率晶体管（High Electron Mobility Transistor，HEMT）低噪声放大器，其具有噪声系数低、效率高、增益高、工作频率高等优点。在功率放大器方面，随着毫米波单片集成技术的进步和整体微波集成电路（Monolithic Microwave Integrated Circuit，MMIC）芯片输出功率的提升，毫米波固态功率放大器（Solide State Power Amplifier，SSPA）正在逐渐代替传统的行波管放大器（Traveling Wave Tube Amplifier，TWTA）。此外，PCB 制造工艺的进步，也为毫米波集成电路的实现提供了基础。目前，低温陶瓷共烧

(Low Temperature Cofired Ceramics，LTCC)技术在毫米波集成技术方面发展快速，具有小型化、轻型化和高密度化等优点。

如图 0-3-1 所示是德国 IMST GmbH 中心的 W. Simon 等研究人员利用低温陶瓷共烧技术制作的用于卫星通信的 Ka 波段发射前端。该模块将 8×8 的天线阵、射频电路、本振电路、直流电路以及一个水冷散热系统集成在一块 LTCC 基板中，实现了极高的集成度，大大减小了星载通信系统的体积和质量。

图 0-3-1　Ka 波段发射前端的正反面

在亚毫米波段，研究人员则几乎研究了每一种物理现象，看它能否用来产生、传输和检测亚毫米波。这些研究方面包括经典电子学、量子电子学、半导体、固体、铁氧体、铁电体、塌致发射、隧道效应、超导体、物理光学、电磁理论、声学、相对论物理、非线性现象、等离子体、波谱学等。在这个微波发展的"前哨"上，每推进一步工作都是困难的。

2）电磁场微波理论的发展

随着计算机技术、数学和物理学科的迅速推进，元器件和连线的尺度缩小到纳米级，电磁场微波理论也在不断发展，主要有如下几个方面。

（1）电磁散射。随着微波遥感技术的发展，电磁散射和电磁辐射的遥感理论越来越引起人们广泛的关注。无论是微波遥感还是微波通信，都涉及电磁波在大气层和电离层中的传播问题，这些介质是随机的，需要讨论介质中的波的传播问题。随着电磁波在地学、生物学和医学中的广泛应用，电磁场的逆散射问题越来越受到关注。无论是结构重建还是参数重建，无论是一维目标还是二维目标，逆散射成像理论都在不断推进。

（2）新材料技术。手征介质（或称旋波介质）是一种用于隐身技术的新型复合材料。把半径很小又截得很短的金属螺旋线随机地埋入普通的介质中，可以作为这种材料的一种模型。由于介质中存在螺旋状的导电体，因此介质特性中就有了电场与磁场的耦合。这类材料的理论分析比较困难。

（3）小波分析。这是 20 世纪 80 年代末期发展起来的现代调和分析的一个重要分支。小波正交基的多分辨率结构是空间或时间自适应算法的有效框架，与傅里叶变换不同，它将信号分成多种尺度成分，可以获得不同分辨率上的细节，非常适合分析回波信号。因此，它在电磁场散射理论中是有应用前景的，目前处于上升状态。

（4）分形技术。分形或分数维技术是近二十年间才发展起来的一种数学方法，它的发展是与计算科学的发展紧密联系在一起的。它在电磁场理论中的应用处于起步阶段，有了一些初步的理论探讨文章，还没有实际应用成果的报道，但它的应用前景是十分诱人的。

在微波遥感中，地物目标都是既有不同的几何特性又有不同的物理（或电磁）特性的复杂目标。在遥感器所获得的信息中总是把几何特性与电磁特性的信息混合在一起，而且几何特性的量化描述又是很困难的。分数维理论可以对几何特性进行量化描述。能否通过分数维的理论结合电磁散射理论把遥感信息中表征几何特性的量与表征电磁特性的量分离开来，这是遥感工作者所关心的问题。但至今这一问题还没有找到实际的解决途径。

（5）混沌动力学。从量子力学和相对论创立以来，混沌学被称为20世纪的第三次科学革命。它研究复杂的不可预测的随时间演变的非线性现象。混沌现象广泛存在于物理、化学、生物、气象和地质等自然科学和经济、人口等社会科学中。近20年来，混沌动力学在国外引起人们极大的关注并有着飞快的发展。电磁场中混沌现象的研究在国际上也正在起步，研究内容目前主要还限于自由电子激光的非线性相互作用过程中的混沌现象。

0.4 射频电路基础

在通信系统设计和实际应用中，经常涉及频带宽度、品质因数和分贝等概念。例如，射频电路设计中经常以 dBm 作为功率的单位，以 dBμV 作为电压的单位。

本节作为微波射频技术的基础，介绍一些相关参数的概念和表示方法，例如带宽、分贝等内容。

1. 频带宽度表示法

1）绝对带宽

在射频通信电路设计中，经常涉及频带宽度的问题。例如，在带通或带阻滤波电路的设计中，需要给出对频带宽度的描述。带宽（BW）可以根据高端截止频率 f_H 和低端截止频率 f_L 定义为

$$BW = f_H - f_L \qquad (0-4-1)$$

采用绝对带宽表示时，BW 的量纲为 Hz。例如，某射频放大电路的工作频率范围为 $1\sim2$ GHz，则带宽为 1 GHz；PAL（Phase Alteration Line）制式的电视广播的图像信号带宽为 6 MHz。通常以频率作为单位表示的带宽是指绝对带宽。

2）相对带宽

采用绝对带宽表示时，不仅需要指出带宽的数值，还需要指出具体中心频率。例如，带宽同样为 BW=100 MHz，中心频率分别为 $f_{c1}=3$ GHz 和 $f_{c2}=300$ MHz，在放大电路的设计上存在较大的差异。如果只给出 BW 而不给出中心频率 f_c，则不能完全反映带宽的含义。因此在射频电路设计中，使用相对带宽的概念较为简便。相对带宽常用的表达方式有两种：百分比法和倍数法。采用相对带宽表示时，带宽是无量纲的相对值。

百分比法定义为绝对带宽占中心频率的百分数，用 RBW 表示为

$$RBW = \frac{f_H - f_L}{f_c} \times 100\% = \frac{BW}{f_c} \times 100\% \qquad (0-4-2)$$

其中，$f_c = \dfrac{f_H + f_L}{2}$ 为中心频率。

倍数法(又称覆盖比法)定义为高端截止频率 f_H 与低端截止频率 f_L 的比值,用 K 表示为

$$K = \frac{f_H}{f_L} \tag{0-4-3}$$

或者通过分贝值来表示,定义频带宽度为

$$K = 20\lg \frac{f_H}{f_L} \text{ dB} \tag{0-4-4}$$

采用倍数法表示的相对带宽有时也用倍频程的概念进行描述。例如,对于 $1 \sim 2$ GHz 的射频放大电路,$K=2$(或 6 dB),具有 1 个倍频程的带宽;而对于 200 MHz$\sim$2 GHz 的射频放大电路,$K=10$(或 20 dB),具有 10 个倍频程的带宽。

百分比法 RBW 和倍数法 K 都可以表示相对带宽,两者的转换关系为

$$\text{RBW} = 2 \times \frac{K-1}{K+1} \times 100\% \tag{0-4-5}$$

3) 窄带和宽带

窄带和宽带是一个相对的概念,没有十分严格的定义。一般根据相对带宽来定义宽带,而不使用绝对带宽来定义。通常认为,如果相对带宽达到 1 个倍频程以上($K \geqslant 2$),则属于宽带;如果相对带宽在一个倍频程以内,则属于窄带。例如,射频电路设计中经常涉及的窄带放大电路和宽带放大电路,就是按照这个标准进行划分的。

【例 0-4-1】 一个射频低噪声放大电路的频率范围为:$f_L=5.1$ GHz,$f_H=6.3$ GHz。请计算绝对带宽 BW、相对带宽 RBW 和倍数法表示的带宽 K,并判断该放大电路是否属于宽带放大电路。

解:绝对带宽 BW 为
$$\text{BW} = f_H - f_L = 6.3 \text{ GHz} - 5.1 \text{ GHz} = 1.2 \text{ GHz}$$

相对带宽 RBW 为
$$\text{RBW} = \frac{\text{BW}}{f_c} \times 100\% = 2 \times \frac{f_H - f_L}{f_H + f_L} \times 100\% = 21\%$$

倍数法表示的相对带宽为
$$K = 20\lg \frac{f_H}{f_L} = 1.84 \text{ dB}$$

由于带宽没有达到一个倍频程,因此该放大电路不属于宽带放大电路。

2. 分贝表示法

在射频电路设计中,经常引入分贝(dB)作为一个通用的参考单位。分贝是一个对数函数,可以方便地表述数量级相差较大的数值。分贝通常是一个无量纲的比值,用来表示物理量相对值,如电压放大倍数和功率放大倍数等。在射频电路的工程应用中,可以将分贝和某些物理单位一起使用,用来表示物理量的绝对数值,如用 dBmW 或 dBm 来表示功率,用 dBμV 来表示电压。

工程师常使用 dBm 表示一些典型的功率值。例如,实际为 0.01 mW 的功率,用 dBm 来表示就应该为 -20 dBm;而 1 W 的功率,用 dBm 来表示就应该+30 dBm。

也常使用 dBμV 表示一些典型的电压值。例如,实际为 0.01 μV 的功率,用 dBμV 来

表示就应该为－40 dBμV；而 1 mV 的电压，用 dBμV 来表示就应该为＋60 dBμV。

绝对电压、绝对电流和绝对功率值都是有量纲的物理量，如果与相应的物理量相比，就能使用分贝表示这个无量纲的比值。例如，放大电路的输入功率为 P_{in}，输出功率为 P_{out}，则放大电路的功率增益 G_P 为

$$G_P = 10\lg\left(\frac{P_{out}}{P_{in}}\right) \text{ dB} \tag{0-4-6}$$

在射频系统中，单元电路的输入阻抗和输出阻抗都要求设计匹配为 Z_0。如果放大电路的输入电压为 U_{in}，输出电压为 U_{out}，选择合适的系数可以使电压增益 G_U 与功率增益 G_P 具有相同的分贝值。因此，定义电压增益 G_U 的分贝值为

$$G_U = G_P = 10\lg\left(\frac{U_{out}^2/Z_0}{U_{in}^2/Z_0}\right) = 20\lg\left(\frac{U_{out}}{U_{in}}\right) \text{ dB} \tag{0-4-7}$$

注意：在计算功率增益 G_P 和电压增益 G_U 时，分别使用了不同的系数 10 和 20。如果放大电路的电压放大倍数为 10，则功率放大倍数为 100，但是电压增益 G_U 和功率增益 G_P 均为 20 dB。

分贝表示法还可以通过选取固定的参考值来表述物理量的绝对值。例如，选取 1 mW 作为功率的参考值，并且定义为 $P_0 = 0$ dBm，把其他功率 P 与该参考功率 P_0 比较就可以得到功率 P 的分贝，表示为

$$P = 10\lg\left(\frac{P}{1\text{mW}}\right) \text{ dBm} \tag{0-4-8}$$

选用 1 μV 作为电压的固定参考值 0 dBμV，可以将电压 U 用分贝表示为

$$U = 20\lg\left(\frac{U}{1\,\mu\text{V}}\right) \text{ dBμV} \tag{0-4-9}$$

在阻抗为 $Z_0 = 50$ Ω 的系统中，如果测量电压为 0 dBμV，则可以计算出相应功率 P 为

$$P = 10\lg\left(\frac{P}{1\text{ mW}}\right) \text{ dBm} \tag{0-4-10}$$

也就是说，在阻抗为 50 Ω 的射频系统中，0 dBμV 的信号和－107 dBm 的信号具有相同的功率。需要注意，如果系统阻抗 Z_0 发生了变化，电压 U(dBμV) 和功率 P(dBm) 之间的转换关系也要发生相应的变化，两者的具体关系为

$$U = 90 + 10\lg Z_0 + P \tag{0-4-11}$$

【例 0-4-2】　(1) 在 $Z_0 = 50$ Ω 的射频系统中，14 dBm 的信号对应的电压是多少？

(2) 在 $Z_0 = 300$ Ω 的射频系统中，6 dBm 的信号对应的电压是多少？

解：　根据式 (0-4-11) 可以计算得到电压分别为

$$U = 90 + 10\lg 50 + 14 = 121 \text{ dBμV}$$
$$U = 90 + 10\lg 300 + 6 = 121 \text{ dBμV}$$

或者可以换算得到实际的电压均为

$$U = 10^{\frac{120}{20}} = 10^6 \ \mu\text{V}$$

显然，在不同阻抗的射频系统中，1 V 的电压会对应于不同的射频功率。

使用类似的方法还可以定义电流、电场强度和磁场强度等物理量的分贝表示法。例如，电流的分贝表示法定义为

$$I = 20\lg\left(\frac{I}{1\ \mu A}\right)\ \mathrm{dB}\mu A \qquad (0-4-12)$$

其他物理量的分贝表示法与电压和功率的分贝表示法相似。

电压的单位有伏（V）、毫伏（mV）、微伏（μV），对应的分贝单位（dBV、dBmV、dBμV）表示为

$$U_{\mathrm{dBV}} = 20\lg\frac{U_\mathrm{V}}{1\ \mathrm{V}} = 20\lg U_\mathrm{V}$$

$$U_{\mathrm{dBmV}} = 20\lg\frac{U_\mathrm{V}}{1\ \mathrm{mV}} = 20\lg U_\mathrm{mV}$$

$$U_{\mathrm{dB}\mu\mathrm{V}} = 20\lg\frac{U_\mathrm{V}}{1\ \mu\mathrm{V}} = 20\lg U_{\mu\mathrm{V}} \qquad (0-4-13)$$

电压以 V、mV、μV 为单位和以 dBV、dBmV、dBμV 为单位的换算关系为

$$U_{\mathrm{dBV}} = 20\lg\frac{U_\mathrm{V}}{1\ \mathrm{V}} = 20\lg U_\mathrm{V} \qquad (0-4-14)$$

$$U_{\mathrm{dBmV}} = 20\lg\frac{U_\mathrm{V}}{10^{-3}\ \mathrm{V}} = 20\lg U_\mathrm{V} + 60 \qquad (0-4-15)$$

$$U_{\mathrm{dB}\mu\mathrm{V}} = 20\lg\frac{U_\mathrm{V}}{10^{-6}\ V} = 20\lg U_\mathrm{V} + 120 = 20\lg U_\mathrm{mV} + 60 = 20\lg U_{\mu\mathrm{V}} \qquad (0-4-16)$$

电场强度的单位有伏每米（V/m）、毫伏每米（mV/m）、微伏每米（μV/m），电场强度的分贝单位（dBV/m、dBmV/m、dBμV/m）表示为

$$E_{\mathrm{dB}(\mu\mathrm{V/m})} = 20\lg\frac{E_{\mu\mathrm{V/m}}}{1\ \mu\mathrm{V/m}} = 20\lg E_{\mu\mathrm{V/m}}$$

$$1\ \mathrm{V/m} = 10^3\ \mathrm{mV/m} = 10^6\ \mu\mathrm{V/m} \qquad (0-4-17)$$

$$1\ \mathrm{V/m} = 0\ \mathrm{dBV/m} = 60\ \mathrm{dBmV/m} = 120\ \mathrm{dB}\mu\mathrm{V/m}$$

功率密度的单位有 W/m^2，常用单位为 mW/cm^2 或 μW/cm^2，它们之间的换算关系为

$$S_{\mathrm{W/m^2}} = 0.1\ S_{\mathrm{mW/cm^2}} = 100\ S_{\mu\mathrm{W/cm^2}} \qquad (0-4-18)$$

采用分贝表示时有

$$S_{\mathrm{dB(W/m^2)}} = S_{\mathrm{dB(mW/cm^2)}} - 10\ \mathrm{dB} = S_{\mathrm{dB}(\mu\mathrm{W/cm^2})} + 20\ \mathrm{dB} \qquad (0-4-19)$$

[例 0-4-3] 将 50 W 转换为 dBW。

解： $(50\mathrm{W})_{\mathrm{dBW}} = 10\lg\frac{50\mathrm{W}}{1\mathrm{W}} = 10\lg 50 = 10\lg\frac{100}{2} = 20 - 3 = 17\ \mathrm{dBW}$

$$1\mathrm{W} = 10^3\ \mathrm{mW},\ 0\ \mathrm{dBW} = 30\ \mathrm{dBmW}$$

0.5 本书结构

本书所研究的微波技术内容，简单地讲，就是微波的产生、传输、变换、检测、发射和测量，以及与此相对应的微波器件和传输线等。主要内容包括：传输线理论，传输线不仅能够传输微波，而且还是微波元器件、微波集成电路和微波天线等的重要组成部分；波导理论，是利用宏观的电磁场理论分析微波传输线特性的理论；微波网络理论，是微波技术的

一个重要分支，它用电磁场与电路结合的方法来解决电磁场的边值问题，从而使问题得以简化，具有实用价值；典型的微波无源器件的原理和结构等。

在电磁波研究中，不同的频段因其工作波长与电系统尺寸相比拟的程度不同而使其分析方法也不尽相同。一般常用分析方法有电路分析方法、电磁场分析方法，以及光学分析方法。

（1）电路分析方法。当无线电波频率较低时，由于其波长远大于电系统的实际尺寸，这时可采用集总电路理论进行分析。当研究微波频段时，频率大大升高，产生了趋肤效应等，这时只能从工程问题的特殊要求出发，发展出一套近似的方法，大量地引用集总参数电路中的一些基本概念，如电压、电流、阻抗等，大量引用关于网络的概念和分析方法，如转移参量等，将传输线等效为分布参数电路来处理，利用基尔霍夫定律建立传输线方程，从而求得传输线上的电压和电流的时空变化规律，然后分析其传播特性。这称为"路"的分析方法。

（2）电磁场分析方法。在微波波段，由于其波长与电系统的实际尺寸相当，甚至小得多，如在大规模集成电路和微波单片集成电路中，随着集成度的提高，各种元器件和连线的尺度已缩小到微米和纳米量级。此时，原有的集总参数的概念完全不再适用，要求用电磁场理论来处理，即从麦克斯韦方程组出发，结合边界条件来研究系统内部的结构，求解电磁场的波动方程，从而得出各个场量的时空变化规律，分析电磁波在传输线上的传播特性。这称为"场"的分析方法。该方法能对微波系统进行完整的描述，是分析色散波传播系统的根本方法。例如，耦合模理论就是把各种微波电路、微波元件中的电磁理论问题作了综合。

（3）光学分析方法，当频率升高至光波段时，电磁波传播特性与光的传播特性很相似，要采用光学分析方法，主要包括复射线分析法，或称射线追踪法等。详细情况可参见相关的专门著作论述。

本书采用国际单位制（SI）。在电磁学中，这种单位制的四个基本单位是长度、质量、时间和电流强度。长度单位为 m（米），质量单位为 kg（千克），时间单位为 s（秒），电流强度单位为 A（安培）。对于时谐（正弦）电磁场，使用的时间因子为 $e^{j\omega t}$。

第1章 电磁场基础理论

【本章导读】

本章主要介绍电磁场基本理论。首先介绍时变电磁场的场量、源量、场方程、本构关系和边界条件（1.1～1.4 节），其次介绍时谐电磁场的麦克斯韦方程复矢量形式（1.5 节）及时谐电磁场功率传输和守恒关系的坡印亭定理（1.6 节），最后介绍真空中电磁波的波动方程（1.7 节）。

1.1 电场和磁场

电磁现象，从狭义来说，是电与磁相互作用的表现；但从广义来说，是电的现象、磁的现象及其相互作用的综合表现。本书主要讲述微波技术或微波工程中一些最基本的东西，包括波导等微波传输线、微波元件、组件等。为了便于讲述，首先要学习电磁场原理。在介绍电磁场基础理论之前，先要弄清楚几个问题。

· 什么是电场和磁场？

静止电荷产生的场表现为对于带电体有力的作用，这种场称为电场。不随时间变化的电场称为静电场。

运动电荷或电流产生的场表现为对于磁铁和载流导体有力的作用，这种场称为磁场。不随时间变化的磁场称为恒定磁场。

· 什么是电磁波？

如果电荷及电流均随时间变化，那么它们所产生的电场及磁场也是随时间变化的。时变的电场与时变的磁场可以相互转化，两者不可分割，它们构成统一的时变电磁场。时变电场与时变磁场之间的相互转化作用，在空间形成电磁波。静电场与恒定磁场相互无关、彼此独立，可以分别进行研究。

· 什么是电磁场的物质属性？

电磁场与电磁波虽然不能看见，却是客观存在的一种物质，因为它具有物质的两种重要属性：能量和质量。但是，电磁场与电磁波的质量极其微小，因此，通常仅研究电磁场与电磁波的能量特性。

电磁场与电磁波是一种物质，它的存在和传播无须依赖于任何媒质。在没有物质存在的真空环境中，电磁场与电磁波的存在和传播会更加"自由"，因此对于电磁场与电磁波来说，通常称真空环境或空气为"自由空间"。

· 什么是电磁场与媒质？二者之间有什么关系？

当空间存在媒质时，在电磁场的作用下媒质会发生极化与磁化现象，结果是在媒质中又产生二次电场及磁场，从而改变了媒质中原先的场分布，这就是场与媒质的相互作用现象。为了研究方便起见，一般先介绍真空中的电磁场，然后再讨论媒质中的电磁场。

· 什么是电磁场与电磁场的源？

电荷及电流是产生电磁场唯一的源。至今，人们尚未发现自然界中存在磁荷及磁流。虽然有时引入磁荷及磁流的概念是十分有益的，但是它们仅是假想的。研究场与源的关系是电磁理论的基本问题之一。本章将简述电磁场与源，以及场与媒质之间的关系，并且给予数学描述。

在古代，人们通过摩擦生电、矿石吸铁等现象初步认识了电现象和磁现象。例如，利用磁现象发明了指南针，用来指示方向。

近代电磁学的历史可从 16 世纪末期的吉尔伯特的《论磁石》著作追溯起。进入 19 世纪，电磁学迅速发展。奥斯特发现了电流的磁效应。在此激励下，通过安培、毕奥与萨伐尔等的研究，人们逐渐发现有关电流与磁的重要定律。电磁铁也几乎在同一时期被制成。

法拉第发现穿过闭合电路的磁通量发生变化，产生了感应电动势，即电磁感应定律。这一发现成了电磁学飞跃发展的起点。

1873 年，英国科学家麦克斯韦提出了位移电流的假设，认为时变电场可以产生时变磁场，并以严格的数学方程描述了电磁场与波应该遵循的统一规律，这就是著名的麦克斯韦方程。该方程说明了时变电场可以产生时变磁场，同时又表明时变磁场可以产生时变电场，因此麦克斯韦预言了电磁波的存在。1887 年，德国物理学家赫兹的实验证实了电磁波的存在，并揭示了电磁波与光同样地具有直线传播、反射、折射等性质。

这样，在 19 世纪末，完成了通过麦克斯韦方程而得到统一解释的电、磁、光的各种现象的电磁学。在这个基础上，俄国的波波夫和意大利的马可尼于 19 世纪末先后发明了用电磁波作为媒体传输信息的技术。近代电磁学进入实际应用阶段。

进入 20 世纪，一方面，由于真空管的发明，产生了高强度电波，快速地推进了电波技术；另一方面，光学作为一门学科得到了飞速发展，激光的发明引起人们新的关注。

迄今为止，电磁场与波的应用非常广泛，在通信、雷达、导航、遥感、航空航天等高技术领域，都可找到电磁场与波的应用原理。

从电磁频谱看，各频段范围内的电磁场与波的应用如下：

（1）在几十赫兹的范围内，是电力与电机方面的应用。

（2）在甚低频、低频的波段范围内的电磁波，主要用于潜艇的长波通信。

（3）在高频、甚高频和特高频波段内的电磁波，则应用于移动通信、短波通信和无线互联网等方面。

（4）在极高频（毫米波，30～300 GHz）和至高频（超毫米波，300 GHz 以上）波段范围内的电磁波，则应用于卫星通信、高速数据传输、雷达、电子对抗（其中包括隐身与反隐身、假目标、诱饵等）、导航、雷达成像及射电望远镜等方面。

（5）红外线波段范围内的电磁波，则应用于光纤传输及数据交换等方面。随着技术的发展与进步，光纤传输已经逐渐变成一种比较廉价的传输媒质。

（6）红外线、紫外线、X 射线、γ 射线、超声、激光等，多用于热成像、核磁共振、医疗消毒等方面。

（7）静电复印、静电除尘以及静电喷漆等技术，都是基于静电场对带电粒子具有力的作用；而电磁铁、磁悬浮轴承以及磁悬浮列车等，都是利用磁场力的作用。

当今的无线通信、广播、雷达、遥控遥测、微波遥感、无线因特网、无线局域网、卫星定位以及光纤通信等信息技术等，都是利用电磁波作为媒介传输信息的。

以上新技术的广泛应用促进了电磁理论的发展，由此创建了很多分析电磁场与波的新方法，研制了很多电磁性能优越的新材料。大容量、高性能、高速度计算机的出现，不但解决了很多电磁理论的计算问题，同时也产生了计算电磁场与电磁波的新方法，从而形成计算电磁学的新学科，它是当今电磁学的重要分支。

1.2 时变电磁场的麦克斯韦方程

麦克斯韦方程是在总结电磁实验定律的基础上得出的，它全面反映了时变电场和时变磁场、场与源以及场与介质之间的普遍规律，是求解电磁场问题的基础，由它得出的推论与实验结果相符。

麦克斯韦方程组由四个方程组成，分别是：

$$\begin{cases} \oint_C \boldsymbol{H} \cdot \mathrm{d}\boldsymbol{l} = \int_s \left(\boldsymbol{J} + \dfrac{\partial \boldsymbol{D}}{\partial t} \right) \cdot \mathrm{d}\boldsymbol{S} \\ \oint_C \boldsymbol{E} \cdot \mathrm{d}\boldsymbol{l} = -\int_s \dfrac{\partial \boldsymbol{B}}{\partial t} \cdot \mathrm{d}\boldsymbol{S} \\ \oint_s \boldsymbol{D} \cdot \mathrm{d}\boldsymbol{S} = \int_V \rho \mathrm{d}V \\ \oint_s \boldsymbol{B} \cdot \mathrm{d}\boldsymbol{S} = 0 \end{cases} \quad (1-2-1)$$

式中：$\boldsymbol{E}$ 表示电场强度矢量；$\boldsymbol{B}$ 表示磁感应强度矢量；$\boldsymbol{H}$ 表示磁场强度矢量；$\boldsymbol{D}$ 表示电位移矢量；$\boldsymbol{J}$ 表示电流密度矢量；ρ 表示电荷密度。

下面简要说明各方程的含义。

安培环路定律（全电流定律）表明：磁场强度沿闭合路径的环流量等于该路径所围的传导电流和位移电流之和，即

$$\oint_C \boldsymbol{H} \cdot \mathrm{d}\boldsymbol{l} = \int_s \left(\boldsymbol{J} + \dfrac{\partial \boldsymbol{D}}{\partial t} \right) \cdot \mathrm{d}\boldsymbol{S} \quad (1-2-2)$$

电磁感应定律表明：导电回路中的感应电动势等于该回路所围面积的磁通量（时间）变化率，即

$$\oint_C \boldsymbol{E} \cdot \mathrm{d}\boldsymbol{l} = -\int_s \dfrac{\partial \boldsymbol{B}}{\partial t} \cdot \mathrm{d}\boldsymbol{S} \quad (1-2-3)$$

电场高斯定律表明：穿过闭合曲面的电通量等于该面所围体积中的总电荷，即

$$\oint_s \boldsymbol{D} \cdot \mathrm{d}\boldsymbol{S} = \int_V \rho \mathrm{d}V \quad (1-2-4)$$

磁场高斯定律表明：穿出闭合曲面的磁通量恒为零，即

$$\oint_s \boldsymbol{B} \cdot \mathrm{d}\boldsymbol{S} = 0 \qquad (1-2-5)$$

相应地，麦克斯韦方程的微分形式为

$$\begin{cases} \nabla \times \boldsymbol{H} = \boldsymbol{J} + \dfrac{\partial \boldsymbol{D}}{\partial t} \\[2mm] \nabla \times \boldsymbol{E} = -\dfrac{\partial \boldsymbol{B}}{\partial t} \\[2mm] \nabla \cdot \boldsymbol{D} = \rho \\[2mm] \nabla \cdot \boldsymbol{B} = 0 \end{cases} \qquad (1-2-6)$$

该麦克斯韦方程表明：时变电场是有散有旋的，因此电力线可以是闭合的，也可以是不闭合的。闭合的电力线和磁力线相交联；不闭合的电力线从正电荷出发，终止于负电荷。而时变磁场则是无散有旋的，因此磁力线总是闭合的，闭合的磁力线与电流（包括传导电流与位移电流）相交联。

在没有传导电流也没有电荷的无源区域（如自由空间），时变电场和时变磁场都是有旋有散的，电力线和磁力线是相互交联、自行闭合的，即变化的电场会激起变化的磁场，变化的磁场也会激起变化的电场。因此，在时变电磁场中，即使将媒质中曾经产生过时变电磁场的源撤去，变化的电场与变化的磁场之间也会相互激发、相互转化，并把这种激发和转化以有限的速度向远处传播，于是就形成了电磁波动。

1.3　场与媒质的本构关系

在电磁场的作用下，任何一种媒质都呈现三种状态：极化、磁化、传导。在电磁场理论中，用来表征这些媒质电磁特性的三个参量分别是媒质的介电常数、媒质的磁导率、媒质的电导率。媒质在电磁场作用下所呈现上述三种状态可表述为

$$\boldsymbol{D} = \varepsilon \boldsymbol{E} \qquad (1-3-1)$$

$$\boldsymbol{B} = \mu \boldsymbol{H} \qquad (1-3-2)$$

$$\boldsymbol{J} = \sigma \boldsymbol{E} \qquad (1-3-3)$$

式中，ε、μ 分别为媒质的介电常数和磁导率；σ 为媒质的电导率，单位为 S/m。以上三个方程统称为媒质的本构方程，它们表示了场与介质的关系。

在微波技术中，常用的是均匀、线性、各向同性的媒质。在这种媒质中，特性参量 ε、μ、σ 均不随空间位置而变化（即均匀性），与存在于其中的场强无关（即线性），各参量值与方向无关（即各向同性）。对于这种媒质，有

$$\varepsilon = \varepsilon_0 \varepsilon_r \qquad (1-3-4)$$

$$\mu = \mu_0 \mu_r \qquad (1-3-5)$$

其中，ε_0、μ_0 是真空中的介电常数和磁导率，都是常数，分别是 $\varepsilon_0 = (1/36\pi) \times 10^{-9}$ F/m 和 $\mu_0 = 4\pi \times 10^{-7}$ H/m；ε_r、μ_r 是媒质的相对介电常数和相对磁导率，均无量纲。除铁磁性物质外，一般媒质的 $\mu_r \approx 1$。

1.4 时谐电磁场的边界条件

上述麦克斯韦方程组只描述在连续媒质中电磁场所遵循的规律，实际上常遇到两种或两种以上媒质的情况，此时会遇到媒质的分界面。在不同媒质的分界面附近，场量将发生不连续变化，其变化规律由边界条件给出。应用麦克斯韦方程组可以直接推导出边界条件。

1. 两种媒质界面的边界条件

电磁场在两种媒质的边界面上应满足的边界条件为

$$\begin{cases} n \times (E_2 - E_1) = 0 \\ n \times (H_2 - H_1) = J_S \\ n \cdot (D_2 - D_1) = \rho_S \\ n \cdot (B_2 - B_1) = 0 \end{cases} \quad (1-4-1)$$

式中：n 是由媒质 1 指向媒质 2 的法向单位矢量；J_S 是边界面上的电流密度矢量；ρ_S 是边界面上的面电荷密度。

2. 理想导体表面的边界条件

若媒质 1 为理想导体，媒质 2 为一般媒质，由于理想导体内部场强矢量等于零，因此 $E_1 = 0$，$H_1 = 0$，由此可得理想导体的边界条件为

$$\begin{cases} n \times E_2 = 0 \\ n \times H_2 = J_S \\ n \cdot D_2 = \rho_S \\ n \cdot B_2 = 0 \end{cases} \quad (1-4-2)$$

式（1-4-2）表明：在理想导体与一般媒质的分界面上，电场 E_2 总是垂直于导体表面，而磁场 H_2 总是平行于表面；电位移矢量 D_2 的大小等于自由电荷面密度 ρ_S，方向垂直于表面；在导体表面上的电流密度 J_S 等于 $n_x \times H_2$，其方向可由右手定则确定。

1.5 麦克斯韦方程的复矢量形式

我们知道，当产生电磁波的波源在做一定频率的简谐振动时，在线性媒质中，由这种简谐源激励的所有场量在稳态情况下一定都与波源具有同一频率。对于时变电磁场，所有场量（E、D、H、B）和源量都是空间三维坐标和时间的函数，根据简谐场的复数表示法，可以将场量瞬时值形式 $\psi(x, y, z, t)$ 化成复数形式 $\dot{\psi}(x, y, z)$，即

$$\begin{aligned} \psi(x, y, z, t) &= \psi_m(x, y, z)\cos[\omega t + \varphi(x, y, z)] \\ &= \text{Re}[\psi_m e^{j(\omega t + \varphi)}] = \text{Re}[\psi_m e^{j\varphi} e^{j\omega t}] \end{aligned} \quad (1-5-1)$$

记为

$$\dot{\psi}(x, y, z) = \psi_m(x, y, z) e^{j\varphi(x, y, z)} \quad (1-5-2)$$

那么复数形式的麦克斯韦方程组为

$$\begin{cases} \nabla \times \dot{\boldsymbol{H}} = \dot{\boldsymbol{J}} + \mathrm{j}\omega \dot{\boldsymbol{D}} \\ \nabla \times \dot{\boldsymbol{E}} = -\mathrm{j}\omega \dot{\boldsymbol{B}} \\ \nabla \cdot \dot{\boldsymbol{D}} = \dot{\rho} \\ \nabla \cdot \dot{\boldsymbol{B}} = 0 \\ \nabla \cdot \dot{\boldsymbol{J}} = -\mathrm{j}\omega \dot{\rho} \end{cases} \tag{1-5-3}$$

若媒质为无耗、线性、均匀、各向同性的静止媒质，且假设媒质中无源（$\boldsymbol{J}=0$，$\rho=0$），时谐场的导行波可满足下面的方程：

$$\nabla \times \boldsymbol{H} = \mathrm{j}\omega\varepsilon\boldsymbol{E} \tag{1-5-4a}$$
$$\nabla \times \boldsymbol{E} = -\mathrm{j}\omega\mu\boldsymbol{H} \tag{1-5-4b}$$
$$\nabla \cdot \boldsymbol{H} = 0 \tag{1-5-4c}$$
$$\nabla \cdot \boldsymbol{E} = 0 \tag{1-5-4d}$$

以及 $\nabla \cdot \boldsymbol{J} = -\mathrm{j}\omega\rho$。式中场量 $\boldsymbol{E}(r)$、$\boldsymbol{H}(r)$ 均是复数形式，已省略顶标符号"$\cdot$"。

1.6　时谐电磁场的能量关系

对于一封闭曲面 S，电磁场的能量关系满足时谐电磁场功率传输和守恒关系的坡印亭定理，即

$$-\oint_s \frac{1}{2}(\boldsymbol{E} \times \boldsymbol{H}^*) \cdot \boldsymbol{n}\mathrm{d}S = P_\mathrm{L} + \mathrm{j}2\omega(\boldsymbol{W}_\mathrm{m} - \boldsymbol{W}_\mathrm{e}) \tag{1-6-1}$$

式中：$\boldsymbol{n}$ 是 S 面外法向单位矢量；方程左边项表示从 S 面传输出去的功率；右边第一项 P_L 表示 S 面内媒质消耗的功率；$\boldsymbol{W}_\mathrm{m}$ 和 $\boldsymbol{W}_\mathrm{e}$ 分别表示 S 面内存储的磁能和电能的平均值。上式又称为时变电磁场的复能量定理。

该定理表明了电磁波传播能量和时谐电磁场所存储的磁能、电能及媒质损耗功率之间的关系。

1.7　波动方程

将式（1-5-4b）两边取旋度再代入式（1-5-4a）可得到

$$\nabla \times \nabla \times \boldsymbol{E} = \omega^2 \mu\varepsilon\boldsymbol{E} \tag{1-7-1}$$

令

$$k^2 = \omega^2 \mu\varepsilon \tag{1-7-2}$$

且应用矢量公式 $\nabla \times \nabla \times \boldsymbol{E} = \nabla\nabla \cdot \boldsymbol{E} - \nabla^2\boldsymbol{E}$，并考虑到式（1-5-4d）可知 $\nabla\nabla \cdot \boldsymbol{E} = 0$，得到：

$$\nabla^2\boldsymbol{E} + k^2\boldsymbol{E} = 0 \tag{1-7-3}$$

同理可得

$$\nabla^2 \boldsymbol{H} + k^2 \boldsymbol{H} = 0 \qquad (1-7-4)$$

式(1-7-3)、式(1-7-4)称为媒质中的波动方程,$k = \omega \sqrt{\mu\varepsilon}$ 称为媒质的波数。

若在真空中,$\varepsilon = \varepsilon_0$,$\mu = \mu_0$,则式(1-7-2)变为

$$k_0 = \omega \sqrt{\mu_0 \varepsilon_0} \qquad (1-7-5)$$

称为自由空间波数。而式(1-7-3)、式(1-7-4)变为

$$\nabla^2 \boldsymbol{E} + k_0^2 \boldsymbol{E} = 0 \qquad (1-7-6)$$

$$\nabla^2 \boldsymbol{H} + k_0^2 \boldsymbol{H} = 0 \qquad (1-7-7)$$

这就是真空中的波动方程。

本 章 小 结

本章介绍了基本电磁场场量、源量、时变电磁场的场方程、本构关系和边界条件。要求掌握自由空间中的麦克斯韦方程的积分形式、微分形式和复矢量形式,掌握电磁场的本构关系,掌握电磁波从一种媒质入射到另一种媒质时分界面上的边界条件,理解时谐电磁场功率传输和守恒关系的坡印亭定理,掌握真空中电磁波的波动方程。

(1)电场和磁场。静止电荷产生的场表现为对于带电体有力的作用,这种场称为电场。不随时间变化的电场称为静电场。运动电荷或电流产生的场表现为对磁铁和载流导体有力的作用,这种场称为磁场。不随时间变化的磁场称为恒定磁场。

(2)时变电磁场的麦克斯韦方程的积分形式:

$$\begin{cases} \oint_C \boldsymbol{H} \cdot \mathrm{d}\boldsymbol{l} = \int_s \left(\boldsymbol{J} + \dfrac{\partial \boldsymbol{D}}{\partial t} \right) \cdot \mathrm{d}\boldsymbol{S} \\[3mm] \oint_C \boldsymbol{E} \cdot \mathrm{d}\boldsymbol{l} = -\int_s \dfrac{\partial \boldsymbol{B}}{\partial t} \cdot \mathrm{d}\boldsymbol{S} \\[3mm] \oint_s \boldsymbol{D} \cdot \mathrm{d}\boldsymbol{S} = \int_v \rho \mathrm{d}V \\[3mm] \oint_s \boldsymbol{B} \cdot \mathrm{d}\boldsymbol{S} = 0 \end{cases}$$

也可表示为微分形式:

$$\begin{cases} \nabla \times \boldsymbol{H} = \boldsymbol{J} + \dfrac{\partial \boldsymbol{D}}{\partial t} \\[3mm] \nabla \times \boldsymbol{E} = -\dfrac{\partial \boldsymbol{B}}{\partial t} \\[3mm] \nabla \cdot \boldsymbol{D} = \rho \\[2mm] \nabla \cdot \boldsymbol{B} = 0 \end{cases}$$

(3)媒质与电磁场的相互作用,分别呈现三种状态:极化、磁化、传导,可分别表述为

$$\boldsymbol{D} = \varepsilon \boldsymbol{E}$$

$$\boldsymbol{B} = \mu \boldsymbol{H}$$

$$\boldsymbol{J} = \sigma \boldsymbol{E}$$

(4)电磁场在两种媒质的边界面上应满足的边界条件为

$$\begin{cases} \boldsymbol{n} \times (\boldsymbol{E}_2 - \boldsymbol{E}_1) = \boldsymbol{0} \\ \boldsymbol{n} \times (\boldsymbol{H}_2 - \boldsymbol{H}_1) = \boldsymbol{J}_S \\ \boldsymbol{n} \cdot (\boldsymbol{D}_2 - \boldsymbol{D}_1) = \rho_S \\ \boldsymbol{n} \cdot (\boldsymbol{B}_2 - \boldsymbol{B}_1) = 0 \end{cases}$$

（5）当媒质为无耗、线性、均匀、各向同性的静止媒质，且假设媒质中无源，电磁导行波的电场和磁场为时谐场时，该时谐场复数形式表示为

$$\nabla \times \dot{\boldsymbol{H}} = \dot{\boldsymbol{J}} + \mathrm{j}\omega\dot{\boldsymbol{D}}$$

$$\nabla \times \dot{\boldsymbol{E}} = -\mathrm{j}\omega\dot{\boldsymbol{B}}$$

$$\nabla \cdot \dot{\boldsymbol{D}} = \dot{\rho}$$

$$\nabla \cdot \dot{\boldsymbol{B}} = 0$$

（6）时变电磁场的复能流密度为

$$\boldsymbol{S}_c(\boldsymbol{r}) = \boldsymbol{E}(\boldsymbol{r}) \times \boldsymbol{H}^*(\boldsymbol{r})$$

其能量关系满足复能量定理，即

$$-\oint_S \frac{1}{2}(\boldsymbol{E} \times \boldsymbol{H}^*) \cdot \boldsymbol{n}\,\mathrm{d}\boldsymbol{S} = P_L + \mathrm{j}2\omega(\boldsymbol{W}_m - \boldsymbol{W}_e)$$

（7）真空中的波动方程为

$$\nabla^2 \boldsymbol{E} + k_0^2 \boldsymbol{E} = 0$$

$$\nabla^2 \boldsymbol{H} + k_0^2 \boldsymbol{H} = 0$$

习　　题

1-1　试述麦克斯韦方程的积分形式，并解释其物理意义。

1-2　试述麦克斯韦方程的微分形式，并解释其物理意义。

1-3　简要说明什么是理想介质、理想导体和有耗媒质。

1-4　简要说明电磁场与媒质的本构关系，其特性方程是什么？

1-5　简述媒质的极化、磁化、传导现象。

1-6　简要说明时变电磁场的边界条件。

1-7　描述微分麦克斯韦方程的复数形式。

1-8　试写出真空中的波动方程。

1-9　查阅资料并简述近代电磁学的发展历史。

第2章 传输线理论

【本章导读】

本章研究对象是微波传输线。传输线是用来引导传输电磁波能量和信息的装置，例如，信号从发射机到天线或从天线到接收机的传送都是由传输线完成的。

本章首先介绍了微波传输线的分类、分布参数的概念、长线、使用分布参数电路对传输线进行等效的方法(2.1节)；然后推导了传输线方程并求得其解，由此可知，传输线上电压、电流具有波动性，并且总电压波和总电流波是入射波和反射波的叠加(2.2节)；随之，重点介绍了传输线上的传输特性参量(2.3节)，以及三种工作状态，即行波、纯驻波和行驻波(2.4节)，并且介绍一种常用的图解工具，即史密斯圆图，及其应用(2.5节)；最后介绍了可将行驻波状态调配为行波状态的几种阻抗匹配器，并介绍了传输线阻抗匹配的方法(2.6节)。

2.1 均匀传输线上的波

1. 微波传输线的分类

在微波系统中，各分机或各元件之间总是需要用某种传输能量的装置连接起来。这种能把电磁波能量从一处传到另一处的装置称为传输系统。实际上，微波波段的各种元件本身也是由一段特殊的传输系统构成的，因此传输系统是微波技术的基本内容之一。

传输系统也叫导波结构或导波系统，被传输系统引导而传播的电磁波叫作导行波或导波。微波传输系统又称微波传输线，按其传输的电磁波类型，大致可以分为以下三种类型，如图 2-1-1 所示。

1) TEM 波传输线

TEM 波传输线由两根或两根以上平行导体构成，通常工作在其主模——横电磁波（TEM 波）或准横电磁波，故又称为 TEM 模传输线，如平行双导线、同轴线、带状线和微带线等。它具有频带宽的特点，但是在高频段传输电磁波能量损耗较大。

2) 金属波导

金属波导由单根封闭的柱形导体空管构成，电磁波在管内传播，简称波导。其中包括矩形波导、圆波导、脊波导和椭圆波导等。这类传输线主要用来传输 TE 波和 TM 波等色散波，具有损耗小、功率容量大、体积大和带宽窄等特点。

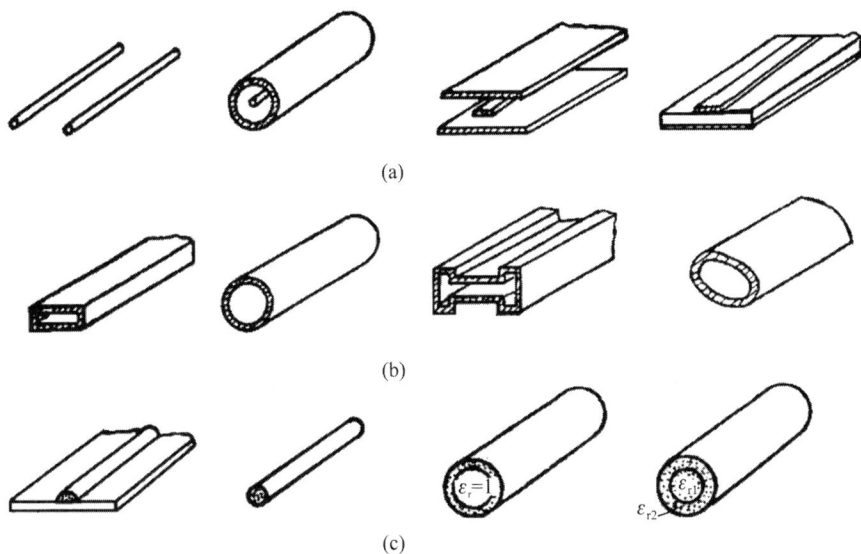

(a)

(b)

(c)

图 2-1-1　微波传输线

3）表面波传输线

表面波传输线包括介质波导、镜像线、单根介质线和光导纤维等，它主要用来传输表面波，即电磁能量沿传输线的表面传输。这类传输线具有结构简单、体积小、功率容量大等优点，目前主要用于毫米波波段，用来制作表面波天线及某些微波元件。

TEM 波传输线与金属波导只用来传输微波，而介质波导可传输微波和光导波。

由于微波的频率很高，频率范围较宽，应用要求各不相同，因此微波传输线种类较多。对微波传输线的要求是：

（1）损耗小、效率高，这不仅能提高传输效率，还能使系统工作稳定。

（2）结构尺寸要合理，使传输线功率容量尽可能地大。

（3）工作频带宽，即保证信号无畸变地传输的频带尽量宽。

（4）尺寸尽量小且均匀，结构简单易于加工，拆装方便。

假如传输线各处的形状、尺寸、材料性质都不随传输方向纵向位置而变化，即沿纵向是均匀的，这种传输线就称为均匀传输线；反之则为非均匀传输线。

2. 分布参数

传输线通常又称长线。传输线理论传统上又称长线理论。什么是长线呢？长线并不是指传输线的几何长度很长。所谓长线，就是指传输线的几何长度与线上传输电磁波的波长比值（即电长度）大于或接近 0.1，反之称为短线。

设信号源频率为 f，可计算出传输线周围媒质中的电磁波对应的波长为 λ

$$\lambda = \frac{v}{f}$$

式中，v 为媒质中波速。如果传输线周围媒质为空气，则 v 等于真空中的光速 c，波长即为自由空间波长。

设传输线的几何长度或物理长度为 l，根据波长 λ 可定义传输线的电长度为

$$\Delta l = \frac{l}{\lambda}$$

可见，电长度是物体的几何长度与所传输的电磁波波长的比值，是相对于电磁波波长而言的。

因此，长线和短线是一个相对概念。长线并不意味着传输线几何长度很长，而短线也并不是几何长度就一定很短。例如，在微波领域中，1 m 的传输线相对频率为 1000 MHz（波长为 30 cm）的电磁波而言，属于长线；在电力系统中，1000 m 的传输线相对频率为 50 Hz（波长为 6000 km）的交流电而言却是短线。

对于 BJ-100 型矩形波导，单模传输 TE_{10} 模时（$\lambda = 3$ cm，$\lambda_p \approx 4.5$ cm），波导长度即便为 10 cm 也是长线。一般来讲，因为微波的波长很短，所以微波传输线基本上可视为长线的范畴。

长线和短线的区别还在于：长线可视为分布参数电路；而在低频电路中，短线是集总参数电路。

那么，什么是分布参数电路和集总参数电路呢？

1）集总参数电路

低频电路中常忽略元件的参数效应，认为电场能量全部集中在电容器中，而磁场能量全部集中在电感器中，只有电阻元件消耗电磁能量，连接元件的导线是既无电阻又无电感的理想连接线。

当电路为电小尺寸时，即实际电路的尺寸远小于所传输的电磁波波长时，可以近似地把元件的作用集中在一起，用一个或有限个 R、L、C 元件来加以描述。这样的电路参数叫作集总参数。由这些集总参数元件组成的电路称为集总参数电路。

集总参数电路的特点如下：

（1）电路参数都集中在有限个电路元件上；

（2）元件之间连线的长短对信号本身的特性没有影响，即信号在传输过程中无畸变，信号传输不需要时间；

（3）系统中各点的电压或电流可近似认为是同时建立的，均是时间且只是时间的函数，不随空间位置改变而变化。

2）分布参数电路

分布参数电路是指电路参数（如电阻、电感和电容）分布在每个空间位置上的电路，从而整体不能用一个或有限个 R、L、C 元件来加以描述。

分布参数电路的特点如下：

（1）电路参数分布在其占据的所有空间位置上；

（2）信号传输需要时间，传输线的长度直接影响着信号特性，或者说可能使信号在传输过程中产生畸变；

（3）信号不仅仅是时间的函数，同时也与信号所处位置相关，即信号同时是时间和位置的函数。

　　根据长线的定义，其长度可与波长相比拟，因而必须考虑参数分布性的特征。长线是一种典型的分布参数电路。

　　当微波传输线的电磁波频率提高后，导体表面流过的高频电流会产生趋肤效应，使导线的有效导电面积减小，高频电阻加大，而且沿线各处都存在损耗，这就是分布电阻效应；同时，高频电流还会在导线周围产生高频磁场，磁场也是沿线分布的，这就是分布电感效应；又由于导线间有电压，故导线间存在高频电场，电场也是沿线分布的，这就是分布电容效应；此外，由于导线周围介质非理想绝缘，存在漏电现象，这就是分布电导效应。在低频波段，这些分布现象并不明显，可以忽略；当频率提高到微波波段时，这些分布效应不可忽略。因此，微波传输线是一种分布参数电路，这导致传输线上的电压和电流是随时间和空间位置而变化的二元函数。这也是微波传输线非常明显的特点。

　　如果传输线的分布参数是沿线均匀变化的，不随位置而变化，则称为均匀传输线。均匀传输线一般有四个分布参数，分别用单位长度传输线上的分布电阻 $R_0(\Omega/\text{m})$、分布电导 $G_0(\text{S/m})$、分布电感 $L_0(\text{H/m})$ 和分布电容 $C_0(\text{F/m})$ 来描述，它们的值与传输线的类型、尺寸、材料、导体和介质的参数有关。平行双线和同轴线的 L_0、C_0 计算公式见表 2-1-1（默认 D≫d）。

表 2-1-1　典型双导体传输线的 L_0、C_0 计算公式

项　目		平行双线	同轴线
结构图			
分布参数	L_0	$\dfrac{\mu}{\pi}\ln\dfrac{2D}{d}$	$\dfrac{\mu}{2\pi}\ln\dfrac{D}{d}$
	C_0	$\dfrac{\pi\varepsilon}{\ln\dfrac{2D}{d}}$	$\dfrac{2\pi\varepsilon}{\ln\dfrac{D}{d}}$

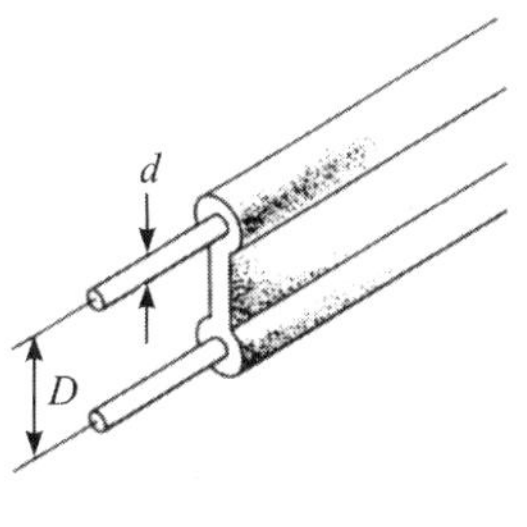

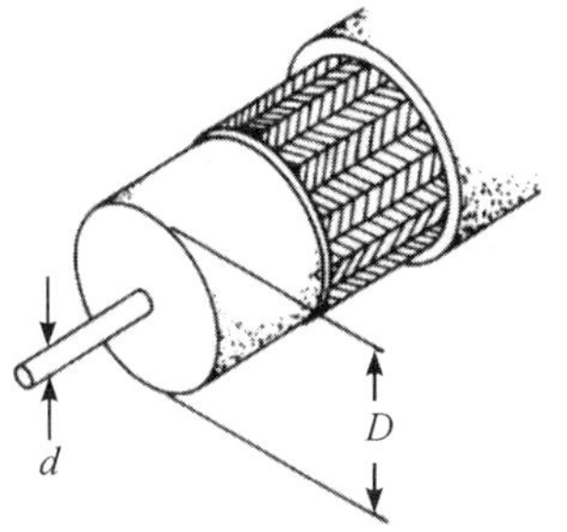

3. 传输线的物理模型——等效电路

　　有了分布参数的概念，可以把均匀传输线分割成许多小的微元段 $\text{d}z(\text{d}z\ll\lambda)$，这样每个微元段可看作集总参数电路，用一个 Γ 形网络来等效。于是整个传输线可等效成无穷多个 Γ 形网络的级联，如图 2-1-2 所示。

　　设坐标轴 z 与传输线平行，则 dz 就是所取的微元段。某微元段 dz 上分布着电容 $C_0\text{d}z$、电感 $L_0\text{d}z$、电导 $G_0\text{d}z$ 及电阻 $R_0\text{d}z$。由于 dz 是无穷小量，因此这样的电路能够真实地反映传输线上的参数的分布情况，如图 2-1-3 所示。

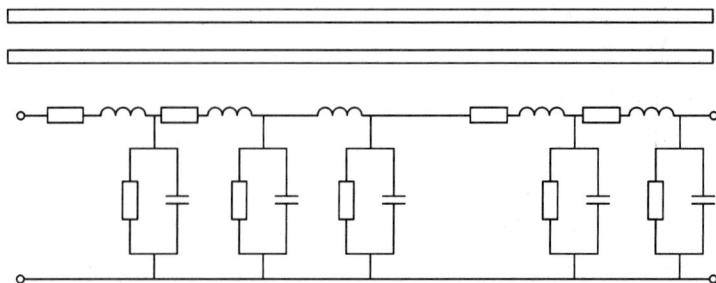

图 2 - 1 - 2　均匀长线及其等效电路

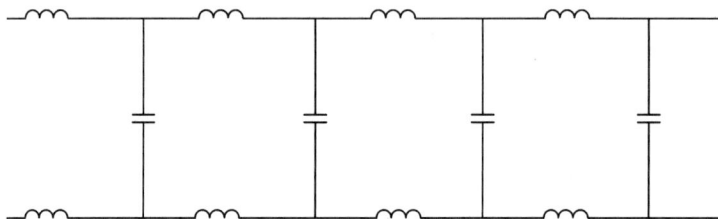

图 2 - 1 - 3　无耗传输线上的等效电路

2.2　传输线方程及其解

1. 传输线方程

用来表征均匀传输线上电压、电流关系的方程式称为传输线方程。该方程最初是在研究电报线上电压、电流的变化规律时推导出来的，故又称电报方程。

对于一段均匀传输线，如图 2 - 2 - 1(a)所示，取一个微元段 $\mathrm{d}z$，其中分布参数分别为 R_0、G_0、L_0 及 C_0，等效电路如图 2 - 2 - 1(b)所示。传输线的始端接频率为 f、角频率为 ω（$\omega=2\pi f$）的正弦信号源，终端接负载阻抗 Z_L。坐标原点选在始段。设距始端 z 处的电压和电流分别为 u 和 i，经过 $\mathrm{d}z$ 段后电压和电流分别为 $u(z+\mathrm{d}z)$ 和 $i(z+\mathrm{d}z)$。传输线上的电压 u 和电流 i 既是坐标(z)的函数，又是时间(t)的函数，可分别表示为 $u=u(z,t)$、$i=i(z,t)$。

对很小的 $\mathrm{d}z$，忽略高阶小量，可得

$$\begin{cases} u(z+\mathrm{d}z,t)-u(z,t)=\dfrac{\partial u(z,t)}{\partial z}\mathrm{d}z \\[3mm] i(z+\mathrm{d}z,t)-i(z,t)=\dfrac{\partial i(z,t)}{\partial z}\mathrm{d}z \end{cases} \quad (2-2-1)$$

这相当于 $u(z+\mathrm{d}z,t)$ 对 z 进行泰勒级数展开，忽略 $\mathrm{d}z$ 的高阶小量得到。

经过 $\mathrm{d}z$ 段后电压和电流的变化量为

$$-\mathrm{d}u(z,t)=-\frac{\partial u(z,t)}{\partial z}\mathrm{d}z$$

$$-\mathrm{d}i(z,t)=-\frac{\partial i(z,t)}{\partial z}\mathrm{d}z \quad (2-2-2)$$

(a) 传输线上电压、电流波的基本电路模型

(b) 微元 Δz 的集总参数等效电路

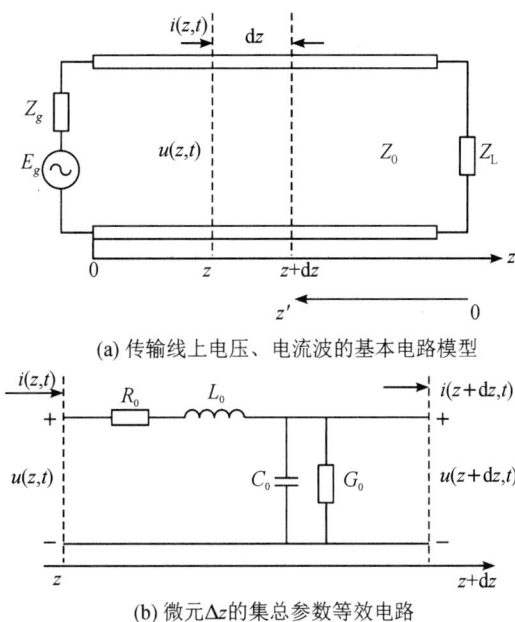

图 2-2-1　均匀传输线方程及其等效电路

根据基尔霍夫定律，可得

$$-\mathrm{d}u(z,\,t)=R_0\mathrm{d}zi(z,\,t)+L_0\mathrm{d}z\frac{\partial i(z,\,t)}{\partial t}$$

$$-\mathrm{d}i(z,\,t)=G_0\mathrm{d}zu(z,\,t)+C_0\mathrm{d}z\frac{\partial u(z,\,t)}{\partial t}$$

$$(2-2-3)$$

瞬时值形式即

$$-\frac{\mathrm{d}u(z,\,t)}{\mathrm{d}z}=R_0i(z,\,t)+L_0\frac{\partial i(z,\,t)}{\partial t}$$

$$-\frac{\mathrm{d}i(z,\,t)}{\mathrm{d}z}=G_0u(z,\,t)+C_0\frac{\partial u(z,\,t)}{\partial t}$$

$$(2-2-4)$$

由于电压和电流随时间做简谐变化，其瞬时值 u、i 与复数振幅 U、I 的关系为

$$\begin{cases}u(z,\,t)=\mathrm{Re}[U(z)\mathrm{e}^{\mathrm{j}\omega t}]\\i(z,\,t)=\mathrm{Re}[I(z)\mathrm{e}^{\mathrm{j}\omega t}]\end{cases}$$

$$(2-2-5)$$

将式(2-2-5)代入式(2-2-4)，消去等式两边的时谐因子，可得

$$\frac{\mathrm{d}U(z)}{\mathrm{d}z}=-(R_0+\mathrm{j}\omega L_0)I(z)$$

$$\frac{\mathrm{d}I(z)}{\mathrm{d}z}=-(G_0+\mathrm{j}\omega C_0)U(z)$$

$$(2-2-6)$$

令 $R_0+\mathrm{j}\omega L_0=Z$，$G_0+\mathrm{j}\omega C_0=Y$，则得时谐传输线方程为

$$\begin{cases}\dfrac{\mathrm{d}U(z)}{\mathrm{d}z}=-ZI(z)\\[2mm]\dfrac{\mathrm{d}I(z)}{\mathrm{d}z}=-YU(z)\end{cases}$$

$$(2-2-7)$$

式中：Z 为单位长度的串联阻抗，Y 为单位长度的并联导纳，但 $Z \neq \dfrac{1}{Y}$。

式(2-2-7)表明：传输线上电压的变化是由串联阻抗的降压作用引起的，而电流的变化是由并联导纳的分流作用引起的。

2. 传输线方程的通解

将式(2-2-7)两边对 z 再求一次微分，并令 $\gamma^2 = ZY = (R_0 + j\omega L_0)(G_0 + j\omega C_0)$，可得

$$\begin{cases} \dfrac{\mathrm{d}^2 U(z)}{\mathrm{d}z^2} - \gamma^2 U(z) = 0 \\[2mm] \dfrac{\mathrm{d}^2 I(z)}{\mathrm{d}z^2} - \gamma^2 I(z) = 0 \end{cases} \qquad (2-2-8)$$

式(2-2-8)称为均匀传输线的波动方程，这是一个二阶齐次微分方程组，其通解为

$$\begin{cases} U(z) = A_1 e^{-\gamma z} + A_2 e^{\gamma z} \\[2mm] I(z) = \dfrac{1}{Z_0}(A_1 e^{-\gamma z} - A_2 e^{\gamma z}) \end{cases} \qquad (2-2-9)$$

式中：Z_0 为传输线的特性阻抗；γ 为传输线上电磁波的传播常数，其表示式为 $\gamma = \sqrt{(R_0 + j\omega L_0)(G_0 + j\omega C_0)} = \alpha + j\beta$，$\alpha$ 为实部，β 为虚部；A_1、A_2 为待定常数，其值由传输线的始端和末端的已知条件确定。

3. 入射波和反射波

根据时变电磁场的复数与瞬时值间的关系，考虑到时谐因子 $e^{j\omega t}$，可求得传输线上电压和电流的瞬时值表达式(为简便起见，设 A_1、A_2 为实数，并近似认为 Z_0 也为常数)

$$\begin{aligned} u(z, t) &= \mathrm{Re}[U(z) e^{j\omega t}] \\ &= A_1 e^{-\alpha z} \cos(\omega t - \beta z) + A_2 e^{\alpha z} \cos(\omega t - \beta z) \\ &= u_i(z, t) + u_r(z, t) \\ i(z, t) &= \mathrm{Re}[I(z) e^{j\omega t}] \qquad\qquad\qquad (2-2-10) \\ &= \frac{A_1}{Z_0} e^{-\alpha z} \cos(\omega t - \beta z) - \frac{A_2}{Z_0} e^{\alpha z} \cos(\omega t - \beta z) \\ &= i_i(z, t) + i_r(z, t) \end{aligned}$$

式(2-2-10)表明，传输线上任一点处的电压和电流均由两部分组成。第一部分表示由信号源向负载方向传播的行波，称为入射波。其中 $u_i(z, t)$ 为电压入射波，$i_i(z, t)$ 为电流入射波。入射波的振幅随距离 z 的增加按指数规律衰减，相位随 z 的增加而滞后。第二部分表示由负载向信号源方向传播的行波，称为反射波。其中 $u_r(z, t)$ 为电压反射波，$i_r(z, t)$ 为电流反射波。反射波的振幅随距离 z 的增加而增加，相位随 z 的增加而超前。此时，入射波和反射波沿线的瞬时分布图分别如图 2-2-2(a)、(b)所示。

传输线上任一点处的电压或电流都等于该处相应的入射波和反射波的叠加。当特性阻抗 Z_0 为实数时，$u_i(z, t)$ 与 $i_i(z, t)$ 同相，而 $u_r(z, t)$ 与 $i_r(z, t)$ 反相。

综上可知，在均匀传输线上，电压、电流都呈现为朝 $+z$ 方向和朝 $-z$ 方向传播的两个行波，可称为入射波和反射波，在无耗传输线上它们是等幅行波；电压波与电流波的振幅之比是特性阻抗，其正负号取决于坐标方向的选定。

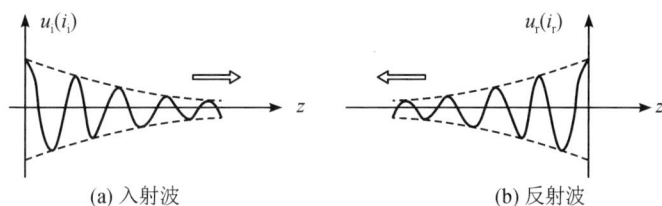

(a) 入射波　　　　　　　　(b) 反射波

图 2-2-2　传输线上的入射波和反射波

至于入射波和反射波之间存在什么关系，则取决于传输线终端接什么负载。

4. 两种坐标体系

在无耗传输线的通解中，并没有规定坐标的原点，也没有规定坐标的正方向。我们可以按通常的习惯将坐标原点规定在电源一端，坐标的正方向规定为由电源指向负载的方向，如图 2-2-3 所示。信号源等效为电源电动势 E_g 与电源内阻 Z_g 的串联。传输线的输出端(即终端)接负载阻抗 Z_L。

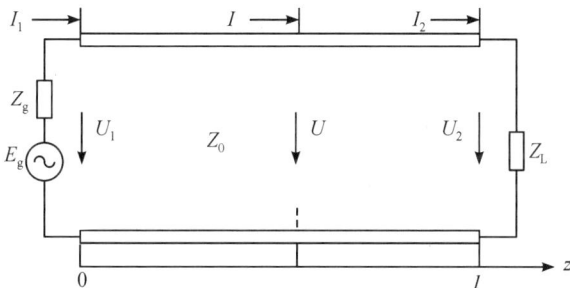

图 2-2-3　传输线坐标系(原点位于信号源)

在这样规定的坐标系中，$U(z)$、$I(z)$ 的表示式习惯地取

$$\begin{cases} U(z)=U_+(0)\mathrm{e}^{-\mathrm{j}\beta z}+U_-(0)\mathrm{e}^{\mathrm{j}\beta z} \\ I(z)=I_+(0)\mathrm{e}^{-\mathrm{j}\beta z}+I_-(0)\mathrm{e}^{\mathrm{j}\beta z}=\dfrac{1}{Z_0}[U_+(0)\mathrm{e}^{-\mathrm{j}\beta z}-U_-(0)\mathrm{e}^{\mathrm{j}\beta z}] \end{cases} \quad (2-2-11)$$

由式(2-2-11)可知，在 $z=l$ 处，有

$$\begin{cases} U_2=U(l)=U_+(0)\mathrm{e}^{-\mathrm{j}\beta l}+U_-(0)\mathrm{e}^{\mathrm{j}\beta l} \\ I_2=I(l)=\dfrac{1}{Z_L}[U_+(0)\mathrm{e}^{-\mathrm{j}\beta l}-U_-(0)\mathrm{e}^{\mathrm{j}\beta l}] \end{cases} \quad (2-2-12)$$

可见，当传输线上终端接负载时，仅仅依靠入射波不能满足负载端的条件，必定存在一个反射波，只有反射波的电压、电流与入射波的电压、电流叠加起来才能满足负载端所必定满足的欧姆定律。

由于传输线上的状态，也就是入射波和反射波的关系取决于传输线上终端所接的负载，因此在微波技术中，常用的坐标体系是以负载处作为坐标的原点，且把坐标的正方向规定为从负载指向电源的方向，如图 2-2-4 所示。但是，由于线上的传输功率仍然是从电源流向负载，因此电压和电流的正方向仍与以前规定相同。

对于微波技术中这种常用的坐标体系，称朝 $+z$ 方向传播的波为反射波，朝 $-z$ 方向传播的波为入射波。式(2-2-11)、式(2-2-12)中 $U_+(0)$ 和 $I_+(0)$ 成了负载($z=0$)的反

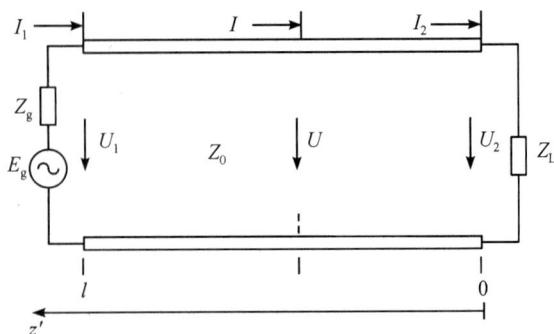

图 2-2-4 传输线坐标系(原点位于终端)

射波电压及电流振幅，$U_-(0)$ 和 $I_-(0)$ 成了入射波电压及电流振幅，即负载处入射波电压复数振幅 $U_{iL}=U_i(0)=U_-(0)$，负载处反射波电压复数振幅 $U_{rL}=U_r(0)=U_+(0)$。

由于电流、电压的实际正方向未变，因此入射波的 $I_{iL}=I_-(0)=\dfrac{U_{iL}}{Z_0}$、反射波的 $I_{rL}=I_+(0)=\dfrac{U_{rL}}{-Z_0}$ 维持不变。

根据此，可将式(2-2-11)写成

$$\begin{cases} U(z)=U_i(0)e^{+j\beta z}+U_r(0)e^{-j\beta z}=U_{iL}e^{j\beta z}+U_{rL}e^{-j\beta z} \\ I(z)=I_i(0)e^{+j\beta z}+I_r(0)e^{-j\beta z}=\dfrac{1}{Z_0}[U_{iL}e^{+j\beta z}-U_{rL}e^{-j\beta z}] \\ Z_L=\dfrac{U(0)}{I(0)}=\dfrac{U_{iL}+U_{rL}}{I_{iL}+I_{rL}}=Z_0\dfrac{U_{iL}+U_{rL}}{U_{iL}-U_{rL}} \end{cases} \quad (2-2-13)$$

因此，若坐标原点 $z=0$ 选在信号源端，已知始端条件 $U(0)=U_1$、$I(0)=I_1$，如图 2-2-3 所示，将其代入式(2-2-9)，结合双曲函数表达式可得沿线电压和电流表达式为

$$\begin{cases} U(z)=U_1\mathrm{ch}\gamma z-I_1Z_0\mathrm{sh}\gamma z \\ I(z)=-\dfrac{U_1}{Z_0}\mathrm{sh}\gamma z+I_1\mathrm{ch}\gamma z \end{cases} \quad (2-2-14)$$

因此，若已知传输线终端电压 U_2 和电流 I_2，如图 2-2-4 所示，为方便起见，将坐标原点 $z=0$ 选在终端，则式(2-2-9)应改写为

$$\begin{cases} U(0)=A_1e^{+\gamma z}+A_2e^{-\gamma z} \\ I(0)=\dfrac{1}{Z_0}(A_1e^{+\gamma z}-A_2e^{-\gamma z}) \end{cases} \quad (2-2-15)$$

将终端条件 $U(0)=U_2$、$I(0)=I_2$ 代入式(2-2-15)，可得

$$\begin{cases} U_2=A_1+A_2 \\ I_2=\dfrac{1}{Z_0}(A_1-A_2) \end{cases}$$

解得 $A_1=\dfrac{U_2+Z_0I_2}{2}$、$A_2=\dfrac{U_2-Z_0I_2}{2}$。

将 A_1、A_2 代入式(2-2-9)，得

$$\begin{cases} U(z) = \dfrac{U_2 + Z_0 I_2}{2}\mathrm{e}^{+\gamma z} + \dfrac{U_2 - Z_0 I_2}{2}\mathrm{e}^{-\gamma z} \\[3mm] I(z) = \dfrac{U_2 + Z_0 I_2}{2Z_0}\mathrm{e}^{+\gamma z} - \dfrac{U_2 - Z_0 I_2}{2Z_0}\mathrm{e}^{-\gamma z} \end{cases} \qquad (2-2-16)$$

根据双曲函数的表达式，式(2-2-16)整理后可得已知终端电压/电流的沿线电压/电流表达式为

$$\begin{cases} U(z) = U_2\,\mathrm{ch}\gamma z + I_2 Z_0\,\mathrm{sh}\gamma z \\[3mm] I(z) = \dfrac{U_2}{Z_0}\,\mathrm{sh}\gamma z + I_2\,\mathrm{ch}\gamma z \end{cases} \qquad (2-2-17)$$

2.3　传输线的特性参量

传输线的特性参量包括输入阻抗、反射系数、驻波系数(驻波比)、行波系数、传输功率等，下面分别对均匀传输线的特性参量加以介绍。

1. 传播常数

传播常数 γ 一般为复数，可表示为

$$\gamma = \sqrt{(R_0 + \mathrm{j}\omega L_0)(G_0 + \mathrm{j}\omega C_0)} = \alpha + \mathrm{j}\beta$$

式中：实部 α 称为衰减常数，表示行波每经过单位长度后振幅的衰减倍数，其单位为分贝/米(dB/m)或奈培/米(Np/m)；虚部 β 称为相移常数，表示行波每经过单位长度后相位滞后的弧度数，单位为弧度/米(rad/m)。

分贝(dB)与奈培(NP)的关系：1 NP=8.686 dB，1 dB=0.115129 NP。传播常数 γ 一般是频率的函数，对于无耗传输线或低耗传输线，其表达式可以适当简化。

(1) 低耗传输线，一般满足 $R_0 \ll \omega L_0$、$G_0 \ll \omega C_0$，由此可得

$$\alpha = \frac{R_0}{2}\sqrt{\frac{C_0}{L_0}} + \frac{G_0}{2}\sqrt{\frac{L_0}{C_0}} = \alpha_c + \alpha_d \qquad (2-3-1a)$$

$$\beta = \omega\sqrt{L_0 C_0} \qquad (2-3-1b)$$

不难看出，衰减常数 α 由传输线的导体电阻损耗 α_c 和填充介质的漏电损耗 α_d 两部分构成。

(2) 无耗传输线，因满足 $R_0 = 0$、$G_0 = 0$，则有

$$\begin{cases} \alpha = 0 \\ \beta = \omega\sqrt{L_0 C_0} \end{cases} \qquad (2-3-2)$$

实际应用中，在微波频段内，总能满足 $R_0 \ll \omega L_0$、$G_0 \ll \omega C_0$，因此，可以把微波传输线当作低耗传输线来看待，这样可以大大简化传输线的定性分析。

2. 特性阻抗

传输线的特性阻抗 Z_0 定义为传输线上入射波电压 $U_i(z)$ 与入射波电流 $I_i(z)$ 之比，或反射波电压 $U_r(z)$ 与反射波电流 $I_r(z)$ 之比的负值，即

$$Z_0 = \frac{U_i(z)}{I_i(z)} = -\frac{U_r(z)}{I_r(z)} = \sqrt{\frac{R_0 + \mathrm{j}\omega L_0}{G_0 + \mathrm{j}\omega C_0}}$$

可见，一般情况下传输线的特性阻抗与频率有关，为一复数。特性阻抗与工作频率有关，它由传输线本身的分布参数决定，而与负载和信号源无关。在以下两种特殊情况下，传输线的特性阻抗与频率无关，仅决定于分布参数 L_0 和 C_0，一般为实数。

（1）无耗传输线（$R_0=0$，$G_0=0$），则

$$Z_0 = \sqrt{\frac{j\omega L_0}{j\omega C_0}} = \sqrt{\frac{L_0}{C_0}} \qquad (2-3-3a)$$

（2）微波低耗传输线（$R_0 \ll \omega L_0$，$G_0 \ll \omega C_0$），则

$$Z_0 = \sqrt{\frac{R_0 + j\omega L_0}{G_0 + j\omega C_0}} \approx \sqrt{\frac{L_0}{C_0}}\left(1 + \frac{1}{2}\frac{R_0}{j\omega L_0}\right)\left(1 - \frac{1}{2}\frac{G_0}{j\omega C_0}\right)$$

$$\approx \sqrt{\frac{L_0}{C_0}}\left[1 - j\frac{1}{2}\left(\frac{R_0}{\omega L_0} - \frac{G_0}{\omega C_0}\right)\right] \approx \sqrt{\frac{L_0}{C_0}} \qquad (2-3-3b)$$

由此可见，在无耗或低耗情况下，传输线的特性阻抗为一实数（纯电阻），它仅决定于分布参数 L_0 和 C_0，与频率无关。

通过计算可得到工程上一般常用的平行双线的特性阻抗。对于直径为 d、间距为 D 的平行双线，可以推导其特性阻抗为

$$Z_0 = \frac{120}{\sqrt{\varepsilon_r}}\ln\left(\frac{2D}{d}\right) \qquad (2-3-4)$$

式中：ε_r 为导线周围填充介质的相对介电常数。在双导线间为空气介质时，$\varepsilon_r=1$。一般平行双线的特性阻抗在 $100\sim1000\ \Omega$ 之间，常用的平行双线的特性阻抗有 $200\ \Omega$、$250\ \Omega$、$300\ \Omega$、$400\ \Omega$、$600\ \Omega$ 等几种。

对于内外半径分别为 a、b 的无耗同轴线，可以推导其特性阻抗为

$$Z_0 = \frac{60}{\sqrt{\varepsilon_r}}\ln\left(\frac{a}{b}\right)$$

工程上，一般同轴线的特性阻抗在 $40\sim150\ \Omega$ 之间，常用的有 $50\ \Omega$、$75\ \Omega$ 两种。

3. 相速和相波长

传输线上的入射波和反射波以相同速度向反方向传播。相速 v_p 是指波的等相位面移动速度。以入射波为例，其等相位面满足下列方程

$$\omega t - \beta z = \text{Constant} \qquad (2-3-5)$$

对式（$2-3-5$）中的 t 求导并移项，可得入射波的相速 v_p 为

$$v_p = \frac{\omega}{\beta} \qquad (2-3-6)$$

对于微波无耗或低耗传输线，由于 $\beta = \omega\sqrt{L_0 C_0}$，所以有

$$v_p = \frac{1}{\sqrt{L_0 C_0}} \qquad (2-3-7)$$

将表 $2-1-1$ 中的平行双线或同轴线的 L_0 和 C_0 代入式（$2-3-7$），使得平行双线或同轴线上行波的相速均为

$$v_p = \frac{1}{\sqrt{\mu\varepsilon}} = \frac{1}{\sqrt{\mu_0\varepsilon_0}}\frac{1}{\sqrt{\mu_r\varepsilon_r}} = \frac{v_0}{\sqrt{\varepsilon_r}} \qquad (2-3-8)$$

式中，$v_0 = \dfrac{1}{\sqrt{\mu_0 \varepsilon_0}}$ 为光速。由此可见，平行双线或同轴线上行波电压和行波电流的相速等于传输线周围介质中的光速，而和频率无关，只取决于周围介质特性，其参量主要是相对介电常数 ε_r。这种波称为非色散波。当周围介质为空气时，传输线上行波的相速等于真空中的光速。

相波长 λ_p 定义为波在一个周期内等相位面沿传输线移动的距离，即

$$\lambda_p = v_p T = \frac{v_p}{f} = \frac{\omega/\beta}{f} = \frac{2\pi}{\beta} = \frac{\lambda_0}{\sqrt{\varepsilon_r}} \tag{2-3-9}$$

式中：f 为电磁波频率；T 为振荡周期；λ_0 为真空中电磁波的波长。

由此可见，传输线上行波的波长也和周围介质有关。

4. 输入阻抗

输入阻抗是传输线理论中一个重要的概念，它可以用来很方便地分析传输线的工作状态。如图 2-3-1 所示，传输线终端接负载阻抗 Z_L 时，距离终端 z 处向负载方向看去的输入阻抗定义为该处的电压复数振幅 $U(z)$ 与电流复数振幅 $I(z)$ 之比，记为 $Z_{in}(z)$，简写为 $Z(z)$，即

$$Z_{in}(z) = \frac{U(z)}{I(z)} = \frac{U_i(z) + U_r(z)}{I_i(z) + I_r(z)} \tag{2-3-10}$$

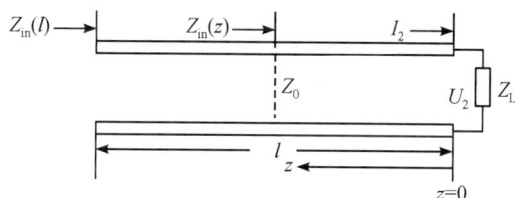

图 2-3-1 传输线的输入阻抗

输入阻抗与特性阻抗不同，输入阻抗是该处的总电压与总电流之比，而特性阻抗是输入电压与输入电流之比。

对于均匀无耗传输线，将传播常数 $\gamma = j\beta$ 代入式(2-2-17)，可得沿线电压、电流的表达式为

$$\begin{cases} U(z) = U_2 \mathrm{jch}\beta z + I_2 Z_0 \mathrm{jsh}\beta z \\ I(z) = U_2 \dfrac{\mathrm{jsh}\beta z}{Z_0} + I_2 \mathrm{jch}\beta z \end{cases} \tag{2-3-11}$$

上式可写成

$$\begin{cases} U(z) = U_2 \cos\beta z + j I_2 Z_0 \sin\beta z \\ I(z) = j U_2 \dfrac{\sin\beta z}{Z_0} + I_2 \cos\beta z \end{cases} \tag{2-3-12}$$

将式(2-3-12)和终端条件 $U_2 = I_2 Z_L$ 代入式(2-3-10)，化简得

$$Z_{in}(z) = Z_0 \frac{Z_L + j Z_0 \tan\beta z}{Z_0 + j Z_L \tan\beta z} \tag{2-3-13}$$

式(2-3-13)表明，均匀无耗传输线上任一点 z 处的输入阻抗 $Z_{in}(z)$ 与 Z_0、Z_L、z 及

工作频率有关。

输入阻抗的概念在工程设计中经常用到。若已知传输线上某一点处的输入阻抗，可将该点处右侧的传输线连同负载 Z_L 一并去掉，并在该点处跨接一个等于输入阻抗 $Z_{in}(z)$ 的负载阻抗，则该点左侧传输线上电压、电流并不受影响，即两种情况完全是等效的。

这里也可采用导纳，导纳与阻抗互为倒数，即输入导纳 $Y(z)=\dfrac{1}{Z(z)}$，特性导纳 $Y_0(z)=\dfrac{1}{Z_0(z)}$，负载导纳 $Y_L=\dfrac{1}{Z_L}$，则有

$$Y(z)=Y_0\frac{Y_L+jY_0\tan\beta z}{Y_0+jY_L\tan\beta z} \tag{2-3-14}$$

定义归一化阻抗为任意点的输入阻抗与特性阻抗的比值，即

归一化输入阻抗：

$$\widetilde{Z}(z)=\frac{Z(z)}{Z_0}$$

归一化负载阻抗：

$$\widetilde{Z}_L=\frac{Z_L}{Z_0}$$

则式(2-3-13)可写成归一化阻抗形式：

$$\widetilde{Z}(z)=\frac{\widetilde{Z}_L+j\tan\beta z}{1+j\widetilde{Z}_L\tan\beta z} \tag{2-3-15}$$

同理，式(2-3-14)可写成归一化导纳形式：

$$\widetilde{Y}(z)=\frac{\widetilde{Y}_L+j\tan\beta z}{1+j\widetilde{Y}_L\tan\beta z} \tag{2-3-16}$$

其中，

$$\widetilde{Y}_L=\frac{Y_L}{Y_0}$$

若传输线上有两点 z_2 与 z_1 满足 $\widetilde{Z}_2-z_1=l$，两点的归一化阻抗分别为 $\widetilde{Z}(z_2)$ 与 $\widetilde{Z}(z_1)$，则它们之间的阻抗变换关系为

$$\widetilde{Z}(z_2)=\frac{\widetilde{Z}(z_1)+j\tan\beta l}{1+j\widetilde{Z}(z_1)\tan\beta l} \tag{2-3-17}$$

与此类似，传输线上的导纳变换关系为

$$\widetilde{Y}(z_2)=\frac{\widetilde{Y}(z_1)+j\tan\beta l}{1+j\widetilde{Y}(z_1)\tan\beta l} \tag{2-3-18}$$

当 $z_L=0$ 时就是式(2-3-15)及式(2-3-16)。

对给定的传输线和负载阻抗，若线上两点 z_2 与 z_1 满足 $z_2-z_1=l$，随距离 l 的不同而做周期(周期为 $\lambda/2$)变化，有如下阻抗关系

$$\begin{cases}Z_{in}(z_1)=Z_{in}(z_2),\ \text{if}:\ l=n\dfrac{\lambda}{2},\ \beta l=n\pi(n=0,1,2,\cdots)\\[2mm]Z_{in}(z_1)=\dfrac{Z_0^2}{Z_{in}(z_2)},\ \text{if}:\ l=(2n+1)\dfrac{\lambda}{4},\ \beta l=\left(n+\dfrac{1}{2}\right)\pi(n=0,1,2,\cdots)\end{cases} \tag{2-3-19}$$

式(2-3-19)表明，传输线上两点相距为半波长的整数倍，两者输入阻抗相等；而两点距离为 $\lambda/4$ 奇数倍时，其中一点输入阻抗等于特性阻抗的平方与另一点阻抗的比值。

传输线上相隔 $\lambda/4$ 的两点的归一化阻抗呈倒数关系，相隔 $\lambda/2$ 点的阻抗不变。这些关系在研究传输线的无耗传输线阻抗匹配问题时是很有用的。

5. 反射系数

负载所在处的反射电压与入射电压之比称为负载的电压反射系数，简称负载反射系数。传输线的波一般由入射波和反射波叠加而成，为了描述传输线的反射特性，引入反射系数的概念。

以终端 Z_L 处为坐标原点的坐标体系，均匀无耗传输线终端接任意负载时，沿线的电压、电流表达式为

$$\begin{cases} U(z) = A_1 e^{j\beta z} + A_2 e^{-j\beta z} = U_i(z) + U_r(z) \\ I(z) = \dfrac{1}{Z_0}(A_1 e^{j\beta z} - A_2 e^{-j\beta z}) = I_i(z) + l_r(z) \end{cases} \tag{2-3-20}$$

距终端 z 处的反射波电压 $U_r(z)$ 与入射波电压 $U_i(z)$ 之比定义为该处的电压反射系数 $\Gamma_u(z)$，即

$$\Gamma_u(z) = \frac{U_r(z)}{U_i(z)} = \frac{A_2 e^{-j\beta z}}{A_1 e^{j\beta z}} = \frac{A_2}{A_1} e^{-j2\beta z} \tag{2-3-21a}$$

同理可定义 z 处的电流反射系数，即

$$\Gamma_i(z) = \frac{I_r(z)}{I_i(z)} = -\frac{A_2}{A_1} e^{-j2\beta z} = -\Gamma_u(z) \tag{2-3-21b}$$

可见，传输线上任意点处的电压反射系数与电流反射系数大小相等，相位相差 π。由于电压反射系数较易测定，因此若不加说明，以后提到的反射系数均指电压反射系数，并用符号 $\Gamma(z)$ 表示。

将终端坐标 $z=0$ 代入式(2-3-21a)，即可得到终端反射系数 Γ_L 为

$$\Gamma_L = \frac{A_2}{A_1} = \frac{|A_2|}{|A_1|} e^{j(\theta_2 - \theta_1)} = |\Gamma_L| e^{j\varphi_L} \tag{2-3-22}$$

下面给出传输线上任意点 z 处的反射系数的计算方法。

在传输线上任意点 z 的入射波电压为 $U_{iL}(z)e^{+j\beta z}$，反射波电压为 $U_{rL}(z)e^{-j\beta z}$，它等于 $U_{iL}(z)\Gamma_L e^{-j\beta z}$ 因此，传输线上任意点 z 处的反射系数为

$$\Gamma(z) = |\Gamma| e^{j\varphi} = \frac{U_{rL}(z)e^{-j\beta z}}{U_{iL}(z)e^{+j\beta z}} = \Gamma_L e^{-j2\beta z} = |\Gamma_L| e^{j\varphi} \tag{2-3-23}$$

式中，$\varphi = \varphi_L - 2\beta z$。$\Gamma(z)$ 称为传输线上任意点 z 的反射系数，它为复数，它的模和终端反射系数的模相等，即 $|\Gamma| = |\Gamma_L|$，它的幅角为 $\varphi_L - 2\beta z$，可见，任意点的相位比终端反射系数的相位落后了 $2\beta z$，即 $\varphi = \varphi_L - 2\beta z$。

若传输线上有两点 z_1 及 z_2，其间距为 l，即 $z_2 - z_1 = l$，则 z_1 点的反射系数为

$$\Gamma(z_1) = |\Gamma| e^{j(\varphi_L - 2\beta z_1)}$$

z_2 点的反射系数为

$$\Gamma(z_2) = |\Gamma| e^{j(\varphi_L - 2\beta z_2)} = |\Gamma| e^{j(\varphi_L - 2\beta z_1 - 2\beta l)}$$

由此可知，无耗传输线上相距为 l 的两点，其反射系数模相等，反射系数的幅角相差—$2\beta l$，即 $\varphi_2 - \varphi_1 = -2\beta l$。

波的反射是传输线工作的基本物理现象，反射系数不仅有明确的物理概念，而且可以测定，因此在微波技术中广泛采用反射系数这一物理量。

6. 阻抗与反射系数

用反射系数和入射波可以表示传输线上的总电压和总电流，即

$$\begin{cases} U(z) = U_i(z)[1 + \Gamma(z)] \\ I(z) = I_i(z)[1 - \Gamma(z)] \end{cases} \tag{2-3-24}$$

由此不难得出输入阻抗与反射系数之间的关系为

$$Z_{in}(z) = \frac{U(z)}{I(z)} = \frac{U_i(z)[1 + \Gamma(z)]}{I_i(z)[1 - \Gamma(z)]} = Z_0 \frac{1 + \Gamma(z)}{1 - \Gamma(z)} \tag{2-3-25}$$

进一步，令 $Z_{in}(z) = Z_L$，可得负载阻抗与终端反射系数的关系

$$Z_L = Z_0 \frac{1 + \Gamma_L}{1 - \Gamma_L} \tag{2-3-26}$$

式(2-3-26)与式(2-3-25)形式上完全相同。上述两式又可写成

$$\Gamma(z) = \frac{Z_{in}(z) - Z_0}{Z_{in}(z) + Z_0} \tag{2-3-27}$$

$$\Gamma_L = \frac{Z_L - Z_0}{Z_L + Z_0} \tag{2-3-28}$$

由于归一化阻抗 $\widetilde{Z}(z) = \dfrac{Z(z)}{Z_0}$，故可得

$$\widetilde{Z}(z) = \frac{1 + \Gamma(z)}{1 - \Gamma(z)} \tag{2-3-29}$$

及

$$\Gamma(z) = \frac{\widetilde{Z}(z) - 1}{\widetilde{Z}(z) + 1} \tag{2-3-30}$$

这表明输入阻抗和反射系数是描述传输线上某点状态的两套参量，它们有一一对应的关系，可以相互转换。应该注意，每一套参量都由两个独立的实数组成。

7. 传输线上的驻波

下面是终端接任意负载时无耗传输线上电压分布的表示式，即

$$U(z) = U_{iL}(e^{j\beta z} + \Gamma_L e^{-j\beta z}) = U_{iL}(e^{j\beta z} + |\Gamma| e^{j\varphi_L} e^{-j\beta z})$$

$$= U_{iL}\left[(1 - |\Gamma|)e^{j\beta z} + 2|\Gamma| e^{j\varphi_L/2} \cos\left(\beta z - \frac{\varphi_L}{2}\right)\right] \tag{2-3-31}$$

式中，第一项表示一个行波的振幅为入射波电压振幅的 $(1 - |\Gamma|)$ 倍，它所携带的能量为负载所吸收；第二项表示一个纯驻波的振幅为入射波电压振幅的 $2|\Gamma|$ 倍，它在传输线上只造成无功功率的吐纳而无有功功率的传输。一般情况下，传输线上的电压是行波与纯驻波的叠加，称为行驻波。由上式可知

$$U(z) = U_{iL} e^{j\beta z}[1 + |\Gamma| e^{j(\varphi_L - 2\beta z)}] \tag{2-3-32}$$

因此，$U(z)$ 的振幅（即其模）为

$$|U(z)| = |U_{iL}|\sqrt{1 + |\Gamma|^2 + 2|\Gamma|\cos(\varphi_L - \beta z)} \qquad (2-3-33)$$

可见，当 $\varphi_L - 2\beta z = 2n\pi (n = 0, \pm 1, \pm 2, \cdots)$ 时，电压振幅为最大值，即波腹点，此时 $z = z_{\max}$；当 $\varphi_L - 2\beta z = (2n-1)\pi (n = 0, \pm 1, \pm 2, \cdots)$ 时，电压振幅为最小值，即波节点，此时 $z = z_{\min}$。设相邻 $z_{\max}$ 和 $z_{\min}$ 之间距离为 l，则 $2\beta l = \pi$，即 $\beta l = \pi/2$，$l = \lambda_g/4$。所以相邻的驻波最大点和最小点之间的距离为四分之一导波波长，相位差 $\pi/2$。两相邻最大点或相邻最小点之间的距离为二分之一导波波长，相位差 π。

电压振幅（式 $(2-3-33)$）的沿线分布如图 $2-3-2$ 所示，其中，$|\Gamma| = 0$、0.33、0.67、0.82、0.90、1。

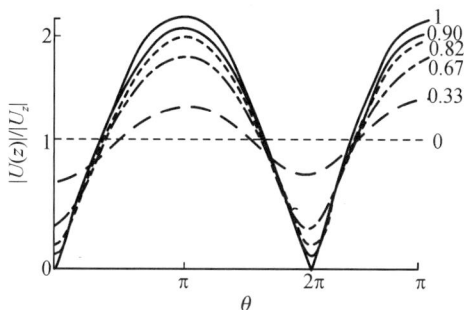

图 2-3-2　传输线上驻波电压的沿线分布图

同样可以写出电流沿线分布的表示式，由式 $(2-2-9)$ 得

$$I(z) = \frac{U_{iL}}{Z_0}(e^{j\beta z} - \Gamma_L e^{-j\beta z}) = I_{iL}[e^{j\beta z} - |\Gamma|e^{j\varphi_L}e^{-j\beta z}]$$

$$= I_{iL}\left[(1 - |\Gamma_L|)e^{j\beta z} + 2j|\Gamma|e^{j\varphi_L/2}\sin\left(\beta z - \frac{\varphi_L}{2}\right)\right] \qquad (2-3-34)$$

可以看出，传输线上的电流也是由一个振幅为入射波电流 $(1 - |\Gamma_L|)$ 倍的行波和一个振幅为入射波电流 $2|\Gamma_L|$ 倍的纯驻波叠加而成的行驻波。

对比电压和电流的分布式可知，行波的电压与电流同相，纯驻波电压与电流差一个 j，即相位差为 $\pi/2$，同时，电压分布为 $\cos(\beta z - \varphi_L/2)$，电流分布为 $\sin(\beta z - \varphi_L/2)$，两者在空间上也差 $\pi/2$，即差四分之一导波波长，因此，电压的波节点恰是电流的波腹点，而电压的波腹点恰是电流的波节点。

电流 $I(z)$ 的振幅为

$$|I(z)| = |I_{iL}|\sqrt{1 + |\Gamma|^2 - 2|\Gamma|\cos(\varphi_L - 2\beta z)} \qquad (2-3-35)$$

8. 驻波系数与行波系数

传输线上不仅有入射波，还存在反射波，这种情况称为负载与传输线阻抗不匹配（失配），产生条件是终端负载阻抗与传输线的特性阻抗不相等。为了量化失配的程度，引入驻波系数的概念。阻抗不匹配时沿线合成电压是呈周期性变化的驻波（或行驻波）。实际工作中，可以采用电压驻波系数或反射系数来衡量失配的程度。

电压驻波系数 ρ 定义为沿线电压（或电流）的最大值与最小值之比，即

37

$$\rho = \frac{\mid U \mid_{\max}}{\mid U \mid_{\min}} = \frac{\mid I \mid_{\max}}{\mid I \mid_{\min}} \tag{2-3-36}$$

电压驻波系数也称电压驻波比，简称驻波比，简写为 VSWR 或 SWR。

显然，传输线上入射波与反射波同相叠加时，合成波出现最大值；而反相叠加时，则出现最小值，故有

$$\begin{cases} \mid U \mid_{\max} = \mid U_i \mid + \mid U_r \mid = \mid U_i \mid (1 + \mid \varGamma \mid) \\ \mid U \mid_{\min} = \mid U_i \mid - \mid U_r \mid = \mid U_i \mid (1 - \mid \varGamma \mid) \end{cases} \tag{2-3-37}$$

由式(2-3-37)有

$$\rho = \frac{\mid U \mid_{\max}}{\mid U \mid_{\min}} = \frac{1 + \mid \varGamma \mid}{1 - \mid \varGamma \mid} \tag{2-3-38}$$

由此可得反射系数与驻波比的关系为

$$\mid \varGamma \mid = \frac{\rho - 1}{\rho + 1} \tag{2-3-39}$$

驻波比只能确定反射系数的模。为了确定反射系数的相角，还必须知道驻波电压最大点或最小点位置，常用的是驻波电压最小点的位置 $z_{\min}$。对于终端负载处，其附近的驻波最小点位置只能朝电源方向去寻找。对于传输线上任意一个参考面，它的驻波最小点在参考面两侧均存在，现规定电源侧驻波最小点与参考面的距离为 $l_{\min}$，如图 2-3-3 所示，即参考面朝向电源方向行进到驻波最小点时的距离。我们把这样定义的驻波最小点与参考面的距离称为此参考面的驻波相位。

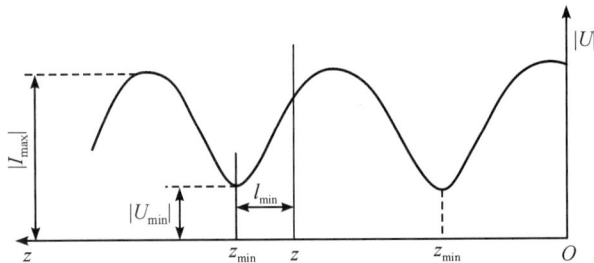

图 2-3-3　驻波比与驻波电压最小点位置

有时也可用行波系数(K)表述传输线反射波的相对大小，即失配程度。行波系数 K 定义为传输线上电压(或电流)的最小值与最大值之比，故行波系数与驻波比互为倒数，即

$$K = \frac{\mid \dot{U} \mid_{\min}}{\mid \dot{U} \mid_{\max}} = \frac{1 - \mid \varGamma \mid}{1 + \mid \varGamma \mid} = \frac{1}{\rho} \tag{2-3-40}$$

因此，传输线上反射波的大小，可用反射系数的模、驻波系数和行波系数三个参数来描述。反射系数模的变化范围为 $0 \leqslant \mid \varGamma_L \mid \leqslant 1$；驻波比的变化范围为 $1 \leqslant \rho < \infty$，$\rho$ 是无量纲实数。$\rho = 1$ 时，传输线为匹配工作状态；$\rho = \infty$ 时，传输线为纯驻波工作状态；$1 < \rho < \infty$，传输线为行驻波工作状态。行波系数的变化范围为 $0 \leqslant K \leqslant 1$。传输线的工作状态一般分为三种：

(1) 负载无反射的行波状态，即阻抗匹配状态，此时有 $\mid \varGamma \mid = 0$，$\rho = 1$，$K = 1$。

(2) 负载全反射的驻波状态，此时有 $\mid \varGamma \mid = 1$，$\rho = \infty$，$K = 0$。

(3) 负载部分反射的行驻波状态，此时有 $\mid \varGamma \mid < 1$，$1 < \rho < \infty$，$0 < K < 1$。

9. 传输功率

均匀无耗线上通过任意点的传输功率为入射波功率与反射波功率之差，即

$$P(z) = \frac{|U_{iL}|^2}{Z_0} - \frac{|U_{iL}|^2}{Z_0} |\Gamma(z)|^2 \qquad (2-3-41)$$

$$= P_i(z) - P_r(z)$$

式中，$P_i(z)$、$P_r(z)$ 分别表示通过 z 点处的入射波功率和反射波功率。

功率反射系数：

$$\frac{P_r(z)}{P_i(z)} = |\Gamma(z)|^2 \qquad (2-3-42)$$

相对传输功率：

$$\overline{P}(z) = \frac{P(z)}{P_i(z)} = 1 - |\Gamma(z)|^2 \qquad (2-3-43)$$

因此，以 dB 形式表示的相对损耗功率为

$$10\lg|\Gamma(z)|^2 = 20\lg|\Gamma(z)| \quad \text{dB} \qquad (2-3-44)$$

【例 2 - 3 - 1】 如图 2 - 3 - 4 所示的无耗传输系统，设 Z_0 已知。

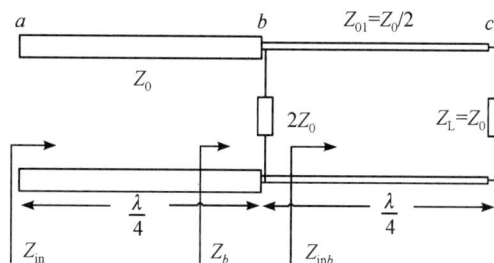

图 2 - 3 - 4 例 2 - 3 - 1 题图

求：(1) a 点处的输入阻抗 Z_{in}。

(2) 传输线上各点的反射系数 Γ_a、Γ_b、Γ_c。

(3) 各段传输线的电压驻波比 ρ_{ab}、ρ_{bc}。

解 (1) b 点右侧传输线的输入阻抗 Z_{inb} 为

$$Z_{inb} = \frac{Z_{01}^2}{Z_L} = \frac{\left(\frac{Z_0}{2}\right)^2}{Z_0} = \frac{Z_0}{4}$$

b 点处的等效阻抗 Z_b 为

$$Z_b = \frac{2Z_0 \cdot \frac{Z_0}{4}}{2Z_0 + \frac{Z_0}{4}} = \frac{2}{9}Z_0$$

故输入阻抗 Z_{in} 为

$$Z_{in} = \frac{Z_0^2}{Z_b} = \frac{Z_0^2}{\frac{2}{9}Z_0} = \frac{9}{2}Z_0$$

(2) 传输线上各点的反射系数分别为

$$\Gamma_a = \frac{Z_{in} - Z_0}{Z_{in} + Z_0} = \frac{\frac{9}{2}Z_0 - Z_0}{\frac{9}{2}Z_0 + Z_0} = \frac{7}{11}$$

$$\Gamma_b = \frac{Z_b - Z_0}{Z_b + Z_0} = \frac{\frac{2}{9}Z_0 - Z_0}{\frac{2}{9}Z_0 + Z_0} = -\frac{7}{11}$$

$$\Gamma_c = \frac{Z_L - Z_{01}}{Z_L + Z_{01}} = \frac{Z_0 - \frac{Z_0}{2}}{Z_0 + \frac{Z_0}{2}} = \frac{1}{3}$$

（3）各段传输线的电压驻波比分别为

$$\rho_{bc} = \frac{1 + |\Gamma_b|}{1 - |\Gamma_b|} = \frac{9}{2}$$

$$\rho_{ab} = \frac{1 + |\Gamma_c|}{1 - |\Gamma_c|} = 2$$

通过上述例题的分析，可进一步看出，反射系数是传输线上某点的特性，不同点的反射系数是不一样的；而电压驻波比是一段传输线的特性，只要该段传输线是均匀的，即不发生特性阻抗的突变、串接或并接其他阻抗，这段传输线的电压驻波比始终是一个，也就是说没有产生新的反射，这段传输线上各点反射系数的模相等。

【例 2-3-2】 如图 2-3-5 所示，终端接纯电阻 $Z_L = 25\ \Omega$，特性阻抗 $Z_0 = 50\ \Omega$，求各点的输入阻抗。

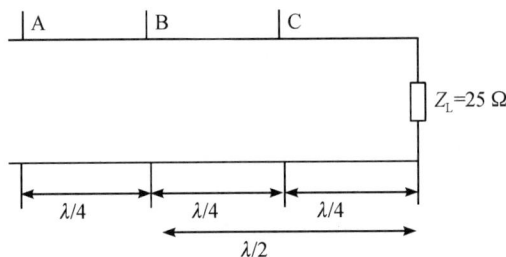

图 2-3-5 例 2-3-2 题图

解 方法一，由输入阻抗的公式可求得

$$Z_{in}(z) = Z_0 \frac{Z_L + jZ_0 \tan\beta z}{Z_0 + jZ_L \tan\beta z}$$

当 $z = \frac{\lambda}{2}$ 时，$\tan(\beta z) = \tan\frac{2\pi}{\lambda} \times \frac{\lambda}{2} = 0$，所以 $Z_{in}(z) = 25\ \Omega$。

当 $z = \frac{\lambda}{4}$ 时，$\tan(\beta z) = \tan\frac{2\pi}{\lambda} \times \frac{\lambda}{4} = \infty$，所以 $Z_{in}(z) = 100\ \Omega$。

方法二，根据传输线上变换阻抗性质可求得

当 $z = \frac{\lambda}{2}$ 时，$Z_{in}(z) = Z_L = 25\ \Omega$

当 $z=\dfrac{\lambda}{4}$ 时, $Z_{in}(z)=\dfrac{Z_0^2}{Z_L}=\dfrac{50\times50}{25}=100\ \Omega$

同样可得到阻抗值，此处简化了计算过程。

【例 2-3-3】 均匀无耗传输线终端接负载阻抗 $Z_L=200\ \Omega$，信号频率 $f_0=1000\ MHz$ 时测得终端电压反射系数相角 $\varphi_L=180°$ 和电压驻波比 $\rho=1.5$。求终端电压反射系数 Γ_L，传输线特性阻抗 Z_0。

解 已知电压驻波比 $\rho=1.5$，由公式可求得反射系数模值 $|\Gamma_L|=\dfrac{\rho-1}{\rho+1}=0.2$。已知终端反射系数相角 $\varphi_L=180°$，故终端为电压波节点，则有

$$\Gamma_L=|\Gamma_L|e^{j\varphi_L}=0.2e^{j180°}=-0.2$$

根据电压波节点处输入阻抗公式 $Z_{min}=\dfrac{Z_0}{\rho}$，特性阻抗 $Z_0=\rho Z_{min}=\rho Z_L=300\ \Omega$。

【例 2-3-4】 在一无耗传输线上传输有频率为 3 GHz 的信号，已知其特性阻抗 $Z_0=75\ \Omega$，终端接有负载阻抗 $Z_L=(75+j150)\ \Omega$。试求：(1) 传输线上的驻波比；(2) 离终端 10 cm 处的反射系数。

解 因为

$$\Gamma_L=\dfrac{Z_L-Z_0}{Z_L+Z_0}=\dfrac{75+j150-75}{75+j150+75}=\dfrac{\sqrt{2}}{2}e^{j\frac{\pi}{4}}$$

所以

$$\rho=\dfrac{1+|\Gamma|}{1-|\Gamma|}=5.83$$

又因 $f=3\ GHz$，所以 $\lambda=10\ cm$。那么，离终端 10 cm 处距离终端为一个 λ，其反射系数应与终端的反射系数同为

$$\Gamma(z=10\ cm)=\dfrac{\sqrt{2}}{2}e^{j\frac{\pi}{4}}$$

解毕。

2.4 均匀无耗传输线的工作状态

前面我们引出了描述传输线工作特性的几个物理量，并讨论了这些物理量之间的关系，不同的负载阻抗使传输线上的工作状态不同。本节分析了均匀无耗传输线的工作状态，具体是分析沿传输线电压、电流及阻抗的分布情况。一般根据负载的情况不同，可以分为行波状态（又称无反射状态）、纯驻波状态（又称全反射状态）和行驻波状态（又称部分反射状态）。下面分别进行讨论。

2.4.1 行波状态

传输线上只向一个方向传输的波称为行波。若传输线上只有从信号源向负载的单向行

波，则 $\Gamma_L=0$，即 $\dfrac{Z_L-Z_0}{Z_L+Z}=0$。故求得无反射条件为 $Z_L=Z_0$，即负载与传输线特性阻抗相匹配。此负载称为传输线的"匹配负载"，负载吸收全部入射波功率而无反射。传输线工作于行波状态，又称为匹配状态或无反射状态。这是理想的传输线工作状态，如果坐标原点（$z=0$）取在信号源端，则线上电压、电流的复数振幅表示式为

$$\begin{cases} U(z)=U_i(z)=A_1 e^{-j\beta z} \\ I(z)=I_i(z)=\dfrac{A_1}{Z_0} e^{-j\beta z} \end{cases} \qquad (2-4-1)$$

行波状态下电压和电流振幅值沿线的分布如图 2-4-1 所示。

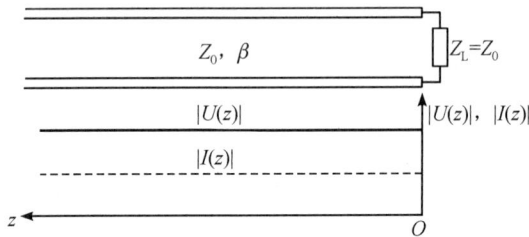

图 2-4-1　行波状态下电压和电流振幅值沿线的分布

传输线输入阻抗为

$$Z_{in}(z)=\frac{U(z)}{I(z)}=Z_0=Z_L \qquad (2-4-2)$$

线上的瞬时电压和电流表示式为

$$\begin{cases} u(z,t)=u_i(z,t)=A_1\cos(\omega t-\beta z) \\ i(z,t)=i_i(z,t)=\dfrac{A_1}{Z_0}\cos(\omega t-\beta z) \end{cases} \qquad (2-4-3)$$

由式（2-4-3）可求得传输线的相位常数为

$$\beta=\frac{2\pi}{\lambda_p} \quad \text{rad/m} \qquad (2-4-4)$$

相速度 v_p 表示式如下：

$$v_p=\frac{\omega}{\beta} \quad \text{m/s} \qquad (2-4-5)$$

式中，λ_p 为传输线的相波长，$v_p=f\cdot\lambda_p$。

行波的特点是：传输线上任意一点的电压和电流的振幅各自保持不变，终端反射系数为零；传输线上行波的任意一点的电压与电流是同相的，并随位置具有相位滞后效应，即波向前传输的过程中，相位连续滞后；传输线上任一点的输入阻抗都等于传输线的特性阻抗，也等于负载阻抗。

2.4.2　驻波状态

如果沿传输线传播的入射波与反射波以相同速度、相等振幅向相反方向传输，入射波和反射波这两个波叠加，形成驻波分布，那么传输线工作于驻波状态。此时，传输线工作于

纯驻波状态,又称为全反射状态。

由公式 $\Gamma_L = \dfrac{Z_L - Z_0}{Z_L + Z_0}$ 知,当传输线终端短路($Z_L = 0$)、开路($Z_L = \infty$)、接纯电抗负载($Z_L = jX_L$)时,传输线上任何一点上电压反射系数的模 $|\Gamma| \equiv 1$,这时,终端的入射波则被全部反射回去,负载不吸收功率。在三种情况下终端负载的驻波特性都一样,只是驻波在线上分布的位置不同。驻波状态意味着入射波功率一点也没有被负载吸收,有 $|\Gamma_L| = 1$,$\rho = \infty$。三种负载情况下的反射系数分别表示如下:

(1) $Z_L = 0$ 时,$\Gamma_L = -1 (\varphi_L = \pi)$;

(2) $Z_L = \infty$ 时,$\Gamma_L = +1 (\varphi_L = 0)$;

(3) $Z_L = jX_L$ 时,$\Gamma_L = e^{j\varphi_L} \left(\varphi_L = \arctan \dfrac{2X_L Z_0}{X_L^2 - Z_0^2} \right)$。

以上是归一化电抗,由式(2-3-33)可知

$$U(z) = U_{iL} e^{j\beta z} \left[1 + |\Gamma| e^{j(\varphi_L - 2\beta z)} \right]$$

由式(2-2-15)有

$$\begin{cases} U(z) = A_1 e^{j\beta z} + A_2 e^{-j\beta z} \\ I(z) = \dfrac{A_1}{Z_0} e^{j\beta z} - \dfrac{A_2}{Z_0} e^{-j\beta z} \end{cases} \tag{2-4-6}$$

所以,电压驻波的波腹值和波节值分别为

$$\begin{cases} |U(z)|_{\max} = 2 |U_{iL}| \\ |U(z)|_{\min} = 0 \end{cases} \tag{2-4-7}$$

同理,电流驻波的波腹值和波节值分别为

$$\begin{cases} |I(z)|_{\max} = 2 |I_{iL}| \\ |I(z)|_{\min} = 0 \end{cases} \tag{2-4-8}$$

电压、电流驻波分布曲线如图 2-4-2 所示。驻波沿线的电压、电流的振幅随位置作正(余)弦变化,且具有波节点(零值点)和波腹点(入射波值的两倍);相邻两个波节(或波腹)点之间距离是 $\lambda/2$;相邻波腹点和波节点之间距离是 $\lambda/4$;沿线各点电压和电流值在时间和位置上都有 $\pi/2$ 的相位差,传输线上只存储能量而不传输能量;沿线各点输入阻抗为纯电抗,但在电压波腹点阻抗为无穷大,波节点阻抗为零。

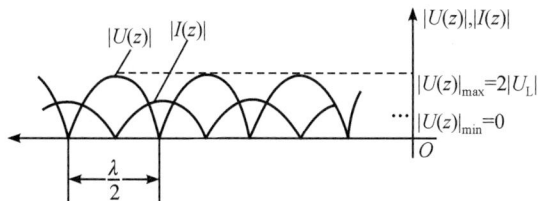

图 2-4-2　驻波状态下电压、电流振幅分布

1. 传输线终端短路

短路时,传输线输入阻抗

$$Z_{in}(z) = j Z_0 \tan \beta z \tag{2-4-9}$$

　　下面以终端短路为例分析全反射状态的一些特点。把终端短路时的相位代入公式，就可得到终端短路时沿线的电压、电流与输入阻抗等参数。

　　图 2-4-3 是终端短路时传输线上电压、电流和输入阻抗分布图。从以上公式和图(a)、(b)中可以看出，沿线电压和电流不再具有波动特性，而是在原地作简谐振荡。本质上看，这是入射波与反射波相互干涉的结果。由图(a)电压振幅分布图和图(b)电流振幅分布图可知，沿线电压、电流的振幅是位置的函数，振幅最大处为波腹点，振幅最小处为波节点。终端短路时电压波节点和电流波节点的数值均为零，是纯驻波，而电压波腹点恰是电流波节点，电压波节点恰是电流波腹点。波腹点和波节点之间的距离为 $\lambda_g/4$，电压和电流间的相位差总是 $\pi/2$，有时电压超前电流，有时电流超前电压。因此，纯驻波时不传输能量，只存在电能与磁能的相互转换。图(c)是传输线的阻抗分布及等效电路图，从图中可以看出，终端短路时，由负载向电源方向行进，沿线各参考面的输入阻抗以短路、感抗、开路、容抗、短路、感抗……的规律呈周期性变化，周期为 $\lambda_g/2$。并且，纯驻波线上呈现了电磁振荡现象，输入阻抗为零的短路面相当于串联谐振，输入阻抗为无穷大的开路面相当于并联谐振。

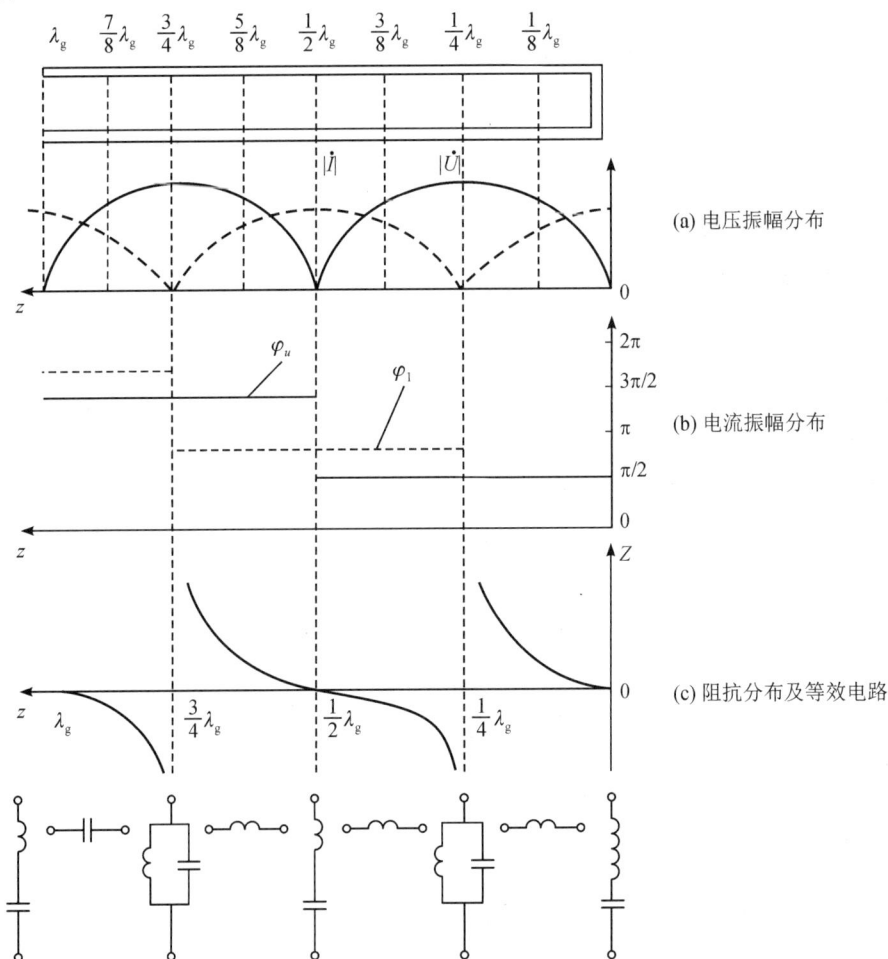

图 2-4-3　终端短路时无耗传输线的驻波状态

2. 传输线终端开路

图 2-4-4 表示了终端开路时沿线电压、电流与输入阻抗的分布情况。由图可见，沿线电压、电流、阻抗分布情况与终端短路时完全一样，只是终端负载不同，对应的负载相位角度 φ_L 不同，所以起点不同。也就是说，对于微波传输线，终端短路、终端开路和终端接纯电抗负载都没有本质的区别，距离短路面 $\lambda_g/4$ 处即为开路面，短路面向电源方向不足 $\lambda_g/4$ 的参考面上输入阻抗为纯感抗，开路面向电源方向不足 $\lambda_g/4$ 的参考面上输入阻抗为纯容抗。这个结论适用于微波的各种传输系统。

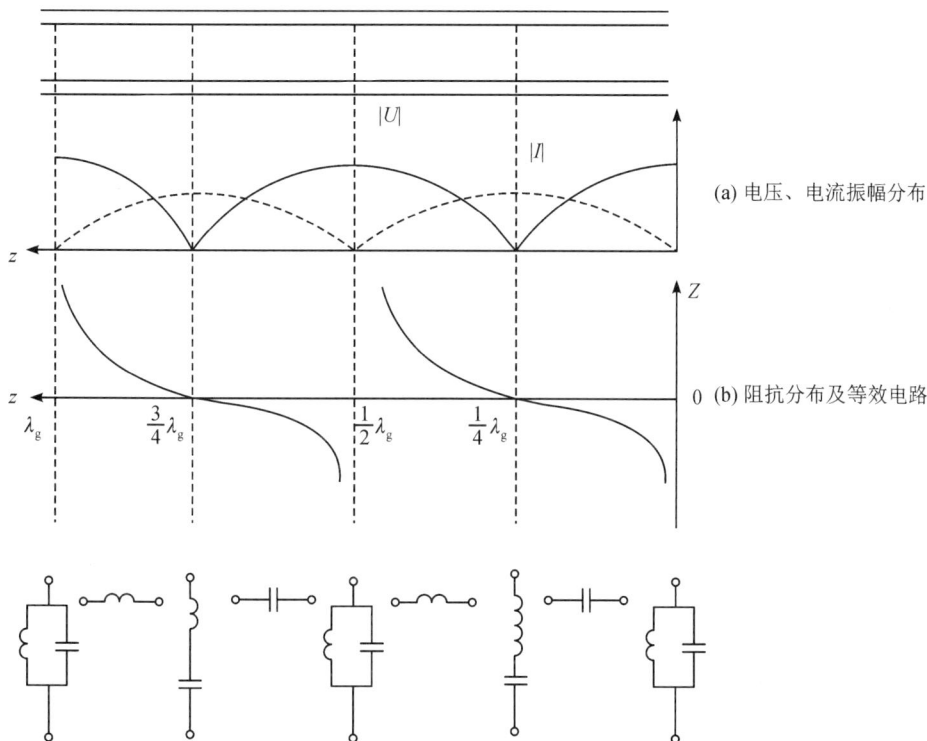

图 2-4-4　终端开路时无耗传输线的驻波状态

在工程应用中，适当长度的传输线可等效为电容或电感、串联或并联谐振回路，故可作为微波电感元件、电容元件或谐振电路。例如，作为纯电抗元件使用的短路器；谐振式频率计和微波振荡器中的谐振腔，常用短路活塞调节频率；双 T 调配器等元件也是在分支波导内端装有短路活塞的波导传输线构成的元件。相比较低频率的电路，以上对于微波传输线而言是比较独特的特点，可以用来制作一些不同功能的微波电路。

2.4.3　行驻波状态

当传输线终端接任意负载阻抗（负载阻抗不等于特性阻抗）时，即 $Z_L=R_L+jX_L$，或 $Z_L=R_L\neq Z_0$ 时，在终端要产生部分反射，传输线上形成行驻波。此时，线上电压、电流分布的表示式为

$$U(z)=U_{iL}e^{j\beta z}+U_{rL}e^{-j\beta z}=U_{iL}e^{j\beta z}[1+|\Gamma|e^{-(j2\beta z-\varphi_L)}] \qquad (2-4-10a)$$

$$I(z) = \frac{U_{iL}}{Z_0}(\mathrm{e}^{\mathrm{j}\beta z} - \Gamma_L \mathrm{e}^{-\mathrm{j}\beta z}) = I_{iL}\left[\mathrm{e}^{\mathrm{j}\beta z} - |\Gamma|\mathrm{e}^{\mathrm{j}\varphi_L}\mathrm{e}^{-\mathrm{j}\beta z}\right]$$

$$= I_{iL}\mathrm{e}^{\mathrm{j}\beta z}\left[1 - |\Gamma_L|\mathrm{e}^{-\mathrm{j}(2\beta z - \varphi_L)}\right] \tag{2-4-10b}$$

上式取模得

$$|U(z)| = U_{iL}\sqrt{1 + |\Gamma|^2 + 2|\Gamma|\cos(2\beta z - \varphi_L)}$$

$$|I(z)| = |I_{iL}|\sqrt{1 + |\Gamma|^2 - 2|\Gamma|\cos(2\beta z - \varphi_L)}$$

这说明行驻波状态下，线上电压既有行波分量（第一项），也有驻波分量（第二项）。行波分量和驻波分量的大小取决于反射系数模值。

为了确定行驻波状态下沿线电压、电流和阻抗分布，在工作波长确定的情况下，需要讨论波节点（或波腹点）的位置，以及波节点、波腹点的电压值、电流值的大小。

沿线电压、电流振幅分布如图 2-4-5 所示。

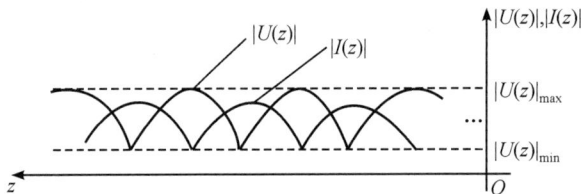

图 2-4-5 终端接任意负载时的行驻波状态

1. 波腹点和波节点的位置

由前可求出，以 z_{max} 和 z_{min} 分别表示电压波腹点和电压波节点位置，则离开终端向电源出现的电压波腹点和波节点位置分别为

$$z_{max} = \frac{\varphi_L \lambda_g}{4\pi} + \frac{\lambda_g}{2}n \tag{2-4-11}$$

$$z_{min} = \frac{\varphi_L \lambda_g}{4\pi} + \frac{\lambda_g}{4} + \frac{\lambda_g}{2}n \tag{2-4-12}$$

一般只需考虑距终端第一个电压波节点（或电压波腹点）的位置，即上两式中 n 取零值，则离开终端向电源出现的第一个电压波腹点和电压波节点位置分别为

$$z_{max1} = \frac{\varphi_L \lambda_g}{4\pi} \tag{2-4-13}$$

$$z_{min1} = \frac{\varphi_L \lambda_g}{4\pi} + \frac{\lambda_g}{4} \tag{2-4-14}$$

由此可见，如果已知 z_{min1} 或 z_{max1}，也可求出负载反射系数的相位角度 φ_L

$$\varphi_L = \left(z_{min1} - \frac{\lambda_g}{4}\right) \cdot \frac{4\pi}{\lambda_g} \tag{2-4-15}$$

2. 波腹值和波节值的大小

当 $\varphi_L - 2\beta z = 2n\pi$，$n = 0, 1, 2, \cdots$ 时，即 $z = \frac{\varphi_L \lambda}{4\pi} + n\frac{\lambda}{2}$。在线上这些点处呈现电压波腹值（电流波节值），即

$$\begin{cases} |U(z)|_{\max} = |U_{iL}|(1+|\Gamma_L|) \\ |I(z)|_{\min} = |I_{iL}|(1-|\Gamma_L|) \end{cases} \tag{2-4-16}$$

当 $\varphi_L - 2\beta z = (2n+1)\pi$，$n = 0, 1, 2, \cdots$ 时，即 $z = \dfrac{\varphi_L \lambda}{4\pi} + (2n+1)\dfrac{\lambda}{4}$。在线上这些点处呈现电压波节点(电流波腹点)，即

$$\begin{cases} |U(z)|_{\min} = |U_{iL}|(1-|\Gamma_L|) \\ |I(z)|_{\max} = |I_{iL}|(1+|\Gamma_L|) \end{cases} \tag{2-4-17}$$

在电压波腹点和电压波节点，电压和电流都是同相的，因此，输入阻抗是纯阻的。电压波腹点和波节点的输入阻抗分别为

$$Z_{\text{in, max}} = \frac{|U|_{\max}}{|I|_{\min}} = Z_0 \frac{1+|\Gamma|}{1-|\Gamma|} = Z_0 \rho \tag{2-4-18}$$

$$Z_{\text{in, min}} = \frac{|U|_{\min}}{|I|_{\max}} = Z_0 \frac{1-|\Gamma|}{1+|\Gamma|} = \frac{Z_0}{\rho} \tag{2-4-19}$$

其归一化输入阻抗分别为 $\widetilde{Z}_{\max}$ 和 $\widetilde{Z}_{\min}$：

$$\widetilde{Z}_{\max} = \rho$$

$$\widetilde{Z}_{\min} = \frac{1}{\rho}$$

由上面还可以得到

$$\frac{|U_{\max}|}{|I_{\max}|} = \frac{|U_{\min}|}{|I_{\min}|} = Z_0$$

$$\frac{|U_{\max}|}{|I_{\max}|} = \frac{1+|\Gamma|}{1-|\Gamma|} = \rho$$

从以上分析可以得到，当终端接一任意阻抗负载时，传输线上呈行驻波，行驻波与纯驻波不同点在于：线上电压和电流波腹点的振幅不等于入射波的两倍，波节点的振幅不等于零；线上电压波腹点振幅与电流波腹点振幅之比，和电压波节点振幅与电流波节点振幅之比，均等于传输线的特性阻抗；线上电压波腹点的输入阻抗为纯阻，其归一化输入阻抗等于传输线上的驻波比，线上电压波节点的输入阻抗也为纯阻，其归一化输入阻抗等于传输线上的驻波比的倒数；线上电压波腹点的振幅与电压波节点的振幅之比为传输线的电压驻波比。

【例 2-4-1】　传输线电路如图 2-4-6 所示。若各段传输线的特性阻抗均为 $Z_0 = 200\ \Omega$，R_1 是待定元件，CD 段是 $\lambda/4$ 短路线测量计(短路端所接电流表的内阻忽略不计)。求：为使 AB 段工作在行波状态，R_1 值应取多少？

解　解题思路由负载端向信号源方向逆推。

CD 段：$Z_{CD} = \infty$，$Z_C = R_2$；

BC 段：$Z_{BC} = \dfrac{Z_0^2}{R_2} = 2Z_0$；

EB 段：$Z_{BE} = \dfrac{Z_0^2}{R_1}$；

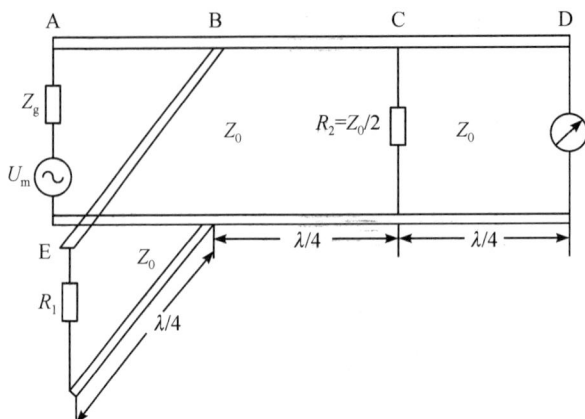

图 2-4-6 例 2-4-1 题图

AB 段：因 Z_{BC} 与 Z_{BE} 为并联，故 $Z_B = \dfrac{2Z_0^2}{2R_1 + Z_0}$，又由于 AB 段为行波，则有 $Z_B = Z_0$；

最终可得：$R_1 = \dfrac{Z_0}{2} = 100\ \Omega$。

2.5 史密斯圆图及其应用

在微波工程中，经常会遇到传输线上各点阻抗的换算问题；此外，还有阻抗匹配方面的问题。若用前面公式计算，因为是复数运算，会非常繁琐。但反射系数的换算相当简单，它仅仅是相角的改变。同时，阻抗与反射系数之间存在一一对应的关系式。因此，可以把阻抗和反射系数这两个复数用复变函数图形来表示，构成一种传输线的计算工具。如果把反射系数的模和相角的等值线画在归一化阻抗的直角坐标图上，可称之为方图。如果把归一化阻抗的实部和虚部(即归一化电阻和电抗的等值线)画在反射系数的极坐标上，称之为圆图。极坐标的等半径线代表反射系数的模，等幅角线代表反射系数的相角。由于反射系数的模不大于1，所以反射系数的值都位于极坐标的单位圆内。

为了使圆图适用于任意特性阻抗的传输线的计算，阻抗均采用归一化阻抗。由式 (2-3-22)和式(2-3-23)可得归一化阻抗与该点反射系数的关系为

$$\widetilde{Z}(z) = \frac{Z_{in}(z)}{Z_0} = \frac{1 + \Gamma(z)}{1 - \Gamma(z)} \tag{2-5-1a}$$

$$\widetilde{Z}_L = \frac{Z_L}{Z_0} = \frac{1 + \Gamma_L}{1 - \Gamma_L} \tag{2-5-1b}$$

或

$$\Gamma(z) = \frac{\widetilde{Z}(z) - 1}{\widetilde{Z}(z) + 1} \tag{2-5-1c}$$

$$\Gamma_{\mathrm{L}} = \frac{\tilde{Z}_{\mathrm{L}} - 1}{\tilde{Z}_{\mathrm{L}} + 1} \qquad (2-5-1\mathrm{d})$$

且

$$\Gamma(z) = \Gamma_{\mathrm{L}} \mathrm{e}^{-\mathrm{j}2\beta z} \qquad (2-5-1\mathrm{e})$$

式中，$\tilde{Z}(z)$ 和 $\tilde{Z}_{\mathrm{L}}$ 分别为线上任意一点和终端负载的归一化阻抗；$\Gamma(z)$ 和 Γ_{L} 分别为线上任意一点和终端负载的反射系数。

可见，根据上述关系式，在直角坐标系中绘制的曲线图称为直角坐标方图；而在极坐标系中绘制的曲线图称为极坐标圆图，又称为史密斯(Smith)圆图。这两种图像实际上就是 z 和 Γ 两个复平面的变换关系。

史密斯圆图最为常用，给计算带来很大方便，而且具有一定的精度，它可满足工程设计要求，在实际中获得了普遍应用。本节只讨论史密斯圆图，其中又以阻抗圆图应用最广，这里主要介绍阻抗圆图的构造、原理及其应用。

2.5.1　阻抗圆图

阻抗圆图是由等反射系数圆、等电阻圆和等电抗圆组成的。下面分别加以讨论。

1. 等反射系数圆

对于特性阻抗为 Z_0 的均匀无耗传输线，当终端接负载阻抗 Z_{L} 时，距离终端 z 处的反射系数 $\Gamma(z)$ 为

$$\begin{aligned} \Gamma(z) &= |\Gamma| \mathrm{e}^{\mathrm{j}\varphi} = |\Gamma| \cos\varphi + \mathrm{j}|\Gamma|\sin\varphi \\ &= \Gamma_u + \mathrm{j}\Gamma_v \end{aligned} \qquad (2-5-2)$$

式中，$|\Gamma|^2 = \Gamma_u^2 + \Gamma_v^2$，$\varphi = \arctan\left(\dfrac{\Gamma_v}{\Gamma_u}\right)$。

上式表明，在复平面上等反射系数模 $|\Gamma|$ 的轨迹是以坐标原点为圆心，$|\Gamma|$ 为半径的圆，这个圆称为等反射系数圆。不同反射系数的模，就对应不同大小的等反射系数圆。其中半径等于 1 的圆称为等反射系数单位圆。因为 $|\Gamma| \leqslant 1$，所以全部的等反射系数圆都位于单位圆内。

对于均匀无耗传输线，当终端负载确定后，线上的反射系数的模也就确定了，它对应某一半径的等反射系数圆，这个圆上的不同位置代表了传输线上的不同点；也就是说，传输线上不同的反射系数模都是相等的，但它们的相角是不同的。若已知终端反射系数 $\Gamma_{\mathrm{L}} = |\Gamma_{\mathrm{L}}| \mathrm{e}^{\mathrm{j}\varphi_{\mathrm{L}}}$，则距终端 z 处的反射系数为

$$\Gamma(z) = |\Gamma| \mathrm{e}^{\mathrm{j}\varphi} = |\Gamma_{\mathrm{L}}| \mathrm{e}^{\mathrm{j}(\varphi_{\mathrm{L}} - 2\beta z)} \qquad (2-5-3)$$

如图 2-5-1 所示，当由 z 点沿线向波源方向(如 z 点到 z_1 点)或向负载方向(如 z 点到 z_2 点)移动时，根据 $\varphi = \varphi_{\mathrm{L}} - 2\beta z$ 可知，由 z 点到 z_1 点反射系数的相角减小，对应反射系数矢量沿等反射系数圆顺时针转动；而由 z 点到 z_2 点反射系数的相角增大，对应反射系数矢量沿等反射系数圆逆时针转动。

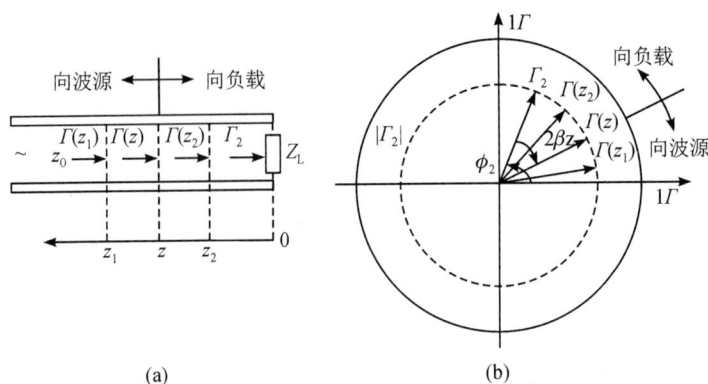

(a)   (b)

图 2-5-1　等反射系数圆

线上移动的距离 Δz 与转动的角度 $\Delta \varphi$ 之间的关系为

$$\Delta \varphi = 2\beta \Delta z = \frac{4\pi}{\lambda} \Delta z \qquad (2-5-4)$$

由此可见，线上移动 $\lambda/2$ 长度时，对应反射系数矢量转动一周（$\Delta \varphi = 2\pi$）。一般转动的角度用波长数（或电长度）$\Delta z/\lambda$ 表示，且标度波长数的零点位置通常选在 $\varphi = \pi$ 处。为了使用方便，有的圆图上标有两个方向的波长数数值，如图 2-5-2 所示。

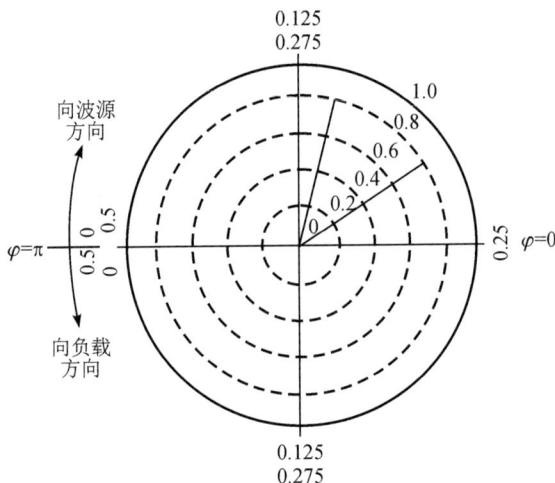

图 2-5-2　等反射系数圆的波长数标度

向负载方向移动读圆图的里圈读数，向波源方向移动读圆图的外圈读数。值得注意的是，相角相等的反射系数的轨迹是等反射系数圆的径向线。$\varphi = 0$ 的径向线，即圆水平直径右半段，为各种不同负载阻抗情况下电压波腹点反射系数的轨迹；$\varphi = \pi$ 的径向线，即圆水平直径左半段，为电压波节点反射系数的轨迹。

2. 等电阻圆和等电抗圆

将 $\Gamma(z) = \Gamma_u + \mathrm{j}\Gamma_v$ 代入式(2-5-1a)并化简得

$$\tilde{Z}(z) = \frac{1 + (\Gamma_u + \mathrm{j}\Gamma_v)}{1 - (\Gamma_u + \mathrm{j}\Gamma_v)} = \frac{1 - (\Gamma_u^2 + \Gamma_v^2)}{(1 - \Gamma_u)^2 + \Gamma_v^2} + \mathrm{j}\frac{2\Gamma_v}{(1 - \Gamma_u)^2 + \Gamma_v^2} = \tilde{R} + \mathrm{j}\tilde{X}$$

这里

$$\begin{cases} \widetilde{R} = \dfrac{1-(\Gamma_u^2 + \Gamma_v^2)}{(1-\Gamma_u)^2 + \Gamma_v^2} \\ \widetilde{X} = \dfrac{2\Gamma_v}{(1-\Gamma_u)^2 + \Gamma_v^2} \end{cases} \tag{2-5-5}$$

式中：$\widetilde{R}$ 为归一化电阻；$\widetilde{X}$ 为归一化电抗。

式(2-5-5)可整理为如下两个方程：

$$\left(\Gamma_u - \frac{\widetilde{R}}{\widetilde{R}+1}\right)^2 + \Gamma_v^2 = \frac{1}{(\widetilde{R}+1)^2} \tag{2-5-6a}$$

$$(\Gamma_u - 1)^2 + \left(\Gamma_v - \frac{1}{\widetilde{X}}\right)^2 = \left(\frac{1}{\widetilde{X}}\right)^2 \tag{2-5-6b}$$

显然，上述两个方程在 $\Gamma_u + j\Gamma_v$ 复平面内是以 $\widetilde{R}$ 和 $\widetilde{X}$ 为参量的一族圆的方程。它们的特征如下：

(1) 等电阻圆。式(2-5-6a)表示以归一化电阻 $\widetilde{R}$ 为参量的一族圆，其圆心为$\left(\dfrac{\widetilde{R}}{\widetilde{R}+\widetilde{X}},0\right)$、半径为 $\dfrac{1}{\widetilde{R}+1}$。所有的等电阻圆都相切于$(1,0)$。式中 $\widetilde{R}=0$ 对应等电阻圆为单位圆，当 $\widetilde{R}=0$ 时，圆心在原点$(0,0)$，半径为 1，对应于纯电抗；当 $\widetilde{R}\to\infty$ 时，圆心在$(1,0)$，半径为 0，等电阻圆缩小为一点，即$(1,0)$，是开路点。等电阻圆族如图 2-5-3 所示。

$\widetilde{R}$	0	0.5	1	2	∞
圆心$\left(\dfrac{\widetilde{R}}{\widetilde{R}+1},0\right)$	(0,0)	$\left(\frac{1}{3},0\right)$	$\left(\frac{1}{2},0\right)$	$\left(\frac{2}{3},0\right)$	(1,0)
半径 $\dfrac{1}{\widetilde{R}+1}$	1	$\frac{2}{3}$	$\frac{1}{2}$	$\frac{1}{3}$	0

(a)

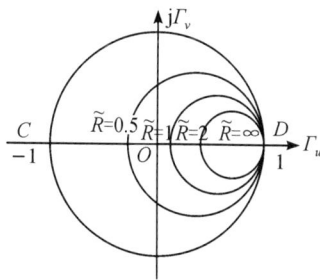

(b)

图 2-5-3　等电阻圆族

(2) 等电抗圆。式(2-5-6b)表示以归一化电抗 $\widetilde{X}$ 为参量的一族圆，其圆心为$(1,1/\widetilde{X})$、半径为 $1/|\widetilde{X}|$。所有的圆也都相切于$(1,0)$。当 $\widetilde{X}=0$ 时，圆心在$(1,\pm\infty)$，半径为∞，即成一条直线，就是实轴，代表纯电阻线。$\widetilde{X}$ 为正值（即感性）的等电抗圆均在上半平面，$\widetilde{X}$ 为负值（即容性）的等电抗圆均在下半平面。当 $\widetilde{X}\to\pm\infty$ 时，圆心在$(1,0)$，半径为 0，都收缩成$(1,0)$点。等电抗圆族如图 2-5-4 所示。

	$\tilde{X}$	0	± 0.5	± 1	± 2	$\pm \infty$
圆心	$\left(1, \dfrac{1}{\tilde{X}}\right)$	$(1, \pm \infty)$	$(1, \pm 2)$	$(1, \pm 2)$	$\left(1, \pm \dfrac{1}{2}\right)$	$(1, 0)$
半径	$\dfrac{1}{\tilde{X}}$	∞	2	1	$\dfrac{1}{2}$	0

(a)

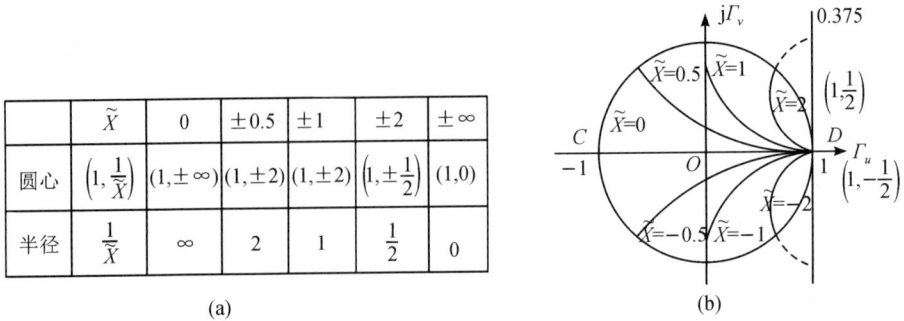

(b)

图 2-5-4 等电抗圆族

因为 $|\Gamma| \leqslant 1$，所以只有在 $|\Gamma|=1$ 的单位圆内才有意义，它们是一族圆弧段。$\tilde{X}=0$ 对应于从 $(-1, 0)$ 到 $(1, 0)$ 的直线段，其中从 $(-1, 0)$ 到 $(1, 0)$ 的左半段相应于 $\tilde{R}<1$，Γ 为负实数，即相角为 180°，这时反射波与入射波反相，对应于电压波节点，即从 $(-1, 0)$ 到 $(0, 0)$ 的线段是电压波节点轨迹。$(-1, 0)$ 点的 $\tilde{R}=0$、$\tilde{X}=0$ 对应于短路点，$\Gamma=-1$。从 $(0, 0)$ 到 $(1, 0)$ 的右半段相应于 $\tilde{R}>1$，Γ 为正实数，即相角为 0°，这时反射波与入射波同相，对应于电压波腹点，$(1, 0)$ 点的 $\tilde{R} \rightarrow \infty$、$\tilde{X} \rightarrow \infty$ 对应于开路点，$\Gamma=1$。原点 $(0, 0)$ 对应于 $\Gamma=0$、$\tilde{R}=1$、$\tilde{X}=0$，这时负载阻抗等于特性阻抗，即归一化阻抗为 1；$\Gamma=0$，说明没有反射，它代表传输线的匹配状态，故原点称为匹配点。

将等电阻圆和等电抗圆绘制在同一张图上，即得到史密斯圆图，又称 Smith 圆图，如图 2-5-5 所示，也可见附录 5。通常等反射系数圆并不画出，等相角线也不画出，其相角度数是以波长数标度代替。

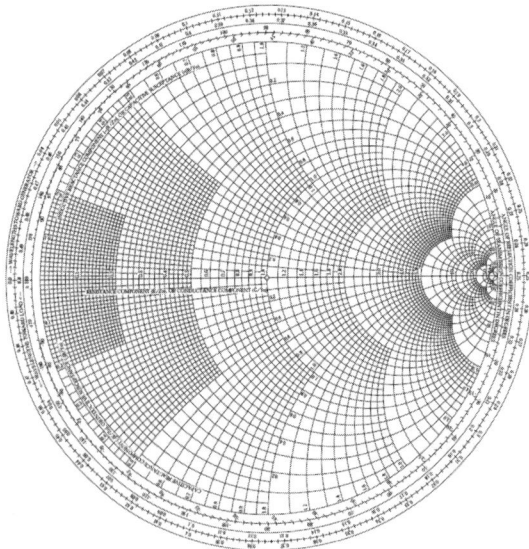

图 2-5-5 史密斯圆图

由前面分析总结可知，阻抗圆图具有以下几个特点。

（1）圆图上有三个特殊点：左边的短路点（C 点）坐标为$(-1,0)$，此处对应于 $\tilde{R}=0$、$\tilde{X}=0$、$|\Gamma|=1$、$\rho\to\infty$、$\varphi=\pi$；开路点（D 点）坐标为$(1,0)$，此处对应于 $\tilde{R}\to\infty$、$\tilde{X}\to\infty$、$|\Gamma|=1$、$\rho\to\infty$、$\varphi=0$；匹配点（O 点）坐标为$(0,0)$，此处对应于 $\tilde{R}=1$、$\tilde{X}=0$、$|\Gamma|=0$、$\rho=1$。

（2）圆图上有三条特殊线：圆图上实轴 CD 为 $\tilde{X}=0$ 的轨迹，其中正实半轴 OD 为电压波腹点的轨迹，线上 $\tilde{R}$ 的值即为驻波比 ρ 的读数；负实半轴 OC 为电压波节点的轨迹，线上 $\tilde{R}$ 的值即为行波系数 K 的读数；最外面的单位圆为 $\tilde{R}=0$ 的纯电抗阻抗点的轨迹，即 $|\Gamma|=1$ 的全反射系数圆的轨迹。

（3）圆上有两个特殊面：圆图实轴以上的上半平面（即 $\tilde{X}>0$）是感性阻抗的轨迹；实轴以下的下半平面（即 $\tilde{X}<0$）是容性阻抗的轨迹。

（4）圆图上有两个方向：在传输线上由某点向负载方向移动时，则在圆图上由该点沿等反射系数圆逆时针方向旋转；反之，在传输线上由某点向波源方向移动时，则在圆图上由该点沿等反射系数圆顺时针方向旋转。

（5）圆图上任意一点对应了四个参量：$\tilde{R}$、$\tilde{X}$、$|\Gamma|$（或 ρ）和 φ。只要知道前两个参量或后两个参量，均可确定该点在圆图上的位置。注意 $\tilde{R}$ 和 $\tilde{X}$ 均为归一化值，如果要求它们的实际值，则需分别乘上传输线的特性阻抗。

（6）若传输线上某一位置对应于圆图上的 A 点，则 A 点的读数即为该位置的输入阻抗归一化值（$\tilde{R}+\mathrm{j}\tilde{X}$）；若关于 O 点的 A 点对称点为 A' 点，则 A' 点的读数即为该位置的输入导纳归一化值（$\tilde{G}+\mathrm{j}\tilde{B}$）。

史密斯圆图的特点可概括为"三个特殊点、三条特殊线、两个特殊面、两个方向、四个参数"。

2.5.2　导纳圆图

在微波技术的实际问题中，常遇到元件或传输线并联的情况，在这种情况下用导纳进行计算比用阻抗方便。与此相应的计算工具便是导纳圆图。输入导纳 $Y(z)=G+\mathrm{j}B$，归一化导纳 $\tilde{Y}(z)=\tilde{G}+\mathrm{j}\tilde{B}$，其中 $\tilde{G}=GZ_0$ 为归一化电导，$\tilde{B}=BZ_0$ 为归一化电纳。

导纳是阻抗的倒数，故归一化导纳为

$$\tilde{Y}(z)=\frac{1}{\tilde{Z}(z)}=\frac{1-\Gamma(z)}{1+\Gamma(z)}$$

由上式可以看出，阻抗和导纳与反射系数的关系只相差一个负号。如果以单位圆圆心为轴心，将复平面上的阻抗圆图旋转$180°$，即可得到导纳圆图。因此，Smith 圆图既可作为阻抗圆图，也可作为导纳圆图，如图 2-5-6 所示。作为阻抗圆图使用时，圆图中的等值圆表示 $\tilde{R}$ 和 $\tilde{X}$ 圆；作为导纳圆图使用时，圆图中的等值圆表示 $\tilde{G}$ 和 $\tilde{B}$ 圆。圆图实轴的上部均表示感性阻抗或导纳，实轴的下部均表示容性阻抗或导纳。

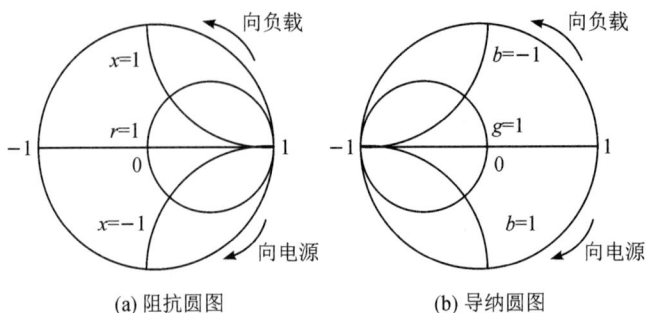

(a) 阻抗圆图　　　　　　(b) 导纳圆图

图 2-5-6　阻抗圆图与导纳圆图

图(a)中：$(1, 0)$点，$\Gamma=1$，开路点，$\tilde{R}=\infty$、$\tilde{X}=\infty$；$(-1, 0)$点，$\Gamma=-1$，短路点，$\tilde{R}=0$、$\tilde{X}=0$；$(0, 0)$点，$\Gamma=0$，匹配点，$\tilde{R}=1$、$\tilde{X}=0$。

图(b)中：$(1, 0)$点，$\Gamma=1$，开路点，$\tilde{G}=0$、$\tilde{B}=0$；$(-1, 0)$点，$\Gamma=-1$，短路点，$\tilde{G}=\infty$、$\tilde{B}=\infty$；$(0, 0)$点，$\Gamma=0$，匹配点，$\tilde{G}=1$、$\tilde{B}=0$。

应注意以下几点：

(1) 当圆图作为阻抗圆图使用时，$\tilde{R}=0$、$\tilde{X}=0$的点在$(-1, 0)$，对应于$\Gamma=-1$，是短路点；而作为导纳圆图使用时，$\tilde{G}=0$、$\tilde{B}=0$的点在$(-1, 0)$，对应于$\Gamma=1$，是开路点。

(2) 当圆图作为阻抗圆图时，相角$\varphi=0$的反射系数位于图 2-5-6 所示的圆直径右半段上，相角φ增大，反射系数矢量沿逆时针方向转动；当圆图作为导纳圆图时，$\varphi=0$的反射系数位于图 2-5-6 所示的圆直径左半段上，相角φ增大，反射系数矢量仍沿逆时针方向转动。

2.5.3　圆图上的驻波比

在圆图上等驻波比曲线也是一组以原点为圆心的同心圆族，但其间距并非线性，通常把等ρ线用虚线表示出来。ρ与Γ模值的关系为

$$\rho=\frac{1+|\Gamma|}{1-|\Gamma|}$$

因为ρ与归一化纯电阻$\tilde{R}$或纯电导$\tilde{G}$具有简单关系，为了使圆图简洁，通常不把等ρ线的数值表示出来。

将Γ与Z的关系式代入上式，得

$$\rho=\frac{|Z+1|+|Z-1|}{|Z+1|-|Z-1|}$$

在驻波电压波腹点或波节点处Z为纯电阻$\tilde{R}$，这时，有

$$\rho=\frac{|\tilde{R}+1|+|\tilde{R}-1|}{|\tilde{R}+1|-|\tilde{R}-1|}$$

在驻波电压波腹点$\tilde{R}>1$，此时，

$$\rho=\tilde{R}$$

在驻波电压波节点$\tilde{R}<1$，此时，

$$\rho = \frac{1}{\tilde{R}}$$

因此，等 ρ 圆的半径就是阻抗圆图正实轴上的 $\tilde{R}$ 值。圆图上任一点的 ρ 值等于通过该点的等 ρ 圆和正实轴交点的 $\tilde{R}$ 值，对于导纳圆图有类似的关系，在驻波电压最小值处 $\tilde{G}>1$，这时 $\rho = \tilde{G}$；在驻波电压最大值 $\tilde{G}<1$，这时 $\rho = \frac{1}{\tilde{G}}$。

以上关系如图 2-5-7 所示。等 ρ 圆通常并不画出，因为通过上述关系就可以知道圆图上任意点的 ρ 值。

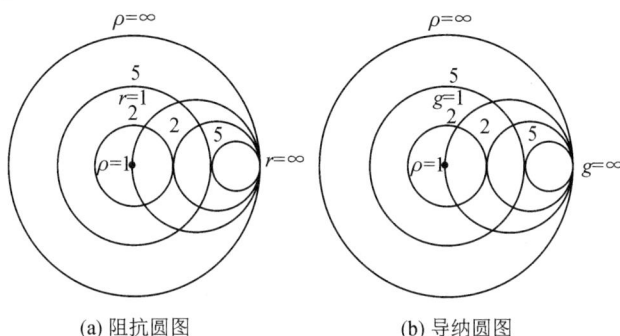

(a) 阻抗圆图　　　　　　(b) 导纳圆图

图 2-5-7　阻抗圆图上驻波比 ρ 与归一化电阻、电导的关系

2.5.4　圆图的应用及举例

阻抗圆图是微波工程设计中的重要工具，使用圆图可以方便直观地解决传输线的有关计算问题。下面举例来说明圆图的使用方法。

1. 已知阻抗或导纳，求反射系数及驻波系数(驻波比)

以阻抗为例。已知阻抗为 $Z = R + \mathrm{j}X$，传输线特性阻抗为 Z_0。首先，求出归一化电阻和归一化电抗，即

$$\tilde{R} = \frac{R}{Z_0}$$

$$\tilde{X} = \frac{X}{Z_0}$$

然后，在圆图上找到该归一化电阻和归一化电抗的交点。该交点就是该阻抗在圆图上的位置，称为阻抗点。

反射系数的复数值的极坐标表示法中，阻抗点与坐标原点(匹配点)的距离(以单位圆，即 $|\Gamma| = 1$ 的圆半径为 1)是反射系数的模 $|\Gamma|$，阻抗点与原点坐标正实轴(即驻波电压最大值线)的交角是反射系数的相角 φ。

以阻抗点与坐标原点连线为半径，以原点为圆心作圆，这个圆与坐标正实轴的交点的归一化电阻值 $\tilde{R}$ 就是驻波比 ρ 的值。

【例 2-5-1】　已知负载阻抗 $Z_L = (50 + \mathrm{j}50)\ \Omega$，传输线特性阻抗为 $50\ \Omega$，求负载处的反射系数和驻波比。

解 第一步，归一化并定位，得到它在圆图上的位置，如图 2-5-8 的 A 点所示。

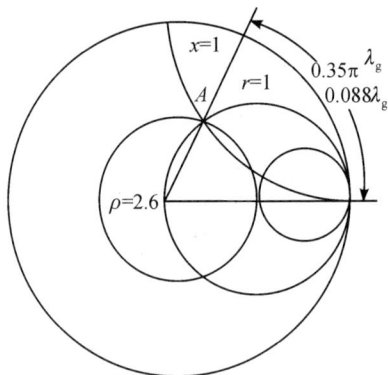

图 2-5-8　例 2-5-1 题图（由阻抗 Z 求 Γ 和 ρ）

第二步，作等反射系数圆与实轴右半轴交点，读出驻波比 $\rho=2.6$。由圆图可得，该点的驻波比为 $\rho=2.6$，从负载点向电源方向行进首先遇到驻波电压最大点，负载点距离驻波电压最大点为 0.088λ。

第三步，得到反射系数的模、幅角。利用等反射系数的模对系统处处有效，计算求得 $|\Gamma|=\dfrac{\rho-1}{\rho+1}=0.444$，又因相角由该点的坐标位置确定 $\varphi=\dfrac{4\pi}{\lambda}\Delta z=\dfrac{0.088\lambda}{0.5\lambda}\times 360°=63.36°$。

得 A 点的反射系数，即

$$\Gamma_{\mathrm{L}}=|\Gamma_{\mathrm{L}}|\mathrm{e}^{\mathrm{j}\varphi_{\mathrm{L}}}=0.444\mathrm{e}^{\mathrm{j}63.36°}$$

也可以表示为

$$\Gamma=0.2+\mathrm{j}0.4 \text{ 或 } \Gamma=0.447\mathrm{e}^{\mathrm{j}0.35\pi}$$

【例 2-5-2】 已知传输线的特性阻抗 $Z_0=200\ \Omega$，终端负载阻抗 $Z_{\mathrm{L}}=(120+\mathrm{j}160)\ \Omega$，求终端电压反射系数 Γ_{L}。

解 第一步，归一化并定位，得

$$\tilde{Z}_{\mathrm{L}}=0.6+\mathrm{j}0.8$$

在阻抗圆图上找到 $\tilde{R}=0.6$ 和 $\tilde{X}=0.8$ 两个圆的交点 A，该点即为 $\tilde{Z}_{\mathrm{L}}$ 在圆图上的位置，如图 2-5-9 所示。

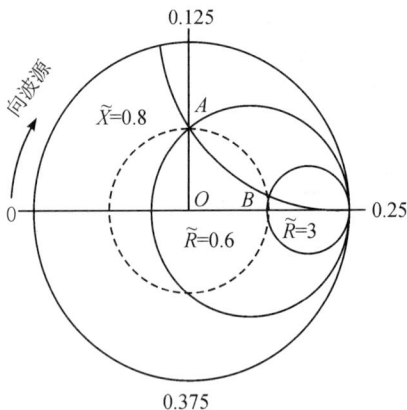

图 2-5-9　例 2-5-2 题图

第二步，确定终端反射系数的模 $|\Gamma_L|$。以 O 点为圆心，OA 为半径画一个等反射系数圆，交实轴于 B 点，B 点所对应归一化电阻 $\tilde{R}=3$，即为驻波比的值 $\rho=3$，于是有

$$|\Gamma_L| = \frac{\rho-1}{\rho+1} = \frac{3-1}{3+1} = 0.5$$

第三步，确定终端反射系数的相角 φ_L。延长射线 OA，即可读得 $\varphi_L=90°$。若圆图上仅有波长数标度，且读得向波源方向的波长数为 0.125，则 φ_L 对应的波长数变化量为

$$\Delta\left(\frac{z}{\lambda}\right) = \left(\frac{z}{\lambda}\right)_B - \left(\frac{z}{\lambda}\right)_A = 0.25 - 0.125 = 0.125$$

此值对应 φ_L 的度数为

$$\varphi_L = 4\pi \cdot \Delta\left(\frac{z}{\lambda}\right) = 720° \times 0.125 = 90°$$

故终端反射系数为

$$\Gamma_L = 0.5e^{j90°} = 0.5j$$

2. 传输线上两点间的阻抗变换

设传输系统上某点的阻抗为 $Z_1 = R_1 + jX_1$，求与该点相距 l 处的阻抗 $Z_2 = R_2 + jX_2$。

按上面所述的方法找到 $\tilde{Z} = \dfrac{Z_1}{Z_0}$ 在圆图上的位置，沿等 $|\Gamma|$ 圆（即等 ρ 圆）转动一个角度 $2\beta l$，即得 Z_2 点，从而求出 $Z_2 = Z_0 \tilde{Z}$，其中 $\beta = \dfrac{2\pi}{\lambda_g} = \dfrac{2\pi f}{v_p}$。若传输系统为同轴线，则 $\lambda_g = \lambda$，$v_p = c$。

【例 2-5-3】 已知频率为 3 GHz，特性阻抗为 50 Ω，同轴线长为 3 cm，终端接负载阻抗 $Z_L = (50+j50)$ Ω，求输入阻抗。

解　负载阻抗与例 2-5-1 相同，在 A 点，$\tilde{R}=1$，$\tilde{X}=1$，$\lambda_g = \lambda = \dfrac{c}{f} = 0.1$ m $= 10$ cm，$\beta = \dfrac{2\pi}{\lambda_g} = 0.2\pi$ rad/cm $= 36(°)/$cm，因此，$2\beta l = 1.2\pi = 216°$。将负载点由原来 63.4° 沿等 $|\Gamma|$ 圆朝电源方向（顺时针）移动 216° 到达 B 点，B 点就是输入阻抗点，如图 2-5-10 所示。

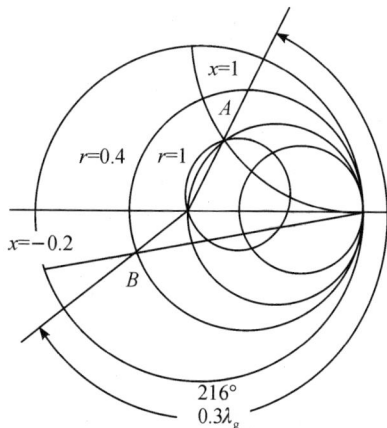

图 2-5-10　传输线上的阻抗变换

事实上，不用计算 $2\beta l$，只要计算出 l 的归一化电长度 $\dfrac{l}{\lambda_{\mathrm{g}}}$，按照圆图上电长度标尺即可找到 B 点。本例中 $\dfrac{l}{\lambda_{\mathrm{g}}}=\dfrac{3}{10}=0.3$，查出 B 点的 $\widetilde{R}=0.4$，$\widetilde{X}=-0.2$，则经过反归一化，$R=\widetilde{R}Z_0=20\ \Omega$，$X=\widetilde{X}Z_0=-10\ \Omega$，$Z=\widetilde{Z}Z_0=(20-\mathrm{j}10)\ \Omega$。由 B 点位置即可得到输入端反射系数的相角约为 $207.40°$。

3. 阻抗与导纳的相互换算

如前所述，传输系统上相隔 $\lambda_{\mathrm{g}}/4$ 的两点间归一化阻抗互成倒数关系，因此，在圆图上找到阻抗点后，只要沿 $|\varGamma|$ 圆移动 $\lambda_{\mathrm{g}}/4$ 就可得到导纳点。其数值就是原来那一点的归一化导纳值。

【例 2 - 5 - 4】 已知负载阻抗 $Z_{\mathrm{L}}=(50+\mathrm{j}50)\ \Omega$，传输线特性阻抗为 $50\ \Omega$，求负载导纳。

解 按例 2 - 5 - 1 的方法找到 A 点，然后沿等 $|\varGamma|$ 圆移动 $\lambda_{\mathrm{g}}/4$ 即相角变化 $180°$，到达 C 点，查出 C 点的归一化阻抗值 $\widetilde{Z}=0.5-\mathrm{j}0.5$，因此负载的归一化导纳就是

$$\widetilde{Y}_{\mathrm{L}}=\widetilde{Z}_0=0.5-\mathrm{j}0.5,\ \widetilde{G}=0.5,\ \widetilde{B}=-0.5$$

由此可得负载导纳为

$$Y_{\mathrm{L}}=Y_0\widetilde{G}_{\mathrm{L}}+\mathrm{j}Y_0\widetilde{B}_{\mathrm{L}}=\frac{\widetilde{G}_{\mathrm{L}}}{Z_0}+\mathrm{j}\frac{\widetilde{B}_{\mathrm{L}}}{Z_0}=(0.01-\mathrm{j}0.01)\ \mathrm{S}$$

作图过程如图 2 - 5 - 11 所示。

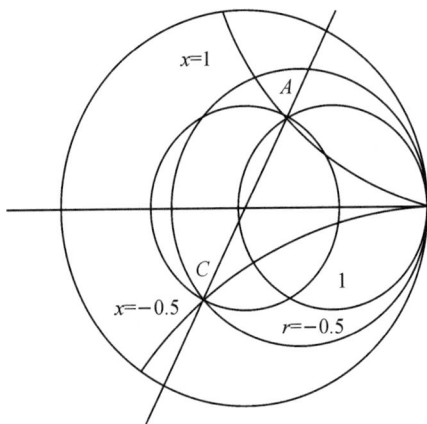

图 2 - 5 - 11　阻抗与导纳的关系

4. 由驻波比求阻抗或导纳

在实际微波问题中传输系统上的阻抗和导纳很难直接测量，反射系数也不易测出。但通过两侧沿线的电压分布可以方便地量测出电压驻波系数（即驻波电压最小点）的位置，有了这两个量即可定出该点在圆图上的位置，从而得到阻抗、导纳或反射系。

由测得的驻波系数即可知道负载阻抗在该等圆上。测出驻波电压最小点即可定出传输线上该点的阻抗为纯阻。量测负载点到驻波电压最小点的距离，将此距离折合成波长，则

沿等圆从驻波电压最小点移动上述波长数就得到负载阻抗。

【例 2 - 5 - 5】　在特性阻抗为 50 Ω 的无耗线上 $\rho = 5$，电压波节点距负载 $\lambda/3$，求负载阻抗。

解　第一步，定位电压波节点。

$$Z_{\min} = \frac{1}{\rho} = 0.2$$

第二步，向负载旋转 0.33λ，旋转到归一化负载阻抗点。注意思考：电压波节点位于实轴左半轴的哪一点。

第三步，求出归一化的负载阻抗，即

$$\widetilde{Z}_{L} = 0.77 + j1.48$$

第四步，反归一化，即

$$Z_{L} = \widetilde{Z}_{L} Z_{0} = (0.77 + j1.48) \times 50 = (38.5 + j74)\ \Omega$$

作图过程可在圆图上操作。

5．串联和并联

元件串联时阻抗相加，用阻抗圆图计算。元件并联时导纳相加，用导纳圆图计算。

6．不同特性阻抗的传输线相接

这时必须对每段传输线分别进行归一化，然后处理每段传输线内的阻抗、导纳或电压反射系数的变换，在不同特性阻抗传输线段串或并接面上，则需对相接面上输入阻抗或输入导纳进行加减运算，注意这里绝对不能用归一化阻抗或归一化导纳运算。

7．圆图综合应用举例

【例 2 - 5 - 6】　已知传输线的特性阻抗 75 Ω，微波信号的波长 $\lambda = 10$ cm，终端反射系数 $\Gamma_{L} = \frac{1}{5}e^{j50°}$。求：

(1) 电压波腹点和波节点处的阻抗。

(2) 终端负载阻抗 Z_{L}。

(3) 靠近终端第一个电压波腹点及波节点距终端的距离。

解　(1) 由反射系数模 $|\Gamma_{L}|$ 可求得驻波比 ρ 为

$$\rho = \frac{1 + |\Gamma_{L}|}{1 - |\Gamma_{L}|} = \frac{1 + 0.2}{1 - 0.2} = 1.5$$

则电压波腹点和波节点的阻抗为

$$Z_{\max} = Z_{0}\rho = 75 \times 1.5 = 112.5\ \Omega$$

$$Z_{\min} = \frac{Z_{0}}{\rho} = \frac{75}{1.5} = 50\ \Omega$$

(2) 确定负载阻抗 Z_{L}。将 $\varphi_{L} = 50°$ 换算为相应的波长数变化量

$$\Delta\left(\frac{z}{\lambda}\right) = \frac{\Delta\varphi}{4\pi} = \frac{50°}{360°} \times 2\pi \times \frac{1}{4\pi} \approx 0.07$$

由 $\rho = 1.5$ 的反射系数圆与正半实轴的交点 A 向负载方向逆时针转过波长数 0.07 到 B

点，B 点即为终端负载在圆图上的位置，相应的 $\tilde{Z}_L$ 和 Z_L 为

$$\tilde{Z}_L = 1.2 + j0.4$$

$$Z_L = \tilde{Z}_L Z_0 = (90 + j30) \ \Omega$$

（3）由 B 点顺时针转到 A 点所经过的波长数对应于第一个波腹点到终端的距离

$$z(波腹) = 0.07\lambda = 0.07 \times 10 \text{ cm} = 0.7 \text{ cm}$$

第一个电压波节点 C 距终端的距离为

$$z(波节) = (0.07 + 0.25)\lambda = 0.32 \times 10 \text{ cm} = 3.2 \text{ cm}$$

2.6 阻抗匹配

在微波传输系统中，阻抗匹配极其重要，它关系到系统的传输效率、功率容量与工作稳定性。传输线的阻抗匹配具有三种不同的含义，反映了传输系统上三种不同的状态。

什么是阻抗匹配？使微波电路无反射、使电磁波处于一直向前传播的行波或尽量接近行波状态的技术措施。阻抗匹配通常包含两方面的含义：一是信号源的匹配，解决的问题是如何从信号源取出最大功率和消除信号源反射；二是负载的匹配，解决的问题是如何消除负载反射。阻抗匹配有三种类型：负载阻抗匹配，源阻抗匹配，共轭阻抗匹配。

阻抗匹配具有哪些作用？

（1）负载匹配时传输功率最大，功率损耗最小；

（2）阻抗匹配可改善系统的信噪比；

（3）功率分配网络（如天线阵的馈电网络）中的阻抗匹配将降低幅度和相位的误差；

（4）阻抗匹配可保持信号源工作的稳定性；

（5）阻抗匹配可提高传输线的功率容量。

2.6.1 三种匹配类型

1. 负载阻抗匹配

当传输系统上只有单一的入射行波而无反射波时，所接的负载叫匹配负载，负载阻抗等于传输系统的等效特性阻抗。负载阻抗匹配对传输系统的工作十分有利，因为反射波会影响电源工作的稳定性，在大功率系统中，严重的反射甚至会损坏微波功率源。匹配负载能全部吸收电源传输过来的功率，而不匹配负载则将一部分功率反射回去。反射波将使传输系统上出现驻波。当反射系数不太小而传输同样的功率时，电场波腹处的电场比行波电场要大得多，因而易于发生击穿，这就限制了传输系统传输功率的容量。

2. 电源阻抗匹配

当电源的内阻等于传输系统的特性阻抗时，电源和传输系统就是匹配的。这种电源称为匹配源。匹配源只是对和它匹配的传输系统而言的，如果改变某匹配源所接传输系统的特性阻抗，那么该匹配源就变成不匹配的了。

对于匹配源来说，它给传输系统的入射波功率是不随负载变化的。负载匹配时，它所得到的功率最大；负载有反射时，反射波被匹配源吸收，但微波源给出的入射功率不变。一般在测量系统中，总是希望微波源是匹配的。把不匹配的微波源变成匹配源可以用阻抗变换的方法，但是最常用的方法是加一个去耦衰减器或一个非互易元件，如隔离器或环行器，它们的作用都是把反射波吸收掉。由于去耦衰减器同时使入射波功率受到衰减，因此，它只适用于小功率系统，且电源给出的功率比系统所要求的功率大得多。

3. 共轭阻抗匹配

对于匹配源来说，匹配的负载可以得到最大的功率。但是，如果电源不匹配时又会怎样呢？电源不匹配时，电源给传输线的入射波功率随负载的变化而变化。电源给出的入射波功率比给匹配负载时要小，这时负载所得到的功率比匹配负载时要小。电源给出的入射波功率比给匹配负载时要大，这时不匹配负载虽然不能全部接收入射波功率而要反射一部分，但是在有些情况下，它却比匹配负载得到的负载还要大。

一个内阻抗为 Z_s 的不匹配电压源 U_s，经一特性阻抗为 Z_0 的传输系统，和负载阻抗 Z_L 相连，负载阻抗 Z_L 经长度为 l、特性阻抗为 Z_0 的传输系统折合到电源参考面 Z_L'，如图 2-6-1 所示。

$$Z_L = Z_0 \frac{Z_L + jZ_0 \tan\beta z}{Z_0 + jZ_L \tan\beta z} = R_L + jX_L$$

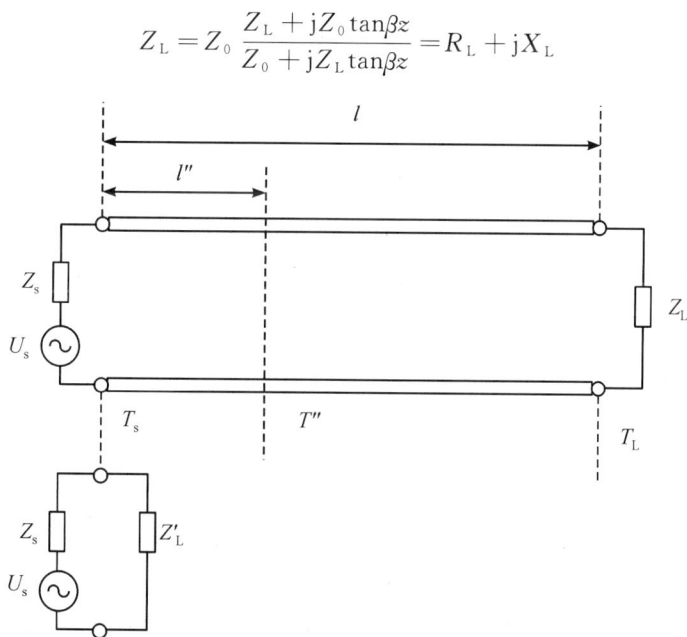

图 2-6-1 不匹配电源的微波系统和在电源截面上的等效电路

这时负载得到的功率为

$$P_L = \frac{1}{2} \frac{U_s U_s^*}{(Z_s + Z_L')(Z_s + Z_L')^*} R_L' = \frac{1}{2} \frac{|U_s|^2 R_L'}{(R_s + R_L')^2 + (X_s + X_L')^2}$$

可见，要使负载得到的功率最大，应使 $X_L' = -X_s$，而 R_L' 的值可由

$$\frac{\partial P_L}{\partial R_L'} = \frac{1}{2} |U_s|^2 \left[\frac{1}{(R_s + R_L')^2} - \frac{2R_L'}{(R_s + R_L')^3} \right] = 0$$

求得

$$R'_{L} = R_{s}$$

在满足以上共轭匹配条件下，信号源输出的最大功率为

$$P_{max} = \frac{|U_s|^2 R_{in}}{|Z_s + Z_{in}|^2} = \frac{|U_s|^2 R_{in}}{(R_s + R_{in})^2 + (X_s + X_{in})^2} = \frac{|U_s|^2}{4R_s}$$

因此，对于不匹配电源，当负载阻抗折合到电源参考面上为电源内阻抗的共轭值时，即 $Z'_{L} = Z^*_{s}$ 时，负载能得到最大功率。这种匹配叫作共轭匹配。一旦在电源参考面上负载阻抗和电源内阻抗共轭匹配，则在传输系统任意截面上向负载看去的负载阻抗和向电源看去的电源内阻抗也是共轭匹配的。这一点从圆图上看得很清楚，如图 2-6-2 所示。

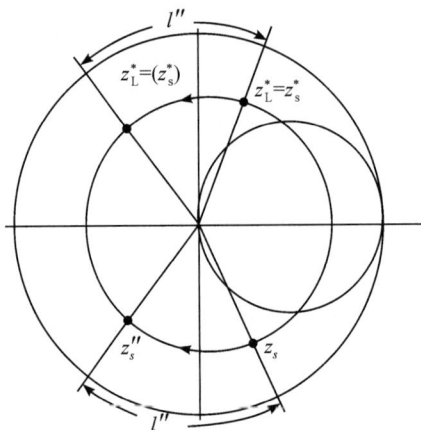

图 2-6-2 某一参考面为共轭匹配时其他参考面也共轭匹配

共轭匹配负载能从不匹配电源中得到比匹配负载还大的功率，其原因也可用等效波源来解释，因为这时从负载反射到电源的反射波再经电源反射而向负载传输时，其相位和电源波的相位相同，波的振幅相干加强，而且这种反射一次又一次地接续下去，从而使入射波振幅增大，入射功率增大，所以，即使负载有反射，它所得到的功率比匹配负载时还要大。

2.6.2 阻抗匹配的方法

阻抗匹配的方法就是在传输线与负载之间加入一个阻抗匹配网络，如图 2-6-3 所示。要求这个匹配网络由电抗原件构成，接入传输线时应尽可能靠近负载，且通过调节能对各种负载实现阻抗匹配。其匹配原理是通过匹配网络引入一个新的反射波来抵消原来的发射波。

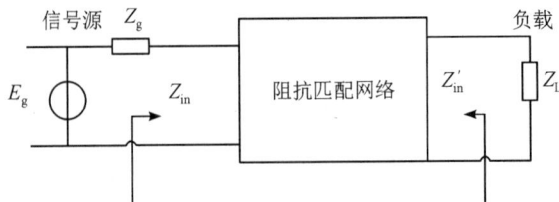

图 2-6-3 阻抗匹配

阻抗匹配的方法很多，下面介绍几种常用的匹配器。

1. 四分之一波长变换器

四分之一波长($\lambda_g/4$)变换器或$\lambda_g/4$阻抗匹配线，由一段长为$\lambda_g/4$、特性阻抗为Z_{01}的传输线组成，如图 2-6-4 所示。

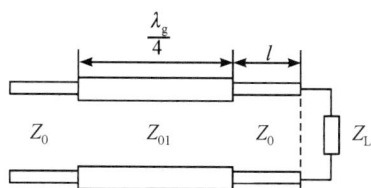

图 2-6-4　四分之一波长阻抗变换器

当这段传输线终端接纯电阻R_L时，则输入阻抗为

$$Z_{in} = Z_{01} \frac{R_L + jZ_{01} \tan\left(\frac{2\pi}{\lambda} \cdot \frac{\lambda}{4}\right)}{Z_{01} + jR_L \tan\left(\frac{2\pi}{\lambda} \cdot \frac{\lambda}{4}\right)} = \frac{Z_{01}^2}{R_L}$$

为了使$Z_{in} = Z_0$实现阻抗匹配，必须使

$$Z_{01} = \sqrt{Z_0 R_L} \qquad\qquad (2-6-1)$$

式(2-6-1)表明，如果Z_0与R_L已给定，只要在传输线与负载之间加入特性阻抗为$Z_{01} = \sqrt{Z_0 R_L}$的$\lambda_g/4$阻抗变换器网络，就可实现特性阻抗为Z_0的传输线与负载电阻R_L相匹配。

需要指出的是，四分之一波长线只能匹配纯电阻负载。如果负载不是纯电阻，仍要采用四分之一波长线进行匹配时，需将四分之一波长线接在离负载一段距离的电压波节点或电压波腹点处，此距离可用前面传输线工作状态的波节点和波腹点的公式或圆图求得。无耗传输线的特性阻抗为纯阻(近似)，所以常用四分之一波长线来连接两条不同特性阻抗的传输系统以保证电磁波匹配传输。

显然，四分之一波长线只能对一个频率f_0(对应的波导波长为λ_g)得到理想的匹配。当频率变化时，匹配将被破坏，主传输线上反射系数将增大。

当传输线的终端负载不是纯电阻时，由于无耗传输线的特性阻抗是一个纯电阻(实数)，原则上，$\lambda_g/4$阻抗变换器只能对纯电阻负载进行匹配。因此，对于一般负载阻抗$Z_L = R_L + jX_L$，可采用下列两种方法。

(1) 终端接入$\lambda_g/4$阻抗变换器的同时，并联一段长度为l、特性阻抗为Z_0的短路线，利用这段短路线将负载阻抗变换为纯电阻，再用$\lambda_g/4$阻抗变换器对纯电阻进行匹配，如图 2-6-5 所示。

为了计算方便，将负载阻抗变为负载导纳，即

$$Y_L = \frac{1}{Z_L} = \frac{1}{R_L + jX_L} = \frac{R_L}{R_L^2 + X_L^2} - j\frac{X_L}{R_L^2 + X_L^2} = G_L + jB_L$$

$$G_L = \frac{R_L}{R_L^2 + X_L^2} \quad B_L = \frac{-X_L}{R_L^2 + X_L^2}$$

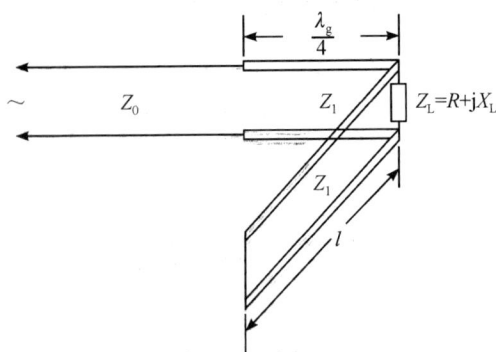

图 2-6-5 复阻抗的一种匹配方法

短路线提供的输入导纳应满足

$$Y_{in} = -j \frac{1}{Z_0} \cot\beta l = -jB_L$$

所以，短路线的长度为

$$l = \frac{1}{\beta}\arctan\left(\frac{1}{Z_0 B_L}\right) = \frac{\lambda}{2\pi}\arctan\left[\frac{-(R_L^2 + X_L^2)}{Z_0 X_L}\right] \quad (2-6-2)$$

并接短路后，负载阻抗变成纯电阻为

$$R_{LT} = \frac{1}{G_L} = \frac{R_L^2 + X_L^2}{Z_L}$$

因此，$\lambda_g/4$ 阻抗变换器的特性阻抗为

$$Z_{01} = \sqrt{Z_0 R_{LT}} = \sqrt{Z_0\left(R_L + \frac{X_L^2}{R_L}\right)} \quad (2-6-3)$$

（2）在靠近终端的电压波腹点或波节点处接入 $\lambda_g/4$ 阻抗变换器来实现阻抗匹配，因为此处的阻抗为纯电阻。

若在电压波腹点接入 $\lambda_g/4$ 阻抗变换器，其特性阻抗为

$$Z_{01} = \sqrt{Z_0 \cdot \rho Z_0} = Z_0\sqrt{\rho} \quad (2-6-4)$$

若在电压波节点接入 $\lambda_g/4$ 阻抗变换器，其特性阻抗为

$$Z_{01} = \sqrt{Z_0 \frac{Z_0}{\rho}} = \frac{Z_0}{\sqrt{\rho}} \quad (2-6-5)$$

【例 2-6-1】 特性阻抗 $Z_0 = 200\ \Omega$，负载阻抗 $Z_L = 660\ \Omega$，$\lambda = 10\ cm$。用 $\lambda_g/4$ 阻抗变换器进行匹配，试求变换器的特性阻抗 Z_{01} 及变换器的长度。

解 变换器的特性阻抗由式(2-6-1)可得

$$Z_{01} = \sqrt{Z_0 R_L} = \sqrt{200 \times 660} = \sqrt{132\ 000} = 363\ \Omega$$

$$\frac{\lambda}{4} = \frac{10}{4} = 2.5\ cm$$

$\lambda_g/4$ 阻抗变换器的主要缺点是频带窄，原则上只能对一个频率实现阻抗匹配。若阻抗变换比 Z_0/R_L 过大或为了增宽频带，采用两节或多节 $\lambda_g/4$ 阻抗变换器或渐变线阻抗变换

器。如图 2 - 6 - 6 所示的两节四分之一波长变换器，当满足如下关系时，可获得最佳匹配效果。

$$\left(\frac{Z_1}{Z_2}\right)^2 = \frac{Z_{c1}}{Z_{c2}}$$

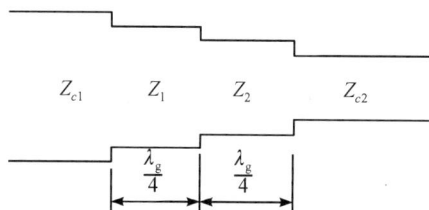

图 2 - 6 - 6　两节四分之一波长变换器

2. 分支匹配器

分支匹配器的原理是利用在传输线上并接或串接终端短路或开路的分支线，产生新的反射波来抵消原来的反射波，从而达到阻抗匹配。

分支匹配器又分为单分支、双分支和三分支匹配器，如图 2 - 6 - 7 所示。

单分支匹配器的原理是：当归一化负载阻抗 $\tilde{Y}_L \neq 1$（即 $Z_L \neq Z_0$）时，在离负载导纳适当的距离 d 处，并接一个长度为 l、终端短路（或开路）的短截线，构成单分支匹配器，从而使主传输线达到匹配。

双分支和三分支匹配器的情况此处不再赘述。

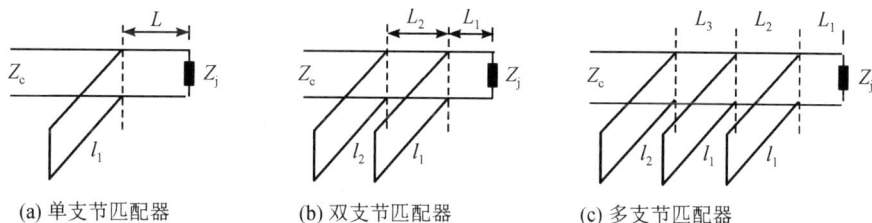

(a) 单支节匹配器　　　(b) 双支节匹配器　　　(c) 多支节匹配器

图 2 - 6 - 7　分支匹配器

本 章 小 结

本章主要是运用长线理论分析传输线上电压波和电流波的波动特性，学习要求：理解分布参数的概念；掌握使用分布参数电路对传输线进行等效的方法；明确传输线的概念；了解传输线的分类；推导传输线方程和求解，并根据边界条件对解的形式进行分析；掌握表示传输线特性参数和表征传输线工作状态的主要状态参量，重点是反射系数、驻波比、输入阻抗等；根据均匀无耗微波传输线终端所接的负载或者根据传输线的特性，分析传输线的工作状态；理解阻抗与导纳圆图的构成，能灵活使用圆图计算传输线的各种参量；理解传输线阻抗匹配的含义；掌握单支节匹配技术和 $\lambda/4$ 阻抗变换器阻抗匹配的方法。

（1）传输线可用来传输电磁信号能量和构成各种微波元器件。微波传输线是一种分布参数电路，线上的电压和电流是时间和空间位置的二元函数，它们沿线的变化规律可由传输线方程来描述。传输线方程可由传输线的等效电路导出，它是传输线理论中的基本方程。

均匀无耗传输线的传输线方程为

$$\frac{\mathrm{d}^2 U(z)}{\mathrm{d}z^2} + \beta^2 U(z) = 0$$

$$\frac{\mathrm{d}^2 I(z)}{\mathrm{d}z^2} + \beta^2 I(z) = 0$$

其解为

$$U(z) = A_1 \mathrm{e}^{-\mathrm{j}\beta z} + A_2 \mathrm{e}^{+\mathrm{j}\beta z}$$

$$I(z) = \frac{1}{Z_0}(A_1 \mathrm{e}^{-\mathrm{j}\beta z} - A_2 \mathrm{e}^{\mathrm{j}\beta z})$$

传输线的特性参量包括：$\beta = \frac{2\pi}{\lambda_p}$、$v_p = \frac{v_0}{\sqrt{\varepsilon_r}}$、$\lambda_p = \frac{\lambda_0}{\sqrt{\varepsilon_r}}$ 和 $Z_0 = \sqrt{\frac{L_0}{C_0}}$，分别称为传输线的传输常数、相速、相波长和输入阻抗。

（2）终端接不同性质的负载，均匀无耗传输线有三种工作状态：

当 $Z_L = Z_0$ 时，传输线工作于行波状态。线上只有入射波存在，电压/电流振幅不变，相位沿传播方向滞后；沿线的阻抗均等于特性阻抗；电磁能量全部被负载吸收。

当终端短路（$Z_L=0$）、开路（$Z_L=\infty$）或接纯电抗负载（$Z_L=\mathrm{j}X_L$）时，传输线工作于驻波状态。线上入射波和反射波的振幅相等，驻波的波腹为入射波的两倍，波节为零；电压波腹点的阻抗为无限大，电压波节点的阻抗为零，沿线其余各点的阻抗均为纯电抗；没有电磁能量的传输，只有电磁能量的交换。

当传输线终端接任意负载 $Z_L = R_L \pm \mathrm{j}X_L$，或 $Z_L = R_L \neq Z_0$ 时，传输线工作于行驻波状态。行驻波的波腹小于两倍入射波，波节不为零；电压波腹点的阻抗为最大的纯电阻，电压波节点的阻抗为最小的纯电阻；电磁能量一部分被负载吸收，另一部分被负载反射回去。

（3）表征传输线上反射波的大小的参量有反射系数、驻波比和行波系数。它们之间的关系为

$$|\Gamma_L| = \frac{\rho-1}{\rho+1}$$

$$K = \frac{|\dot{U}|_{min}}{|\dot{U}|_{max}} = \frac{1-|\Gamma|}{1+|\Gamma|} = \frac{1}{\rho}$$

（4）史密斯圆图是传输线进行阻抗计算和阻抗匹配的重要工具。

（5）阻抗匹配。传输线阻抗匹配方法常用四分之一波长阻抗变换器和分支匹配器。

习　题

2-1　什么是传输线？根据传输线上波型的不同，传输线可以如何划分，并举例说明？

2-2　均匀无耗传输线的输入阻抗、反射系数、驻波比分别是如何定义的。

2-3　什么是行波，它有什么特点，负载在什么情况下会得到行波？什么是纯驻波，它有什么特点，负载在什么情况下会产生纯驻波？

2-4　史密斯圆图由哪三种图族构成，简单说明其组成。

2-5　简述阻抗匹配的意义、类型和方法。

2-6　传输线长度为 10 cm，当信号源频率为 937.5 MHz 时，此传输线是长线还是短线？当信号源为 6 MHz 时，此传输线是长线还是短线？

2-7　均匀无耗传输线的特性阻抗 $Z_0 = 200$ Ω，终端接负载阻抗 Z_L，已知终端电压入射波复振幅 $U_{i2} = 20$ V，终端电压反射波复振幅 $U_{r2} = 2$ V，求距终端 $z_1 = 3\lambda/4$ 处合成电压复振幅 $U(z_1)$ 及合成电流复振幅 $I(z_1)$，以及电压、电流瞬时值表示式 $u(z_1, t)$ 和 $i(z_1, t)$。

2-8　题图 2-8 所示均匀无耗传输线，终端负载等于传输线特性阻抗，已知线上坐标 z_2 处电压瞬时值表示式为 $u(z_2, t) = 100\cos(\omega t + 2\pi/3)$，又点 z_1 与点 z_2 相距 $\lambda/4$，求点 z_1 处的电压瞬时值表示式 $u(z_1, t)$ 和电压复振幅 $U(z_1)$。

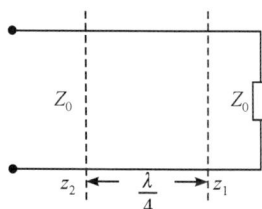

题图 2-8

2-9　如题图 2-9 所示，求下列无耗传输线路的输入阻抗和线上各点的反射系数。

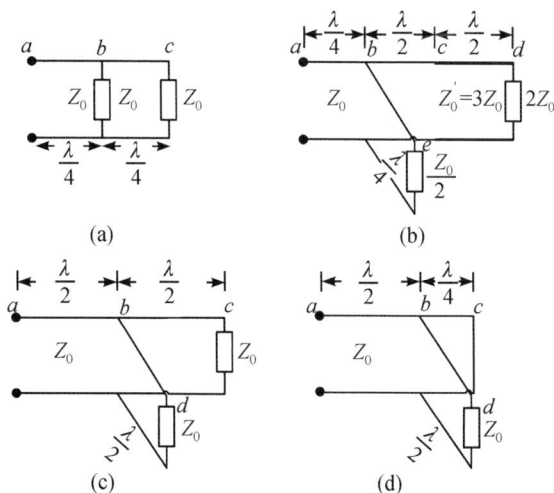

题图 2-9

2-10　题图 2-10 所示的微波传输系统，其 Z_0 已知。求输入阻抗 Z_{in}、各点的反射系数及各段的电压驻波比。

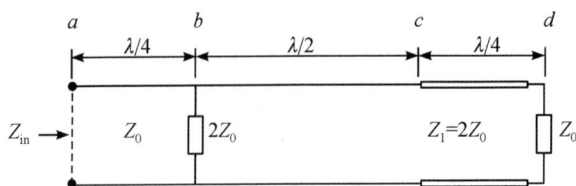

题图 2-10

2-11 传输线特性阻抗为 $Z_0 = 50\ \Omega$，电压波节点的输入阻抗为 $Z_{in} = 25\ \Omega$，终端为电压波腹，求终端反射系数 Γ_L 及负载阻抗 Z_L。

2-12 均匀无耗传输线终端接负载阻抗 $Z_L = 100\ \Omega$，信号频率 $f_0 = 1000\ \text{MHz}$ 时，测得终端电压反射系数相角 $\varphi_L = 180°$，电压驻波比 $\rho = 1.5$。计算终端电压反射系数、传输线特性阻抗及距终端最近的一个电压波腹点的距离。

2-13 在特性阻抗为 $50\ \Omega$ 的无耗线上，$\rho = 5$，电压波节点距负载 $\lambda/3$，用圆图求负载阻抗。

2-14 已知传输线特性阻抗 $Z_0 = 20\ \Omega$，负载阻抗 $Z_L = (10 - j20)\ \Omega$，用圆图确定终端反射系数 Γ_L。

2-15 已知传输线特性阻抗为 $Z_0 = 50\ \Omega$，线长 $l = 1.82\lambda$，$|U|_{max} = 50\ \text{V}$，$|U|_{min} = 13\ \text{V}$，距离始端最近的电压波腹点至始端距离为 $d_{max1} = 0.032\lambda$。用圆图求 Z_{in} 和 Z_l。

2-16 某特性阻抗为 $300\ \Omega$ 的传输线传送信号至天线，工作频率为 $300\ \text{MHz}$，由于传输线与天线不匹配，测得驻波比为 3，距天线输入端第一个电压波腹点的距离为 $d_{max} = 0.2\ \text{m}$，求天线的输入阻抗。

2-17 已知特性阻抗 $Z_0 = 500\ \Omega$，负载阻抗 $Z_L = (100 + j100)\ \Omega$，信号频率为 $f_0 = 300\ \text{MHz}$，如题图 2-17 所示用并联短路分支线和 $\lambda/4$ 阻抗变换器进行阻抗匹配。

求：(1) $\lambda/4$ 阻抗变换器特性阻抗 Z_0'；

(2) 并联短路分支的最短长度 l_{min}。

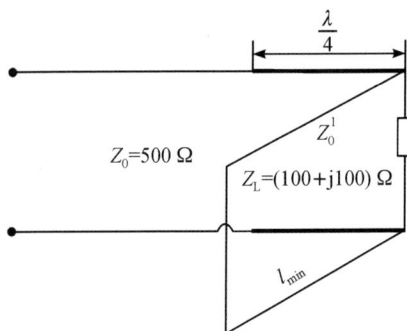

题图 2-17

2-18 均匀无耗传输线终端接负载阻抗 Z_L 时，沿线电压呈行驻波分布，相邻波节点之间距离为 $2\ \text{cm}$，靠近终端的第一个电压波节点距离终端 $0.5\ \text{cm}$，驻波比为 1.5，求终端反射系数。

2-19 已知无耗传输线的特性阻抗为 $Z_0=50\ \Omega$，负载阻抗为 $Z_L=(300+\text{j}250)\ \Omega$，工作波长为 80 cm，欲用 $\lambda/4$ 阻抗变换器使负载与传输线匹配，求：此 $\lambda/4$ 阻抗变换器的特性阻抗和接入位置。

2-20 题图 2-20 所示的微波传输系统，AB 段为均匀无耗传输线，B 点为终端，接负载阻抗 Z，传输线的特性阻抗 $Z_0=50\ \Omega$。已知传输信号的频率为 12.5 GHz，相速度为光速，测得 AB 段驻波比为 4，电压波节点 C 距离 B 点 2.2 cm（采用圆图求解时，需给出作图过程）。

(1) 求 B 点的反射系数和负载阻抗 Z；

(2) 若使用 1/4 波长传输线进行阻抗匹配，问应在距离 B 点多远处插入多少阻抗的 1/4 波长传输线？

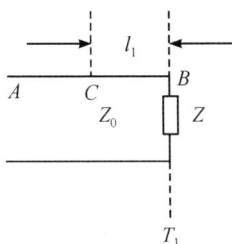

题图 2-20

2-21 已知传输线特性阻抗为 $Z_0=50\ \Omega$，负载阻抗 $Z_L=(25+\text{j}100)\ \Omega$，信号频率为 10 GHz，用并联短路单分支匹配器进行匹配，求接入分支线的位置 d 和分支线长度 l（采用圆图求解时，需给出作图过程）。

第3章 波导和平面传输线

[本章导读]

本章主要研究适用于厘米波和毫米波波段电磁波传输的金属规则波导。它属于微波系统中的单导体类型导线。

首先，介绍了微波传输线的种类。其次，重点阐述了规则波导的一般理论，包括导波场的纵向场求解法。再次，主要分析了矩形波导。然后，介绍了圆波导、同轴线的工作原理，还介绍了其他微波传输线的一些基本概念、理论和结构（包括带状线、微带线等）。最后，简要介绍了微波集成电路的发展。

3.1 常用的微波传输线

信息的传输离不开传输线。信息传输的途径主要有两种：一种是形成电磁波经由天线辐射到自由开放空间；另一种是通过导线或传输线（一般为封闭或半封闭空间）引导电磁波沿一定方向传输。后者所传输的电磁波又称为导行波。导行波的传输线系统又称为波导。我们俗称的无线或有线通信方式分别采用这两途径传输信息。

广义地讲，所有传输微波信号和能量的各种形式的传输系统都可称为微波传输线。它们能够导引电磁波沿一定方向传输。从导行电磁波传播的角度看，微波传输线包括所有的传输微波能量的结构，如平行双线、同轴线、矩形波导、圆波导、带状线、微带线和介质波导等。习惯上，广义的波导与广义的传输线是等同的。由波导导引的电磁波称为导行电磁波，简称导波。

实际应用中，能够导引直流、低频电磁波的金属双导体线称为导线；能够导引米波、分米波、厘米波的规则双导体线称为平行双线、同轴线、带状线；随着频率上升，传输线系统开始采用能够导引厘米波、毫米波的规则空心金属管，称为波导；频率上升到光波波段后，采用的能够导引光波的低损耗介质结构称为光纤。

这里简要介绍几种常用的传输线，后面详细讨论各自的特性。

1) 平行双线

当信号的频率在 300 MHz 以下（波长在 1 m 以上）时，常采用平行双线对信号进行传输。平行双线是最简单的传输线，由两根平行的导体组成，如图 3-1-1 所示。它可以传输横电磁波 TEM 波，例如在短波波段。但是，由于平行双线的结构是敞开的，因此其热损耗及辐射损耗将随着频率升高而增加。这里简单说明该损耗的原因，对于导体，其趋肤深度及与频率的平方根存在反比关系（即 $\delta = 1/\sqrt{\pi f \mu \sigma}$），导线传输的信号频率越高，表面电阻越大，热损耗也越大，趋肤深度越小。

因此，在微波波段的低频波段时，常采用平行双线对微波信号进行传输。而当信号频率升高时，波长缩短到与两根导线间的距离可比拟，平行双线起着天线的作用，电磁能量会通过导线辐射到空间中去，辐射损耗增大，传输效率减小，此时不能高效地导引和传输能量，需要采用其他形式的微波传输线。

在 20 世纪初期，通常使用平行双线，其传输速率和容量非常有限，一对平行双线通常只能传输十几个模拟话路；而且随着频率升高，传输损耗逐渐增大。

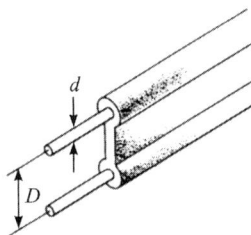

图 3-1-1　平行双线

2）同轴线

同轴线是一种双导体传输系统，如图 3-1-2 所示。同轴线由内外导体和之间的高频介质组成。内导体由单根或多根导线组成，外导体由金属壳围成，内外导体之间填充介质，外导体的外面再包一层软塑料等介质。同轴线的工作频率比波导要低。当信号频率降低到 3 GHz 以下、波长大于 10 cm 时，多采用同轴线。

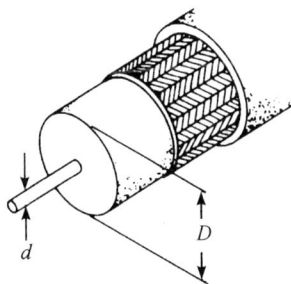

图 3-1-2　同轴线

20 世纪 40 年代，同轴线开始投入使用。它具有较大的带宽，一根同轴线可传输数百、数千个话路。尽管同轴线便于实验应用，但在其中制作复杂的微波元件是困难的。到 20 世纪 60 年代中期，标准同轴线已成为通信网的主体，通过最高容量达到 1 万个模拟话路，总带宽为 60 MHz。但由于同轴线的损耗很大，每隔 2 km 就需加一再生中继器件，难以继续增加其传输带宽。

3）金属波导

微波工程里提到的波导，特指一段横截面形状不变的单根柱状空心金属管，即所谓光滑的、均匀的规则金属波导，如图 3-1-3 所示。

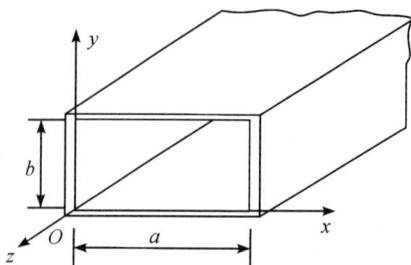

图 3-1-3　金属波导

波导于 20 世纪 30 年代左右被人们发现。波导具有运行高功率容量及低损耗的优点，一般用来导引厘米波和毫米波的电磁波；但是它体积大，而且价格昂贵。

4）其他传输线

随着微波技术发展，设备的体积和重量是一个必须考虑的问题。尤其是对军事电子设备，更需要机动灵活性，对设备的小型化和轻量化提出了很苛刻的要求。20 世纪 50 年代后期，随着半导体器件的应用和微波集成技术的发展，传输线形式出现了带状线和微带线，特殊情况下也可采用槽线和共面波导。

随着微波集成电路（Microwave Integrated Circuits，MIC）的发展，这种体积小、重量轻、易于集成的平面传输线得到广泛应用。平面传输线还具有频带宽、成本低、可靠性高等优点；其缺点是损耗较大、功率容量较低。它主要适用于中、小功率微波系统。

为了降低传输线随频率增高时的传输损耗，全球许多国家投入了大量科学研究。到 1970 年，美国康宁公司发明的世界上第一根损耗为 20 dB/km 的光纤。2009 年，高锟因在光纤通信技术发展中做出了重要贡献，被授予诺贝尔物理学奖。随后，光纤通信在世界范围内实现了快速发展。

3.2　规则波导的一般理论

本节主要学习波导理论中应用到的一般理论。首先阐述几个基本概念。

· 什么是波导？

广义上来看，波导泛指用来引导电磁波的物质结构，包括平行双线、同轴线、矩形波导、圆波导、带状线、微带线、介质波导等。其作用是用来导引导行波。

狭义上来看，波导特指空心或填充介质的封闭的腔体。本节所指的是狭义的波导，即空心或填充介质的封闭金属空腔。

· 什么是规则波导？

规则波导是指无限长的、直的、均匀的波导，其截面形状、填充介质的特性和电性能不随轴向距离变化。本节研究的是规则波导。

研究电磁波在波导中的传输特性，必须对波导系统进行电磁场理论分析，即求解波导中的电磁次分布及其传播规律。规则波导应该满足电磁场的普遍规律——麦克斯韦方程及波导的边界条件。因此，规则波导问题的研究归结为求满足给定边界条件的波动方程的电磁场的解。本节讨论柱形波导中波动方程和它的求解方法——纵向场法。

3.2.1　波导中的电磁场一般表达式——波动方程

假设规则波导壁是理想导体，电导率 σ 趋于无穷大，波导内为无源空间($J=0$，$\rho=0$)，并填充了无耗、均匀、各向同性媒质，其介电常数和磁导率分别为 ε 和 μ。由麦克斯韦方程复数形式可得，电场强度和磁场强度矢量满足下列波动方程

$$\nabla^2 \boldsymbol{E} + k^2 \boldsymbol{E} = 0 \qquad (3-2-1)$$

$$\nabla^2 \boldsymbol{H} + k^2 \boldsymbol{H} = 0 \qquad (3-2-2)$$

式中，

$$k^2 = \omega^2 \mu \varepsilon \qquad (3-2-3)$$

式(3-2-1)、式(3-2-2)称为媒质中电磁场满足的矢量波动方程，又称齐次亥姆霍兹方程，$k = \omega \sqrt{\mu \varepsilon} = 2\pi/\lambda$ 称为波数，是填充在波导内部介质材料中电磁波的波数。

在真空中，$\varepsilon = \varepsilon_0$，$\mu = \mu_0$，则式(3-2-3)变为

$$k_0 = \omega \sqrt{\mu_0 \varepsilon_0} \qquad (3-2-4)$$

式中，k_0 称为自由空间中传输电磁波的波数。

在三维正交坐标系中，拉普拉斯算子 ∇^2 可以写为

$$\nabla^2 = \nabla_t^2 + \nabla_z^2 \qquad (3-2-5a)$$

或

$$\nabla^2 = \nabla_t^2 + \frac{\partial^2}{\partial z^2} \qquad (3-2-5b)$$

在直角坐标系中，拉普拉斯算子 ∇^2 又可写为

$$\nabla^2 = \frac{\partial^2}{\partial x^2} + \frac{\partial^2}{\partial y^2} + \frac{\partial^2}{\partial z^2} \qquad (3-2-6)$$

可以看到，求解式(3-2-1)和式(3-2-2)这两个矢量方程实际需要求解 6 个标量方程，这是很繁杂的，通常采用纵向场法求解这类问题。下面以规则波导为例，先列出波导的边界条件，再讨论如何采用纵向场法求解电磁场。

3.2.2　波导的边界条件

图 3-2-1 为具有任意截面的规则波导示意图。为了分析方便，不妨作如下假设，并建立如图所示的直角坐标系。

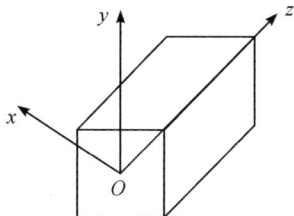

图 3-2-1　规则波导

（1）波导的金属内壁为理想导体，其电导率 σ 无穷大。它的边界条件是：

$$\begin{cases} \boldsymbol{e}_n \times \boldsymbol{E}_s = 0 \\ \boldsymbol{e}_n \cdot \boldsymbol{H}_s = 0 \end{cases}$$

即在金属壁上，电场的切向分量为零，磁场的法向分量为零。这两个边界条件在后面内容中会用到。

（2）假设传输线或波导内区域为无源空间，即无自由电荷（$\rho = 0$）和传导电流（$\boldsymbol{J} = 0$），空间内充有线性、均匀、各向同性、无耗的理想媒质，其介电常数和磁导率分别为 ε 和 μ。

（3）波导为无限长。

（4）有一列具有 $e^{j\omega t}$ 依赖关系的时谐电磁场沿 z 轴传播。

3.2.3 矢量场的分离变量法

首先，对于描述该时谐电磁场的波动方程的瞬时形式（具有同样的时间因子 $e^{j\omega t}$），可用复数形式表示出来，如式（3-2-1）和式（3-2-2）。从数学上看，方程由具有自变量 t 和 z，变为只有自变量 z；从物理上看，由随时间、空间变化的量变为只随空间变化的量，完成了时空分离。

其次，可采用分离变量法求解复数形式的矢量波动方程（即式（3-2-1）和式（3-2-2））。分离变量指的是将纵向场分量和横向场分量进行分离，在求解复数形式的矢量波动方程的过程中，有两次纵横分离。

第一次纵横分离是方向分解，即将场矢量的纵向场分量和横向场分量进行分离，如式（3-2-7）所示。

$$\boldsymbol{E} = \boldsymbol{E}_t + \boldsymbol{E}_z \tag{3-2-7a}$$

$$\boldsymbol{H} = \boldsymbol{H}_t + \boldsymbol{H}_z \tag{3-2-7b}$$

式中，$\boldsymbol{E}_t$、$\boldsymbol{H}_t$ 称为横向场分量，在直角坐标系中是 x 向和 y 向的，在柱坐标系中是 r 向和 φ 向的。以直角坐标系为例，$E_t(x, y)$、$H_t(x, y)$ 仅是横向坐标 (x, y) 的函数，它表示在横截面上的场的分布状态；$\boldsymbol{E}_z$、$\boldsymbol{H}_z$ 称为纵向场分量，在直角坐标系中是纵向坐标 z 的函数，表示场沿传播方向（z 向）的传播规律。

同理，对矢量算符 ∇ 也可以进行纵横分离，即有

$$\nabla^2 = \nabla_t^2 + \nabla_z^2 \tag{3-2-8}$$

第二次纵横分离是函数的纵横分离，即将关于 x、y 的函数和关于 z 的函数分离。

考虑所研究的是规则波导，波导中横截面的几何形状和媒质参数特性都不随纵向距离变化，可认为电磁场在横截面上的分量的分布规律不随纵向坐标 z 变化，与 z 无关，而其沿纵向分量的传播规律只与坐标 z 有关，而与横向坐标无关，于是场矢量函数可按下式分离变量

$$\boldsymbol{E}(x, y, z) = E_t(x, y) E_z(z) \boldsymbol{z} \tag{3-2-9}$$

其中，横向分布函数 $E_t(x, y)$ 仅是横向坐标 (x, y) 的函数，它表示电场在波导横截面内的分布状态，决定了波型（也称模式或模）；$E_z(z)\boldsymbol{z}$ 仅是纵向坐标 z 的函数，它表示场沿波的传播方向（z 向）的传播规律。这是求解波动方程的过程中进行第二次纵横分离。

将式（3-2-9）代入式（3-2-1），并整理得

...

$$-\frac{(\nabla_t^2+k^2)E_t(x,y)}{E_t(x,y)}=\frac{\dfrac{\mathrm{d}^2E_z(z)}{\mathrm{d}z^2}}{E_z(z)} \tag{3-2-10}$$

式中，左边是横向坐标 x、y 的函数，与 z 无关，右边仅为纵向坐标 z 的函数，与 x、y 无关，要使两个不同的函数值相等，则只有两者均为一常数才能成立。设该常数为 γ^2，则有

$$\frac{1}{E_z(z)}\frac{\mathrm{d}^2E_z(z)}{\mathrm{d}z^2}=\gamma^2 \tag{3-2-11a}$$

$$-\frac{(\nabla_t^2+k^2)E_t(x,y)}{E_{z1}(x,y)}=\gamma^2 \tag{3-2-11b}$$

式中，$\gamma^2=k^2+k_c^2$，其中 k 为介质材料中传输的电磁波的波数，k_c 为截止波数。

式(3-2-11a)经过变换有

$$\frac{\mathrm{d}^2E_z(z)}{\mathrm{d}z^2}-\gamma^2E_z(z)=0 \tag{3-2-12}$$

考虑该方程为二阶齐次方程，得其通解为

$$E_z(z)=A_+\,\mathrm{e}^{-\gamma z}+A_-\,\mathrm{e}^{\gamma z} \tag{3-2-13}$$

其中，第一项是向 $+z$ 方向传播的电磁波，第二项是向 $-z$ 方向传播的波，A_+、A_- 为待定常数，分别是两个方向波的复振幅，γ 是传播常数。

3.2.4　纵向场法求波动方程

由麦克斯韦方程可知，所有横向场分量都可以用纵向场分量表示。从而，求解导波系统矢量场波动方程的问题，即可转化为如下问题：先求解电场和磁场的纵向场分量，然后通过横向场与纵向场之间的关系来求得横向场分量，从而得到全部电磁场分量表达式，这种方法称为纵向场法。

1. 纵向场分量的波动方程及其解

下面以在直角坐标系中的情况为例，讨论求解电场的过程。

将式(3-2-7)代入式(3-2-1)，将电场的纵向场分量和横向场分量分离，有

$$\nabla^2\boldsymbol{E}_t(x,y,z)+k^2\boldsymbol{E}_t(x,y,z)=0 \tag{3-2-14a}$$

$$\nabla^2\boldsymbol{E}_z(x,y,z)+k^2\boldsymbol{E}_z(x,y,z)=0 \tag{3-2-14b}$$

从式(3-2-14)中可知，横向场分量、纵向场分量均满足波动方程。先求纵向场分量(式(3-2-14b))，再将横向场分量用纵向场分量表示。

因拉普拉斯算子可分离为

$$\nabla^2=\nabla_t^2+\frac{\partial^2}{\partial z^2} \tag{3-2-15}$$

所以式(3-2-14b)可写为

$$\nabla_t^2E_z(x,y,z)+\frac{\partial^2}{\partial z^2}E_z(x,y,z)+k^2E_z(x,y,z)=0 \tag{3-2-16}$$

由式(3-2-12)得

$$\frac{\partial}{\partial z^2}{}^2=\gamma^2 \tag{3-2-17}$$

化简得

$$\nabla_t^2 E_z(z) + (\gamma^2 + k^2) E_z(z) = 0 \qquad (3-2-18)$$

令

$$k_c^2 = k^2 + \gamma^2 \qquad (3-2-19)$$

即导波系统中的传播常数为

$$\gamma = \sqrt{k^2 - k_c^2} \qquad (3-2-20)$$

所以有

$$\nabla_t^2 E_z + k_c^2 E_z = 0 \qquad (3-2-21)$$

式(3-2-21)即为纵向场 E_z 的波动方程，k_c 称为截止波数，由具体波导的尺寸决定。

同理，可得到关于纵向场 H_z 的波动方程

$$\nabla_t^2 H_z + k_c^2 H_z = 0 \qquad (3-2-22)$$

2. 通过纵向场求横向场

根据波导的具体结构，可以求解波动方程，即式(3-2-21)，可求得纵向场分量 $E_z(z)$；再通过横向场分量与纵向场分量的关系，得到横向场分量 $E_x(z)$、$E_y(z)$、$H_x(z)$ 和 $H_y(z)$。

由麦克斯韦方程的 6 个标量方程可求得以上 4 个横向场分量如下：

$$\begin{cases} E_x = \dfrac{-j}{k_c^2}\left(\beta\dfrac{\partial E_z}{\partial x} + \omega\mu\dfrac{\partial H_z}{\partial y}\right) \\[2mm] E_y = \dfrac{j}{k_c^2}\left(-\beta\dfrac{\partial E_z}{\partial y} + \omega\mu\dfrac{\partial H_z}{\partial x}\right) \\[2mm] H_x = \dfrac{j}{k_c^2}\left(-\beta\dfrac{\partial H_z}{\partial x} + \omega\varepsilon\dfrac{\partial E_z}{\partial y}\right) \\[2mm] H_y = \dfrac{-j}{k_c^2}\left(\beta\dfrac{\partial H_z}{\partial y} + \omega\varepsilon\dfrac{\partial E_z}{\partial x}\right) \end{cases} \qquad (3-2-23)$$

其中，$k_c^2 = k^2 + \gamma^2$。式(3-2-23)适用于各种波导系统。若是无耗的波导，有 $\alpha = 0$，则有 $\gamma = j\beta$，即有 $k_c^2 = k^2 - \beta^2$，下面将把这些结果应用到特定的波型 TM 波和 TE 波。

3. TM 波和 TE 波

(1) 对横磁波 TM 波而言，电场有 3 个方向的分量 $E_x(z)$、$E_y(z)$、$E_z(z)$，磁场只有横向上 2 个方向的分量 $H_x(z)$、$H_y(z)$，$H_z = 0$，故又称 E 波。

对 TM 波，可依次求得其横向场分量的解为

$$\begin{cases} E_x = -\dfrac{\gamma}{k_c^2}\dfrac{\partial E_z}{\partial x} \\[2mm] E_y = -\dfrac{\gamma}{k_c^2}\dfrac{\partial E_z}{\partial y} \\[2mm] H_x = \dfrac{j\omega\varepsilon}{k_c^2}\dfrac{\partial E_z}{\partial y} \\[2mm] H_y = -\dfrac{j\omega\varepsilon}{k_c^2}\dfrac{\partial E_z}{\partial x} \end{cases} \qquad (3-2-24)$$

从式(3-2-24)可知,当纵向场分量不为零时,横向场分量可用纵向场分量表示,通过求解即可将全部电磁场求解出来。波导中横磁(TM)波的横向电场、横向磁场和纵向导波传播方向的关系如图 3-2-2 所示。

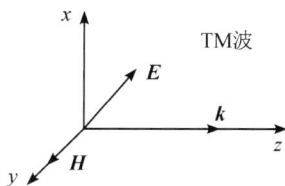

图 3-2-2 波导中 TM 波的横向电场、横向磁场和纵向导波传播方向的关系

(2) 对横电波 TE 波而言,磁场有 3 个方向的分量 $H_x(z)$、$H_y(z)$ 和 $H_z(z)$,电场只有横向上 2 个方向的分量 $E_x(z)$、$E_y(z)$,$E_z=0$,故也称 H 波。

同理,对 TE 波而言,可依次求得横向场分量的解为

$$\begin{cases} E_x = -\dfrac{\mathrm{j}\omega\mu}{k_c^2}\dfrac{\partial H_z}{\partial y} \\[2mm] E_y = \dfrac{\mathrm{j}\omega\mu}{k_c^2}\dfrac{\partial H_z}{\partial x} \\[2mm] H_x = -\dfrac{\gamma}{k_c^2}\dfrac{\partial H_z}{\partial x} \\[2mm] H_y = -\dfrac{\gamma}{k_c^2}\dfrac{\partial H_z}{\partial y} \end{cases} \qquad (3-2-25)$$

波导中 TE 波的横向电场、横向磁场和纵向导波传播方向的关系如图 3-2-3 所示。

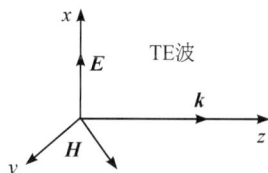

图 3-2-3 波导中 TE 波的横向电场、横向磁场和纵向导波传播方向的关系

4. TEM 波

无纵向场分量的横电磁波,或称 TEM 波,因 $H_z=0$,$E_z=0$,所以此时表示式将变为不定式,横向场分量仍然需要求解二维波动方程

$$\nabla_t^2 \boldsymbol{E}(u,v)=0$$
$$\nabla_t^2 \boldsymbol{H}(u,v)=0$$

实际上,当 $H_z=0$、$E_z=0$ 时,横向场分量的波动方程的求解变得极为容易。

可将 TEM 波看作是 TE 波或 TM 波的极限,其纵向相位常数等于媒质波数(即无界媒质空间均匀平面波相位常数),其波阻抗等于媒质波阻抗,即无界媒质空间均匀平面波波阻抗。波导中 TEM 波的横向电场、横向磁场和纵向导波传播方向的关系如图 3-2-4 所示。

在实际中,由于矩形波导为单导体的金属管,根据边界条件可知波导中不可能传输 TEM 波,只能传输 TE 波或 TM 波,其原因如下。

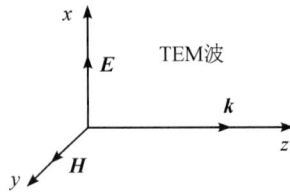

图 3-2-4　波导中 TEM 波的横向电场、横向磁场和纵向导波传播方向的关系

金属波导中没有内导体，只有空腔。假设波导中传播电磁波的磁场只有横向场分量而无纵向场分量，根据安培定律，沿磁力线作闭合积分，与横向磁场交链的总电流一定不为零，所以一定有和横截面方向垂直的交变电场（即纵向的电场）。由于该电场对金属壁来说是切向场，根据金属边界处的纵向电场必为零（$E_z = 0$）的边界条件，因此电场在横截面内必定有某种分布规律以满足这一边界条件。也就是说，电场既在横截面内有分量，又在纵向上有分量。这是一种可能在波导中存在的模式。若波导中纵向上存在电场分量，而磁场只存在于横截面内，无纵向分量，称为横磁波（TM 波），或称 E 波。

类似地，在波导中，如果电场只有横向分量，则可沿电力线及金属壁作闭合积分。根据法拉第电磁感应定律，必定有纵向的磁场穿过闭合回路，此纵向磁场也沿横截面有某种分布规律。并且，纵向上只有磁场分量，没有纵向的电场分量，故称为横电波（TE 波），或称 H 波。

进一步，若在导波系统中，存在既有纵向电场又有纵向磁场的电磁波，纵向电场和磁场都能满足金属波导的边界条件，因而能存在，这可看成是 TM 波和 TE 波的线性叠加。

以上讨论了电磁波在规则波导中传播时的横向问题。规则波导中可能存在不同的波型，也称模式或模。下面讨论矩形波导的波型，并讨论矩形波导中纵向电磁波的传输特性。

3.3　矩 形 波 导

矩形波导是横截面为矩形的空心金属管，如图 3-3-1 所示。图中，a 和 b 分别为矩形波导的宽壁边长和窄壁边长。矩形波导不仅具有结构简单、机械强度大的优点，而且由于

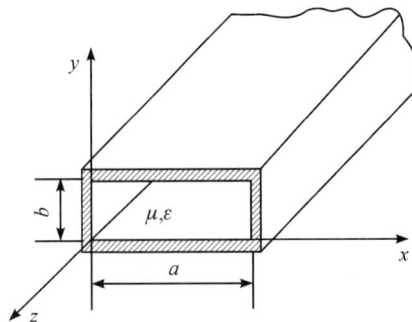

图 3-3-1　矩形波导

它是封闭结构，因此可以避免外界干扰和辐射损耗；矩形波导因为无内导体，填充媒质是无耗的，所以导体损耗低，且功率容量大。目前在大、中功率的微波系统中，常采用矩形波导作为传输线，以及利用它构成某些大功率微波元器件。

下面分析无限长矩形波导内电磁场的分布。由于波导是由单根金属管构成的，不像低频电路那样可以严格定义电压和电流，因此无法采用低频电路的方法进行分析，故将以电磁场理论为主进行分析。

矩形波导宜采用直角坐标系进行分析，如图 3-3-1 所示。本节首先分析矩形波导中的传输波型及其场分布，然后分析矩形波导中纵向电磁波的传输特性，着重讨论主模 TE_{10} 模的传输特性和场结构。

3.3.1　传输的波型及其场分量

矩形波导内可能存在 TE 波或 TM 波等波型。下面利用前面的基本关系式以 TE 波为例讨论。

1. TE 波

对于 TE 波而言，有 $E_z = 0$，其纵向电场满足波动方程

$$\nabla_t^2 H_z + k_c^2 H_z = 0 \tag{3-3-1}$$

在直角坐标系中，

$$\frac{\partial^2 H_z}{\partial x^2} + \frac{\partial^2 H_z}{\partial y^2} + k_c^2 H_z = 0 \tag{3-3-2}$$

上面的偏微分方程可利用分离变量法来求解。令

$$H_z(x, y) = X(x)Y(y) \tag{3-3-3}$$

然后将式(3-3-3)代入式(3-3-2)，并对方程两边同时乘以 $\dfrac{1}{X(x)Y(y)}$，由于每一项仅对自变量 x 或 y 求导，可将偏微分算符转为全微分算符，整理可得

$$\frac{1}{X}\frac{\mathrm{d}^2 X(x)}{\mathrm{d}x^2} + \frac{1}{Y}\frac{\mathrm{d}^2 Y(y)}{\mathrm{d}y^2} + k_c^2 = 0 \tag{3-3-4}$$

根据分离变量理论，要使式(3-3-4)对任意 x、y、z 都成立，则前两项的每一项必恒等于常数，可设

$$\begin{cases} \dfrac{1}{X(x)}\dfrac{\mathrm{d}^2 X(x)}{\mathrm{d}x^2} = -k_x^2 \\[3mm] \dfrac{1}{Y(y)}\dfrac{\mathrm{d}^2 Y(y)}{\mathrm{d}y^2} = -k_y^2 \end{cases} \tag{3-3-5}$$

且

$$k_x^2 + k_y^2 = k_c^2 \tag{3-3-6}$$

满足式(3-3-5)、式(3-3-6)形式的二阶常微分方程称为谐方程

式(3-3-5)可以改写为

$$\begin{cases} \dfrac{\mathrm{d}^2 X(x)}{dx^2} + k_x^2 X(x) = 0 \\ \dfrac{\mathrm{d}^2 Y(y)}{\mathrm{d}y^2} + k_y^2 Y(y) = 0 \end{cases} \tag{3-3-7}$$

求出 $X(x)$ 和 $Y(y)$

$$X(x) = A_1 \cos k_x x + A_2 \sin k_x x \tag{3-3-8}$$

$$Y(y) = B_1 \cos k_y y + B_2 \sin k_y y \tag{3-3-9}$$

代入到式(3-3-3)，可得式(3-3-7)的通解为

$$H_z(x,y) = (A_1 \cos k_x x + A_2 \sin k_x x)(B_1 \cos k_y y + B_2 \sin k_y y) \tag{3-3-10}$$

其中，A_1、A_2、B_1、B_2 为通解的待定常数，可由边界条件求得。

波导的边界条件为金属壁上只存在法向电场(即切向电场为零)，则有

边界条件 1：电场垂直于导体侧表面，即在 $x=0$，$x=a$ 处，$E_y = 0$ 可表示为

$$E_y(x,y) = 0 \tag{3-3-11}$$

边界条件 2：电场垂直于导体上下表面，即在 $y=0$，$y=b$ 处，$E_x = 0$ 可表示为

$$E_x(x,y) = 0 \tag{3-3-12}$$

虽然不能直接求出，但由式(3-2-25)可有

$$\begin{cases} E_x = -\dfrac{\mathrm{j}\omega\mu}{k_c^2} \dfrac{\partial H_z}{\partial y} \\ E_y = \dfrac{\mathrm{j}\omega\mu}{k_c^2} \dfrac{\partial H_z}{\partial x} \end{cases} \tag{3-3-13}$$

式(3-3-13)表明，可由纵向分量 H_z 求出横向分量 E_x 和 E_y，将式(3-3-10)代入，结果如下：

$$E_x = -\dfrac{\mathrm{j}\omega\mu}{k_c^2} k_y (A_1 \cos k_x x + A_2 \sin k_x x)(-B_1 \sin k_y y + B_2 \cos k_y y) \tag{3-3-14}$$

$$E_y = \dfrac{\mathrm{j}\omega\mu}{k_c^2} k_x (-A_1 \sin x + A_2 \cos k_x x)(B_1 \cos k_y y + B_2 \sin k_y y) \tag{3-3-15}$$

考虑式(3-3-11)的边界条件 1，易知 $B_2 = 0$ 及 $k_y = n\pi/b$，$n = 0, 1, 2, \cdots$。

考虑式(3-3-12)的边界条件 2，易知 $A_2 = 0$ 及 $k_x = m\pi/b$，$m = 0, 1, 2, \cdots$。

当考虑纵向行波传输时，H_z 的最终解是：

$$H_z(x,y,z) = H_{mn} \cos\left(\frac{m\pi x}{a}\right) \cos\left(\frac{n\pi y}{b}\right) \mathrm{e}^{-\mathrm{j}\beta z} \begin{cases} m = 0, 1, 2, \cdots; \ n = 0, 1, 2, \cdots \\ m、n \ 不全为零 \end{cases}$$

$$\tag{3-3-16}$$

式中，$H_{mn} = A_1 B_1$ 是待定常数。

对应于每一组 m、n 的取值，都可求得导波场的一个特解，称为导行波的一个模，或称模式，记为 TE_{11} 模(或称 H_{11} 模)、TE_{12} 模(或称 H_{12} 模)等。m、n 称为模的指数或波型指数。

将式(3-3-16)代入式(3-2-25)中，可求得 TE 波全部场分量的表示式为

$$
\begin{cases}
E_x = \dfrac{\mathrm{j}\omega\mu}{k_c^2}\left(\dfrac{n\pi}{b}\right)H_{mn}\cos\left(\dfrac{m\pi}{a}x\right)\sin\left(\dfrac{n\pi}{b}y\right)\mathrm{e}^{-\mathrm{j}\beta z} \\[2mm]
E_y = -\dfrac{\mathrm{j}\omega\mu}{k_c^2}\left(\dfrac{m\pi}{a}\right)H_{mn}\sin\left(\dfrac{m\pi}{a}x\right)\cos\left(\dfrac{n\pi}{b}y\right)\mathrm{e}^{-\mathrm{j}\beta z} \\[2mm]
H_x = \dfrac{\mathrm{j}}{k_c^2}\left(\dfrac{\beta m\pi}{a}\right)H_{mn}\sin\left(\dfrac{m\pi}{a}x\right)\cos\left(\dfrac{n\pi}{b}y\right)\mathrm{e}^{-\mathrm{j}\beta z} \\[2mm]
H_y = \dfrac{j}{k_c^2}\left(\dfrac{\beta n\pi}{b}\right)H_{mn}\cos\left(\dfrac{m\pi}{a}x\right)\sin\left(\dfrac{n\pi}{b}y\right)\mathrm{e}^{-\mathrm{j}\beta z} \\[2mm]
E_z = 0 \\[2mm]
H_z = H_{mn}\cos\left(\dfrac{m\pi}{a}x\right)\cos\left(\dfrac{n\pi}{b}y\right)\mathrm{e}^{-\mathrm{j}\beta z}
\end{cases}
\tag{3-3-17}
$$

式中，m，$n = 0，1，2，\cdots$，$k_c^2 = k^2 - \beta^2$，$k_c = \sqrt{\left(\dfrac{m\pi}{a}\right)^2 + \left(\dfrac{n\pi}{b}\right)^2}$，称为截止波数。

由上式可知矩形波导中 TE 波的解具有以下特点：

(1) 横向上是驻波，纵向上是行波；

(2) 由场解可知，矩形波导中可能存在的电磁场有无限多个解，即 $\mathrm{TE}_{mn}(H_{mn})$ 模式和 $\mathrm{TM}_{mn}(E_{mn})$ 模式，或将此称为"波型"；

(3) 每种模式各有下标 m 和 n，m 和 n 分别代表场强沿 x 轴和 y 轴方向分布的半波数；

(4) 对应每一组 m、n 值可求得导波场的一个特解，代表矩形波导中可能存在的一种场结构，即一种特定模，记作 TE_{mn} 或 TM_{mn}；由于 $m = 0$ 且 $n = 0$ 时场分量均为零，因此矩形波导中不存在 TE_{00}。

一般把能在传输系统中独立存在的电磁场结构称为"模式"或"波型"，有时就简称为"模"。从数学上理解，模是满足某些边界条件的波动方程的特解；从物理上理解，模是能在传输系统中单独存在的电磁场基本单元结构。

从场分布来看，沿 x 方向从 0 变到 a，无论是纵向场还是横向场，其驻波相位都要变换 $m\pi$，即场沿 x 方向是具有 m 个半波长的驻波。同样，沿 y 方向从 0 变到 b，场沿 y 方向是具有 n 个半波长的驻波。当模标号为零时，说明在和它对应的方向上场没有变换，如 TE_{10}，说明在 y 方向上驻波场的相位没有变换。

2. TM 波

对于 TM 波，其 $H_z = 0$，$E_z \neq 0$，类似地，可先求解 $E_z(z)$，然后用 $E_z(z)$ 表示出 TM 波全部场分量的复数表示式。

直角坐标系中其纵向电场满足波动方程

$$
\frac{\partial^2 E_z}{\partial x^2} + \frac{\partial^2 E_z}{\partial y^2} + k_c^2 E_z = 0
\tag{3-3-18}
$$

式 (3-3-18) 是偏微分方程，可利用分离变量法来求解，则该式的通解为

$$
E_z(x，y) = (A_1\cos k_x x + A_2\sin k_x x)(B_1\cos k_y y + B_2\sin k_y y)
\tag{3-3-19}
$$

其中，A_1、A_2、B_1、B_2 为通解的待定常数，可由边界条件直接求得。

边界条件 1：电场垂直于导体侧表面，即在 $x = 0$，$x = a$ 处，$E_z = 0$；

$$E_z(x, y) = 0 \tag{3-3-20}$$

边界条件 2：电场垂直于导体上下表面，即在 $y=0$，$y=b$ 处，$E_z=0$。

$$E_z(x, y) = 0 \tag{3-3-21}$$

由无耗传输线 $r = \mathrm{j}\beta$ 和式(3-2-24)有

$$
\begin{cases}
E_x = -\dfrac{\mathrm{j}\beta}{k_c^2}\dfrac{\partial E_z}{\partial x} \\[2mm]
E_y = -\dfrac{\mathrm{j}\beta}{k_c^2}\dfrac{\partial E_z}{\partial y}
\end{cases}
\tag{3-3-22}
$$

可由 E_z 求出 E_x 和 E_y。

考虑式(3-3-20)的边界条件 1，易知 $A_2=0$ 及 $k_y = m\pi/b$，$m=0, 1, 2, \cdots$。

考虑式(3-3-21)的边界条件 2，易知 $B_2=0$ 及 $k_x = n\pi/b$，$n=0, 1, 2, \cdots$。

纵向行波传输时，E_z 的最终解是：

$$E_z(x, y, z) = E_{mn}\sin\left(\frac{m\pi x}{a}\right)\sin\left(\frac{n\pi y}{b}\right)\mathrm{e}^{-\mathrm{j}\beta z} \tag{3-3-23}$$

其中，$E_{mn}=A_1B_1$，为待定常数。其余 4 个待定常数 φ_x、φ_y、k_x 和 k_y，可由以上的边界条件确定。

由式(3-2-24)和式(3-3-23)可得 TM 波全部场分量的复数表示式为

$$
\begin{cases}
E_x = -\dfrac{\mathrm{j}}{k_c^2}\left(\dfrac{\beta m\pi}{a}\right)E_{mn}\cos\left(\dfrac{m\pi}{a}x\right)\sin\left(\dfrac{n\pi}{b}y\right)\mathrm{e}^{-\mathrm{j}\beta z} \\[3mm]
E_y = -\dfrac{\mathrm{j}}{k_c^2}\left(\dfrac{\beta n\pi}{b}\right)E_{mn}\sin\left(\dfrac{m\pi}{a}x\right)\cos\left(\dfrac{n\pi}{b}y\right)\mathrm{e}^{-\mathrm{j}\beta z} \\[3mm]
H_x = \dfrac{\mathrm{j}\omega\varepsilon}{k_c^2}\left(\dfrac{n\pi}{b}\right)E_{mn}\sin\left(\dfrac{m\pi}{a}x\right)\cos\left(\dfrac{n\pi}{b}y\right)\mathrm{e}^{-\mathrm{j}\beta z} \\[3mm]
H_y = -\dfrac{\mathrm{j}\omega\varepsilon}{k_c^2}\left(\dfrac{m\pi}{a}\right)E_{mn}\cos\left(\dfrac{m\pi}{a}x\right)\sin\left(\dfrac{n\pi}{b}y\right)\mathrm{e}^{-\mathrm{j}\beta z} \\[3mm]
E_z = E_{mn}\sin\left(\dfrac{m\pi}{a}x\right)\sin\left(\dfrac{n\pi}{b}y\right)\mathrm{e}^{-\mathrm{j}\beta z} \\[3mm]
H_z = 0
\end{cases}
\tag{3-3-24}
$$

式中，与 TE 模一样，m，$n=0, 1, 2, \cdots$，$k_c^2=k^2-\beta^2$，$k_c=\sqrt{\left(\dfrac{m\pi}{a}\right)^2+\left(\dfrac{n\pi}{b}\right)^2}$。

对解的分析与 TE 模相似。一组 m、n 值也可求得导波场的一个特解，代表矩形波导中可能存在的一种特定模或波型，记作 TM_{mn}；然而，由于 $m=0$ 或 $n=0$ 时所有场分量均为零，因此矩形波导中不存在 TM_{00}、TM_{0n}、TM_{m0} 等波型，所以 TM_{11} 是最低阶的波型，其余波型为高次波型。

综上，矩形波导内电磁场的求解过程经历了时空分离、电场和磁场的纵横场量分离、纵横变量分离等三次步骤，然后结合边界条件求解纵向场分量，最后用纵向场分量表示出横向场分量。这就是纵向场法。

3.3.2 矩形波导的传输

前面我们求得了理想矩形均匀波导中可能存在的两类场，即 TE_{mn} 模和 TM_{mn} 模。每种

模各有下标 m 和 n。由于波动方程是线性的，所以满足波动方程和边界条件的各模场的线性叠加也满足波动方程和边界条件，因而也能在矩形波导中存在。由三角函数的完备性可以证明，矩形波导中所有可能存在的导波场结构都可以用 TE_{mn} 模和 TM_{mn} 模的线性组合来表示。

因此，对矩形波导而言，可能存在无限多种 TE 波和 TM 波。至于哪些波型能够在波导中传输，这取决于哪些模对于它是传输型的，哪些模对于它是截止型的。还取决于工作频率和波导尺寸，合理选择工作频率和波导尺寸，可以获得需要的波型。

1. 传输特性

电磁波在矩形波导中以各种不同的场结构形式传输，而能够传输的条件是该模的截止波长大于该电磁波在自由空间的波长（工作波长）。截止波长 λ_c 由截止波数 k_c 决定，它和模号有关。

已知导波系统中的传播常数为

$$\gamma = \sqrt{k_c^2 - k^2}, \quad k = \omega\sqrt{\mu\varepsilon}$$

矩形波导中 TE 波和 TM 波的截止波数 k_c 均为

$$k_c^2 = k_x^2 + k_y^2 = \left(\frac{m\pi}{a}\right)^2 + \left(\frac{n\pi}{b}\right)^2$$

对某种电磁波型，当 $k > k_c$ 时，这种波型才能够在波导内传输。

截止波数 k_c 所对应的截止波长 λ_c 和截止频率 f_c 分别为

$$(\lambda_c)_{TE_{mn}} = \frac{2\pi}{(k_c)_{mn}} = \frac{2}{\sqrt{\left(\frac{m}{a}\right)^2 + \left(\frac{n}{b}\right)^2}} \tag{3-3-25}$$

$$(f_c)_{TE_{mn}} = \frac{v}{(\lambda_c)_{mn}} = \frac{v}{2}\sqrt{\left(\frac{m}{a}\right)^2 + \left(\frac{n}{b}\right)^2} \tag{3-3-26}$$

其中，波型因子表示为

$$G = \sqrt{1 - \left(\frac{\lambda}{\lambda_c}\right)^2} < 1 \tag{3-3-27}$$

可见，截止波长不仅与模式号有关，即与波型的 m 和 n 有关，而且与波导尺寸 a 和 b 有关。此外，截止频率还与介质特性有关。尤其应指出的是，各模的截止波长的顺序不是固定不变的，而与尺寸 a、b 的相对值 b/a 的大小有关。

由式(3-3-25)知，当 $m=1$、$n=0$ 时，可求得矩形波导主模（即 TE_{10} 模）的截止波长为 $2a$。

进一步当波导壁的长度 a 和 b 给定时，将不同的 m 和 n 值代入式(3-3-25)中，即可得到不同波型的截止波长。例如，对于常用 BJ-100 型 3 厘米矩形波导，其标称尺寸为 $a=2.286$ cm、$b=1.016$ cm，可根据式(3-3-25)求得部分波型的截止波长，如表 3-3-1 所示。

表 3-3-1　BJ-100 型 3 厘米矩形波导中的部分波型

波型	TE_{10}	TE_{20}	TE_{01}	TE_{11}、TM_{11}	TE_{20}	TE_{21}、TM_{21}
截止波长 λ_c/cm	4.572	2.286	2.032	1.857	1.524	1.519

可由表中数据画出 BJ-100 型矩形波导的截止波长分布图，如图 3-3-2(a)所示。从图中可以看出，TE_{10} 模的截止波长最长，它右边的阴影区为截止区。换言之，若 λ 为信号工作波长，当 $(\lambda_c)_{mn} \geqslant \lambda$ 时，则对应的 TE_{mn} 模和 TM_{mn} 模可以在此波导中导通；反之，当 $(\lambda_c)_{mn} < \lambda$ 时，则对应的 TE_{mn} 模和 TM_{mn} 模被截止，不能在此波导中传输。

另一方面，因频率与波长成倒数关系，也可得到 BJ-100 型矩形波导的截止频率分布图，如图 3-3-2(b)所示。由图可知，若 f 为信号工作频率，凡是满足工作频率 $f \geqslant f_{c(mn)}$ 的 TE_{mn} 模和 TM_{mn} 模，都可以在波导中导通；而 $f < f_{c(mn)}$ 的 TE_{mn} 模和 TM_{mn} 模，则被截止。不妨理解为，矩形波导传输信号具有类似高通滤波器的性质：频率越高，可传输的模越多；频率降低时，有些模将被截止，即所谓的"高通低不通"。

(a)

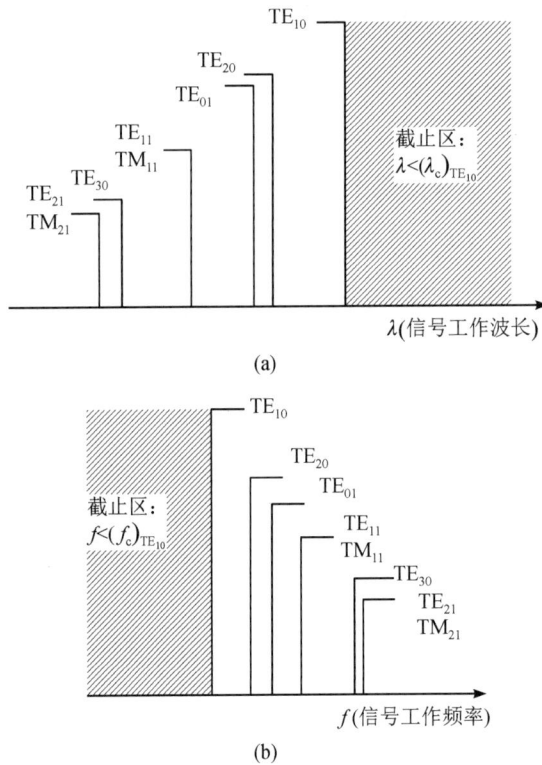

(b)

图 3-3-2　BJ-100 型矩形波导的截止波长和截止频率分布

2. 多模特性

理论上，在矩形波导中可能存在无穷多个 TE_{mn}（m、n 不能同时为零）模、TM_{mn}（m、n 不能为零）模，它们都满足波动方程，并能单独满足矩形波导的边界条件。$\lambda \geqslant (\lambda_c)_{TE_{mn}}$ 的模导通，$\lambda < (\lambda_c)_{TE_{mn}}$ 的模截止。

例如，如图 3-3-3 所示，对于 BJ-100 型波导，其标称尺寸为 $a = 2.286$ cm、$b = 1.016$ cm，此波导 TE_{10} 模的截止波长由式(3-3-25)计算可知为 4.572 cm。当信号工作波长 $\lambda = 5$ cm 时，此波导内所有的波型都截止，即对于波长为 5 cm 的信号而言，此时的波导称为"截止波导"。可以看到，TE_{10} 模截止波长最长，它右边的波长阴影区称为"截止区"。

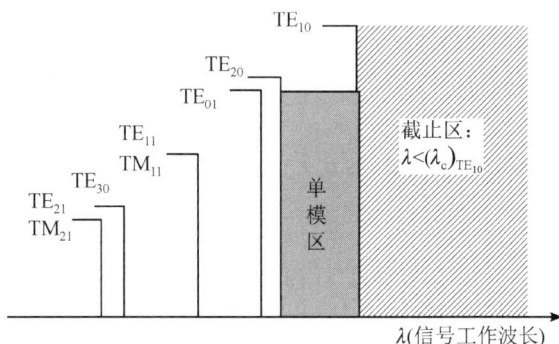

图 3-3-3　BJ-100 型矩形波导的单模区

　　类似地，当信号工作波长 $\lambda = 4$ cm 时，只有 TE_{10} 模满足 $(\lambda_c)_{10} \geqslant \lambda$，其他模的截止波长由计算得出均小于 4 cm，不满足 $(\lambda_c)_{mn} \geqslant \lambda$ 的条件。故此时波导只能传输 TE_{10} 模，此时的波导称为"单模波导"，可以看到，在 TE_{10} 模和 TE_{20} 模之间的波长灰色区域即为"单模区"。

　　类似地可知，当信号工作波长 $\lambda = 1.5$ cm 时，波导可同时传输 TE_{10}、TE_{20}、TE_{01}、TE_{11}、TM_{11} 及 TE_{30} 等波型，此时的波导称为"多模波导"。

3. 主模

　　在波导中，通常称截止波长最大（对应截止波数或截止频率最小）的模为主模，也称基模或最低模，而将其他模称为高次模。对矩形波导，如果满足 $a > b$，则当 $m = 1$、$n = 0$ 时，有 $\begin{cases} k_c = \dfrac{\pi}{a} \rightarrow \text{最小} \\ \lambda_c = 2a \rightarrow \text{最大} \end{cases}$，故矩形波导主模是 TE_{10} 模。

　　为实现单 TE_{10} 模传输，波长必须满足下列条件

$$(\lambda_c)_{TE_{10}} = 2a > \lambda > \max \begin{cases} (\lambda_c)_{TE_{20}} = a \\ (\lambda_c)_{TE_{01}} = 2b \end{cases} \qquad (3-3-28)$$

在实际工程中，一般取 $1.6a > \lambda > 1.05a$。

4. 简并

　　在波导中，不同模的电磁场分布规律是不同的。但是，在金属矩形波导中，只要 k_c 相同，则各模的截止波长和截止频率就相同。总之，只要 k_c 相同，则传输特性完全相同。一般把空间场分布不同而截止波数 k_c 相同的模称为简并模式。一般情况下，所有 $m \neq 0$、$n \neq 0$ 的 TE_{mn} 模和 TM_{mn} 模都是简并的。换句话说，波导中的波型一般都是双重简并模式，因为是 E 模和 H 模的简并，又称这种简并为 E-H 简并。

　　当 $b = a$ 时，TE_{mn}、TE_{nm}、TM_{mn}、TM_{nm} 简并，即四重简并。

　　因为矩形波导中不存在 TM_{m0} 波和 TM_{0n} 波，所以 TE_{m0} 模和 TE_{0n} 模不可能有简并波。

5. 色散

　　电磁波的相速度随频率变化的现象称为色散。矩形波导的 TE 波和 TM 波，其相速度与频率有关，故 TE 波和 TM 波是色散波。而 TEM 波的相速度与频率无关，称为非色散波。

6. 波阻抗

TE 波和 TM 波中互相垂直的横向电场与横向磁场的比值即波阻抗。由波阻抗公式可得

$$\eta_{\text{H}} = \eta_{\text{TE}} = \frac{\eta}{\sqrt{1 - \left(\dfrac{k_{\text{c}}}{k}\right)^2}} = \frac{\eta}{\sqrt{1 - \left(\dfrac{\lambda}{\lambda_{\text{c}}}\right)^2}} \tag{3-3-29}$$

$$\eta_{\text{E}} = \eta_{\text{TM}} = \eta\sqrt{1 - \left(\frac{k_{\text{c}}}{k}\right)^2} = \eta\sqrt{1 - \left(\frac{\lambda}{\lambda_{\text{c}}}\right)^2} \tag{3-3-30}$$

其中，η 表示 TEM 波的波阻抗，即

$$\eta = \eta_{\text{TEM}} = \sqrt{\frac{\mu}{\varepsilon}}$$

当工作波长 λ 趋向截止波长 λ_{c} 时，η_{TE} 趋向于无穷大，而 η_{TM} 趋向于零。

下面通过例题说明矩形波导的传输特性。

【例 3-3-1】 矩形波导宽壁 $a = 8$ cm，窄壁 $b = 4$ cm，当频率 $f = 3$ GHz 时，波导中可传输哪些波型？当频率 $f = 5$ GHz 时，波导中又可传输哪些波型？

解 矩形波导的截止波长为

$$(\lambda_{\text{c}})_{\text{TE}_{mn}} = \frac{2}{\sqrt{\left(\dfrac{m}{a}\right)^2 + \left(\dfrac{n}{b}\right)^2}}$$

由公式可求得该波导各个模对应的截止波长，部分如下：

m	1	0	1	2	3	2	3
n	0	1	1	0	0	1	1
对应模	TE_{10}	TE_{01}	TE_{11}，TM_{11}	TE_{20}	TE_{30}	TE_{21}	TE_{31}
$\lambda_{\text{c}}/\text{cm}$	16	8	7.2	8	5.3	5.7	4.4

根据传输条件 $\lambda < \lambda_{\text{c}}$ 和以上结果，可知：

(1) 当频率 $=3$ GHz 时，工作波长 $\lambda = 10$ cm，此时波导中只能传输 TE_{10} 模的波型。

(2) 当工作频率 $=5$ GHz 时，工作波长 $\lambda = 6$ cm，此时波导中能传输 TE_{10} 模、TE_{01} 模、TE_{11} 模、TM_{11} 模、TE_{20} 模的波型。

3.3.3 矩形波导的主模

矩形波导可能存在各种波型，其中 TE_{10} 模是最重要、最基本的。因为这个波型具有明显的优点：截止波长最长；场结构最简单，可实现单模传输，有最宽的工作频带；在 λ 相同的情况下，波导尺寸最小；相同的 a、b（a、b 分别为矩形波导宽边与窄边长度）以及相同的频率情况下，衰减最小。TE_{10} 模是实际应用中最多的波型，这里进行详细的讨论。

1. TE_{10} 模的场分布

在稳恒状态下，微波在波导中传播，是某些满足边界条件限制的电磁场以一定速度沿

波导传播的过程，实际上是波导内的电磁波型以一定速度沿传播方向变化。将这种变化以图的形式画下来，就是场分布图。因此，场分布图就是在固定时刻，用电力线和磁力线表示某种波型场强空间变化规律的图形。

根据式(3-3-17)，当 $m=1$、$n=0$、$r=\mathrm{j}\beta$ 时，可得 TE_{10} 模的场分量为

$$
\begin{cases}
E_x = 0 \\
E_y = -\dfrac{\mathrm{j}\omega\mu}{k_c^2}\left(\dfrac{\pi}{a}\right)H_{10}\sin\left(\dfrac{\pi}{a}x\right)\mathrm{e}^{-\mathrm{j}\beta z} \\
H_x = \dfrac{\mathrm{j}}{k_c^2}\left(\dfrac{\beta\pi}{a}\right)H_{10}\sin\left(\dfrac{\pi}{a}x\right)\mathrm{e}^{-\mathrm{j}\beta z} \\
H_y = 0 \\
E_z = 0 \\
H_z = H_{10}\cos\left(\dfrac{\pi}{a}x\right)\mathrm{e}^{-\mathrm{j}\beta z}
\end{cases}
\tag{3-3-31}
$$

可见，TE_{10} 模有三个场分量为 0，是矩形波导中场结构最简单的一种波型。也可有 $E_y = -\eta_{\mathrm{TE}}H_x$。

另外，先介绍一下场分布图中电场和磁场的力线分布基本法则和规律：

(1) 力线的疏密表示场的强弱；力线上某点的切线就是该点的场量，它是三个场分量的矢量和。

(2) 电力线、磁力线和传播方向两两正交，且成右手关系。

(3) 电力线有两种情况：从波导壁到波导壁，或者环绕磁力线的闭合曲线。磁力线只有一种情况，即环绕电力线的闭合曲线。但是电力线本身不相交，磁力线本身也不相交。

(4) 在理想导体上，只有法向电场和切向磁场，即在波导壁电力线应垂直于波导壁，磁力线应平行于波导壁。

(5) TE 波没有纵向电力线，TM 波没有纵向磁力线。

由式(3-3-31)可知，TE_{10} 模的导波场具有以下性质：

(1) TE_{10} 模只有 E_y、H_x、H_z 三个分量，三者两两相位差均为 $\dfrac{\pi}{2}$。

(2) 各场分量沿 y 轴都为均匀分布。

(3) 电场只有 E_y 分量，电场线是平行于 y 轴的直线，沿 x 轴分布为 $E_y \propto \sin\left(\dfrac{\pi x}{a}\right)$。在同一波导横截面上，$x=a/2$ 处为波腹点，电场强度 $|E_y|$ 最大，越靠近波导窄壁电场线越稀疏；$x=0$ 或 a 处为波节点，电场强度最小，$|E_y|=0$。从 $x=0$ 到 $x=a$，在波导横截面上，形成一个"半驻波"。

因此，可据此理解矩形波导的宽边边长 a 就等于半个截止波长，故 TE_{10} 模的截止波长为 $2a$。

(4) 磁场有两个分量 H_x 和 H_z，其 H_x 沿 x 轴的分布为 $H_x \propto \sin\left(\dfrac{\pi x}{a}\right)$，但与 E_y 反相，即在横截面上，H_x 磁场的强弱变化规律和 E_y 相同，只是相位相反；$H_z \propto \cos\left(\dfrac{\pi x}{a}\right)$，在横截面上 H_z 磁场分量呈两侧强、中间弱的余弦变化，在纵向上呈非均匀平面波传播，总磁场

是位于 xOz 平面的闭合曲线。

下面分析某一时刻波导内 TE_{10} 模的电磁场结构分布。

设波导的宽边边长为 a，窄边边长为 b。波导横截面上的电场 E_y 沿 x 方向以正弦规律变化。$x=0$、$x=a$ 时，$E_y=0$；在 $x=a/2$ 时，E_y 最大；磁场 H_x 与 y 无关，在 y 向均匀分布。波导横截面的瞬时电场线和磁场线如图 3-3-4(a) 所示。波导窄壁纵切面上电场磁场分量沿纵向(z 方向)瞬时分布如图 3-3-4(b) 所示。

矩形波导宽壁纵切面上的瞬时电场线和磁场线分布如图 3-3-4(c) 所示。在 $x=0$ 及 $x=a$ 处，$E_y=0$，$H_x=0$，而 H_z 达到最大值。在 $x=a/2$ 处，E_y 和 H_x 达到最大值而 $H_z=0$。过波导宽壁中心的纵切面上三个场分量沿 z 轴的变化规律如下：

$$E_y \propto \cos(\omega t - \beta z), \quad H_x \propto \cos(\omega t - \beta z + \pi), \quad H_z \propto \cos\left(\omega t - \beta z + \frac{\pi}{2}\right)$$

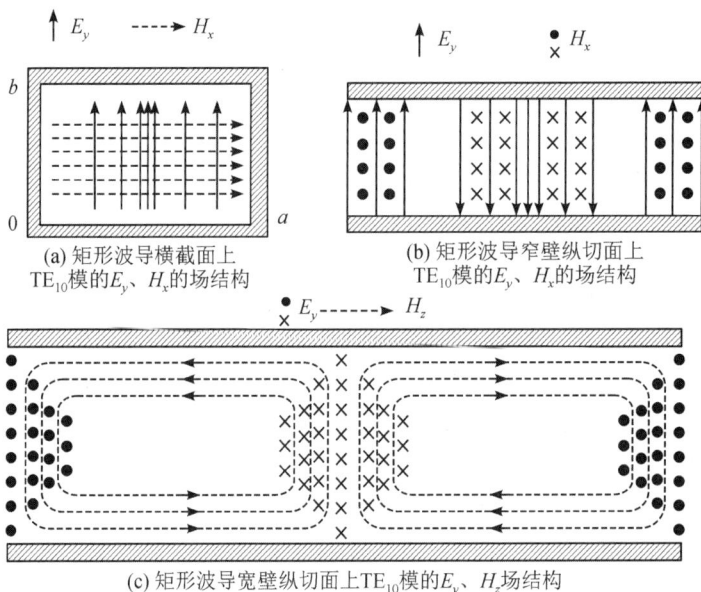

(a) 矩形波导横截面上
TE_{10} 模的 E_y、H_x 的场结构

(b) 矩形波导窄壁纵切面上
TE_{10} 模的 E_y、H_x 的场结构

(c) 矩形波导宽壁纵切面上 TE_{10} 模的 E_y、H_z 场结构

图 3-3-4　矩形波导的瞬时场分布图

综上可画出 TE_{10} 模的瞬时电磁场分布透视图如图 3-3-5 所示。随着时间的推移，场分布图以相速 v_p 沿纵向的传播方向移动。

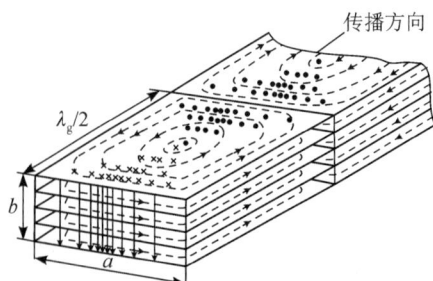

图 3-3-5　矩形波导的 TE_{10} 模的瞬时电磁场分布透视图

2. TE₁₀ 模的壁电流分布

当波导内传输高频电磁波时，波导内壁上会出现高频感应电流，这种电流称为壁电流。由于假定波导壁由理想导体构成，根据边界条件可知壁电流只可能存在于波导的内表面。

壁电流是由波导壁上磁场的切向分量产生的，它们之间的关系式为

$$\boldsymbol{J}_S = \boldsymbol{n} \times \boldsymbol{H}_t \qquad (3-3-32)$$

式中：$\boldsymbol{J}_S$ 为波导内壁的面电流密度矢量；$\boldsymbol{n}$ 为波导内壁的法向单位矢量；$\boldsymbol{H}_t$ 为波导壁上的切向磁场矢量，如图 3-3-6(a)所示。由理想导体的边界条件可计算出宽壁和窄壁的面电流，并将其描绘在各波导壁上，得到 TE₁₀ 模的壁电流瞬时分布图，如图 3-3-6(b)所示。

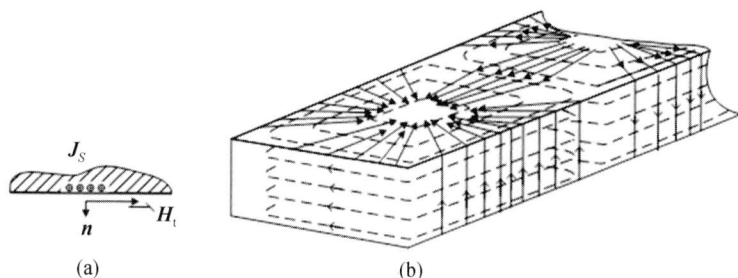

图 3-3-6 波导内壁的壁电流瞬时分布图

由边界条件和波导内壁的壁电流瞬时分布图可知，波导左右侧壁上只有沿 y 方向的壁电流，在同一横截面上大小相等、方向相同；在上下两个宽壁上，合成电流有分别沿 x 方向和 z 方向的分量，上下宽壁面的对应点上的电流大小相等、方向相反。在宽壁中央处，电流沿纵向传输。上下宽壁上的传导电流是不连续的，但是在波导壁上传导电流间断处，波导中有位移电流与之连接，这样就保证了全电流的连续性。

了解波导壁电流分布，对于处理各种技术问题和设计波导元件具有指导意义。下面简要说明壁电流分布的实际应用。

1）无辐射缝

无辐射缝要求设计波导时尽量不影响原波导内电磁波的传输特性，更不能向外辐射能量。显然，无辐射缝应当尽量不切断壁电流，应沿电流线方向开窄缝。例如，如图 3-3-7(a)所示 1、2 处的缝隙，在波导壁的中心线上开一个平行于壁电流的纵向窄槽，由于窄槽几乎不切割壁电流，因此它几乎不影响波导内导行波的传输特性。

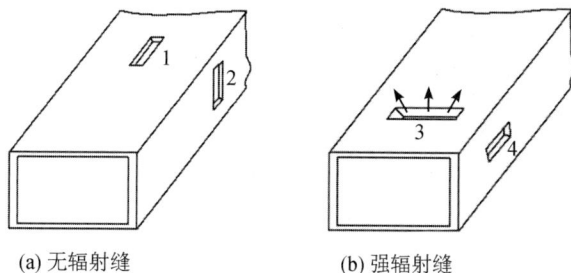

(a) 无辐射缝   (b) 强辐射缝

图 3-3-7 矩形波导的开槽特性

无辐射缝设计的应用场合主要包括利用波导的无辐射缝进行监测和测试波导内部的电磁场。例如,微波 3 厘米波导测量线是一种常见的微波测量实验仪器(见图 3-3-8),它在矩形波导上沿宽壁纵向开一窄槽且在波导中插入一小探针,外接晶体检波器和电流表,便可构成探测波导内驻波分布的测量仪器。

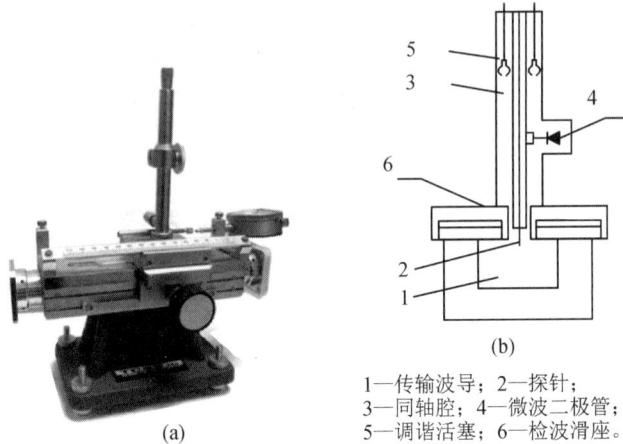

1—传输波导;2—探针;
3—同轴腔;4—微波二极管;
5—调谐活塞;6—检波滑座。

(a) (b)

图 3-3-8 微波 3 厘米波导测量线

2)强辐射缝

强辐射缝要求波导传输的能量向外辐射,故须沿垂直壁电流的方向开一个窄槽以垂直切断壁电流线,使缝边缘的壁电流改道绕行。而大部分壁电流以位移电流的形式越过槽缝,这样就会在槽缝中形成很强的电场,它与平行于缝隙的磁场分量一起构成了指向波导外侧的坡印亭矢量,从而引起了电磁波通过槽缝向外辐射,如图 3-3-7(b)所示 3、4 处的缝隙,窄槽切割壁电流,所以有较多的电磁能量透过槽缝辐射。

若槽缝的尺寸开得恰当,就可以构成波导缝隙天线,图 3-3-9 就是一种微波波导缝隙天线。缝隙天线不仅在波导管,也可在金属板、同轴线或谐振腔上开缝隙,电磁波通过缝隙向外空间辐射,从而构成一种口径天线。一般用于微波波段的雷达、导航、电子对抗和通信等设备中,并因能制成与主体设备共形的结构,因而特别适宜用在高速飞行器上。我国第一颗人造卫星就使用了缝隙天线。波导缝隙

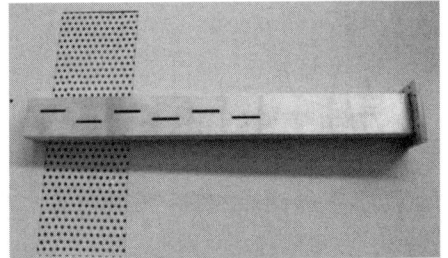

图 3-3-9 缝隙天线

天线由于其低损耗、高辐射效率和性能稳定等一系列突出优点而得到了广泛应用。

3. TE₁₀ 模的传输特性

设自由空间中电磁波波长为 λ,因 TE_{10} 模的截止波长 $\lambda_c = 2a$,可得到空气填充的金属矩形波导中 TE_{10} 模的各传输参量表达式如下。

(1)相速:

$$v_p = \lambda_p f = \frac{v}{\sqrt{1 - \left(\frac{\lambda}{2a}\right)^2}} \qquad (3-3-33)$$

（2）群速：

$$v_\mathrm{g} = v \sqrt{1 - \left(\frac{\lambda}{2a}\right)^2} \qquad (3-3-34)$$

（3）波导波长（即纵向的相波长）：

$$\lambda_\mathrm{p} = \frac{\lambda}{\sqrt{1 - \left(\frac{\lambda}{2a}\right)^2}} \qquad (3-3-35)$$

（4）截止波长：

$$\lambda_\mathrm{c} = \frac{2\pi}{k_\mathrm{c}} = 2a \qquad (3-3-36)$$

（5）相移常数：

$$\beta = \frac{2\pi}{\lambda} \sqrt{1 - \left(\frac{\lambda}{2a}\right)^2} \qquad (3-3-37)$$

（6）波阻抗：

$$\eta_{TE_{10}} = \frac{\eta}{\sqrt{1 - \left(\frac{\lambda}{2a}\right)^2}} \qquad (3-3-38)$$

上述各式中出现的 v、λ、η 分别为波导内填充媒质的波速、波长、波阻抗。

4. 传输功率

在行波状态下，传输的平均功率可由波导横截面上的坡印亭矢量的积分求得，即

$$P = \frac{1}{2} \int_S (\boldsymbol{E}_\mathrm{t} \times \boldsymbol{H}_\mathrm{t}^*) \cdot \mathrm{d}\boldsymbol{S} = \frac{1}{2} \int_0^a \int_0^b (E_x H_y - E_y H_x)\mathrm{d}x\,\mathrm{d}y \qquad (3-3-39)$$

当传输 TE_{10} 模时，$\mathrm{E}_x = 0$，将式（3-3-31）中的 E_y 代入式（3-3-39），令 $H_{10} = \dfrac{E_0}{\eta_{TE10}}$，得

$$P = \frac{1}{2} \eta_{\mathrm{TE}_{10}} \int_0^a \int_0^b \left| H_{10} \sin\left(\frac{\pi c}{a}\right) \right|^2 \mathrm{d}x\,\mathrm{d}y$$

$$= \frac{1}{2\eta_{\mathrm{TE}_{10}}} \int_0^a \int_0^b \left| E_0 \sin\left(\frac{\pi c}{a}\right) \right|^2 \mathrm{d}x\,\mathrm{d}y$$

$$= \frac{ab}{4} E_0^2 \frac{1}{\eta_{\mathrm{TE}_{10}}} \qquad (3-3-40\mathrm{a})$$

将波阻抗的表达式（式（3-3-38））代入式（3-3-40a），得

$$P = \frac{abE_0^2}{480\pi} \sqrt{1 - \left(\frac{\lambda}{2a}\right)^2} \qquad (3-3-40\mathrm{b})$$

波导中最大能承受的极限功率称为波导的功率容量，它取决于最大电场强度。将式（3-3-40b）中的电场 E_0 用波导内媒质的击穿电场强度 E_br 来代替（对于空气媒质 $E_\mathrm{br} = 30 \ \mathrm{kV/cm}$，$\lambda = \lambda_0$），便得到行波状态下波导传输 TE_{10} 模的功率容量 P_br，即

$$P_\mathrm{br} = \frac{abE_\mathrm{br}^2}{480\pi} \sqrt{1 - \left(\frac{\lambda_0}{2a}\right)^2} \qquad (3-3-41)$$

式（3-3-41）表明，矩形波导的功率容量与波导横截面的尺寸和波导的击穿电场强度

E_{br} 有关，尺寸和 E_{br} 愈大，功率容量愈大。

上面功率容量的计算公式是在行波状态下导出的，实际传输线上总有反射波存在。在行驻波状态下，矩形波导传输 TE_{10} 模的功率容量应修正为

$$P_{br} = \frac{ab}{480\pi} \frac{E_{br}^2}{\rho} \sqrt{1 - \left(\frac{\lambda_0}{2a}\right)^2} = \frac{P_{br}}{\rho}$$

可见，当波导不匹配时，会使功率容量下降。为了留有余地，波导实际允许传输的功率一般取行波状态下功率容量理论值的 $25\%\sim30\%$。

3.3.4 波导的激励与耦合

从本质而言，波导的激励与耦合是电磁波的辐射和接收，是微波源向波导内有限空间的辐射，或在波导的有限空间内接收微波信息。

辐射与耦合是互易的，有相同的场结构。

所谓激励，就是在波导内建立起所需的波型。由于在激励处边界条件复杂，很难得出严格的理论分析结果，因此解决这类问题所需的数学计算是冗长而复杂的。在实际应用中，常常是根据 TE_{10} 模的场结构来寻求一些激励的方法。这些方法可分为电耦合、磁耦合、小孔耦合等。

1. 电耦合

利用一种装置，使之在矩形波导某一截面上建立的电力线的密度和方向与所希望的波型一致。波导的探针就是这一激励 TE_{10} 模的装置，它将连续振荡源的同轴线内导体延长，从宽壁中央 $x = a/2$ 处伸入矩形波导中。此时探针相当于一根小天线，向四周辐射电磁波，从而激励起 TE_{10} 模。为了将最大功率传输至波导，除了需精心设计探针外，通常还将波导终端作成可移动的短路活塞，前后移动活塞可使输出的功率达到最大值。

2. 磁耦合

利用一种装置，使之建立起磁力线，其密度和方向与所希望波型的磁力线一致。耦合环就是一种激励 TE_{10} 模的磁耦合装置，耦合环是将与振荡源连接的同轴线内导体延长作成一圆环，从窄壁伸入矩形波导中。耦合环的平面必须与宽壁垂直，此时耦合环中的高频电流激励起的环形磁场与 TE_{10} 模的磁力线相似。

3. 小孔耦合

小孔耦合也称衍射耦合或电流耦合。利用一种装置，使之能在矩形波导壁上建立起高频电流，在某一壁上电流的方向和分布与所希望的波型一致。需要指出：在激励处所激励的电磁波不是单一的 TE_{10} 模，而是有复杂的场结构，当矩形波导尺寸满足 TE_{10} 模单模传输条件时，所有高次波型都将在沿波导传输的过程中衰减掉，而只有 TE_{10} 模传输；此外，根据互易定理，用来激励波导的装置，同样都可以成功地用作对确定波型的接收装置，即从波导中摄取所传输的能量。

3.4 圆 波 导

图波导是截面为圆形的空心金属管，图 3-4-1 给出了圆波导及其坐标系示意图。由

于圆波导具有轴对称性，因此可采用圆柱坐标系。圆波导应用也较为广泛，有的圆波导具有损耗较小和双极化的特性，可用于较远距离的多路通信传输系统，也可用来制作微波谐振腔、旋转关节、天线馈线等。

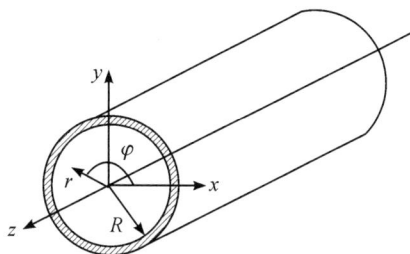

图 3 - 4 - 1　圆波导

3.4.1　圆波导的主要传输性质

圆波导和矩形波导一样，不能传输 TEM 波，只能传输 TE 波和 TM 波。

圆波导中同样存在着无穷多种 TE 模，不同的 m 和 n 代表不同的模，记作 TE_{mn} 模，m 表示场沿圆周分布的整波数（周期数），n 表示场沿半径分布的半个驻波的个数。

圆波导中同样存在着无穷多种 TM 模，波型指数 m 和 n 的意义与 TE 波相同。注意，不存在 TM_{m0} 模和 TE_{m0} 模。

1. 特性参数

因为圆波导的横截面为圆形，因此横向的场分布和矩形波导不同。但在纵向，两种波导的传输特性是类似的，故各种特性参数与矩形波导类似。

圆波导的波导波长、相速、群速和波阻抗等如下。

（1）波导波长：

$$\lambda_g = \frac{\lambda}{\sqrt{1-(\lambda/\lambda_c)^2}} \tag{3-4-1}$$

（2）相速：

$$v_p = \frac{v}{\sqrt{1-(\lambda/\lambda_c)^2}} \tag{3-4-2}$$

（3）群速：

$$v_g = v\sqrt{1-(\lambda/\lambda_c)^2} \tag{3-4-3}$$

（4）TE 模的波阻抗：

$$\eta_{TE} = \eta\sqrt{1-(\lambda/\lambda_c)^2} \tag{3-4-4}$$

（5）TM 模的波阻抗：

$$\eta_{TH} = \frac{\eta}{\sqrt{1-(\lambda/\lambda_c)^2}} \tag{3-4-5}$$

（6）TE 模和 TM 模的截止波数分别如下：

$$k_{cTE_{mn}} = \frac{u_{mn}}{R} \qquad\qquad (3-4-6)$$

$$k_{cTM_{mn}} = \frac{v_{mn}}{R} \qquad\qquad (3-4-7)$$

（7）TE 模和 TM 模的截止波长分别如下：

$$\lambda_{cTE_{mn}} = \frac{2\pi}{k_{cTE_{mn}}} = \frac{2\pi R}{\mu_{mn}} \qquad\qquad (3-4-8)$$

$$\lambda_{cTM_{mn}} = \frac{2\pi}{k_{cTM_{mn}}} = \frac{2\pi R}{v_{mn}} \qquad\qquad (3-4-9)$$

2. 简并模式

圆波导和矩形波导类似，也存在简并模式。一般包括如下两种。

（1）E-H 简并。在圆波导中，存在 $\lambda_{cTE_{0n}} = \lambda_{cTM_{1n}}$，从而形成了 TE_{0n} 模和 TM_{1n} 模的简并。这种简并称为 E-H 简并。

（2）极化简并。由于圆波导具有对称性，对 $m \neq 0$ 的任意非圆对称模，横向电磁场可以有任意的极化方向而截止波数相同，任意极化方向的电磁波可以看成是偶对称极化波和奇对称极化波的线性组合。偶对称极化波和奇对称极化波具有相同的场分布，故称为极化简并。正因为存在极化简并，所以波在传播过程中圆波导细微的不均匀会引起极化旋转，从而导致不能单模传输；同时，也正因为有极化简并现象，圆波导可以构成极化分离器、极化衰减器等。

3.4.2 圆波导的三种主要模式及其应用

和矩形波导不同，圆波导中存在着三种常用模式：TE_{11}（H_{11}）模、TM_{01}（E_{01}）模、TE_{10}（H_{01}）模。其中，TE_{11} 为最低次模，其他两个为实际工作中常用的模式。下面分别简要讨论。

1. 圆波导的 TE_{11} 模

圆波导的 TE_{11} 模电磁场结构如图 3-4-2 所示。由场结构图可见，圆波导 TE_{11} 模的场结构与矩形波导的场结构很相似，因此很容易经过波导截面逐渐由矩形变为圆形时，矩形波导中的电磁场就逐渐由 TE_{10} 模变换为 TE_{11} 模，如图 3-4-3 所示。TE_{11} 模又称 H_{11} 模。

TE_{11} 模的截止波长是最长的，它的 $\lambda_c = 3.41a$，其中 a 表示圆波导的半径。TE_{11} 是圆波导中的最低模式，比 TE_{11} 模波长稍短的是 TM_{01} 模。对于一定波长的电磁波，如果圆波导半径 a 满足了只传播 TE_{11} 模的条件 $\lambda/2.61 > a > \lambda/3.41$，圆波导仍不能单模传播，这是因为 TE_{11} 模存在极化简并。

圆波导中存在场型相同而极化方向互相垂直的两种模，分别称为水平极化和垂直极化。这两个极化方向垂直的模具有相同的场分布，故称为极化简并。

在加工圆波导时，即使很小的椭圆度也会使 TE_{11} 模的极化方向在传输过程中发生旋转，如图 3-4-4 所示。如果在圆波导中传输垂直极化 TE_{11} 模，则极化面旋转就有可能产生水平极化 TE_{11} 模。因此，一般不用圆波导的 TE_{11} 模传输信号，如果必须用，则只能用于短距离传输。

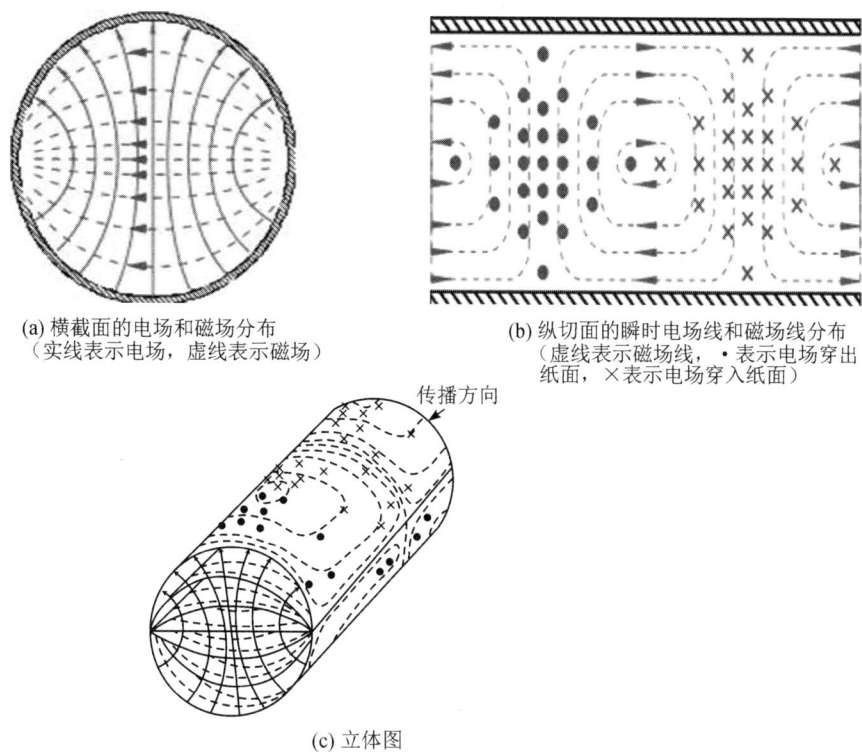

(a) 横截面的电场和磁场分布
（实线表示电场，虚线表示磁场）

(b) 纵切面的瞬时电场线和磁场线分布
（虚线表示磁场线，·表示电场穿出
纸面，×表示电场穿入纸面）

(c) 立体图

图 3 - 4 - 2　圆波导 TE_{11} 模的电磁场分布

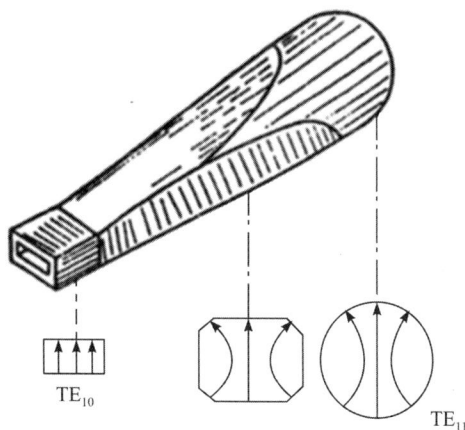

图 3 - 4 - 3　矩形-圆波导转换器（TE_{10} 模过渡到 TE_{11} 模）

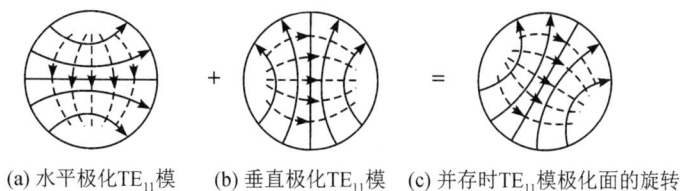

(a) 水平极化TE_{11}模　(b) 垂直极化TE_{11}模　(c) 并存时TE_{11}模极化面的旋转

图 3 - 4 - 4　圆波导的 TE_{11} 模的极化简并示意图

一段工作于 TE_{11} 模的圆波导可用作微波元件。例如，用 TE_{11} 模的圆柱形谐振腔用作中等精度波长计，在 TE_{11} 圆波导中放置介质片作微波管输出窗等，利用 TE_{11} 模的极化简并模可以构成一些特殊的波导元件，如收发共用天线、极化衰减器等。

2. 圆波导的 TM_{01} 模

TM_{01} 模是圆对称模式，又称 E_{01} 模。它的截止波长 $\lambda_c = 2.61a$（a 为圆波导半径），比 TE_{11} 模稍短。TM_{01} 模的特点是它没有极化简并，场分布具有圆对称性，如图 3-4-5 所示。

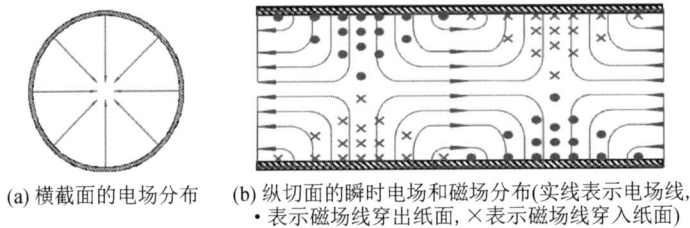

(a) 横截面的电场分布   (b) 纵切面的瞬时电场和磁场分布(实线表示电场线，
· 表示磁场线穿出纸面，×表示磁场线穿入纸面)

图 3-4-5　圆波导 TM_{01} 模的电磁场分布

图 3-4-5(a)表示电场由圆周沿半径方向指向圆心。电场在中心轴线附近最强，具有纵向分量，便于和电子交换能量，因此易于和穿越轴线的带电粒子相互作用。所以，由 TM_{01} 模圆波导形成的谐振腔和慢波系统，常用来作为微波管或电子直线加速器的相互作用回路。

图 3-4-5(b)表示圆波导纵向切面的电场和磁场分布。其中磁场只有圆周方向分量，同心圆状的磁力线分布在横截面之内，并在管壁内表面上环绕，故只存在纵向的管壁电流。因此适用于微波天线馈线旋转铰链的工作模式。故常用它制成雷达设备中固定的发射机馈电波导和天线间的旋转接头。但由于管壁电流呈纵向，故必须采用扼流结构的连接方式。

3. 圆波导的 TE_{01} 模

圆波导中的 TE_{01} 模损耗较低，又称 H_{01} 模。TE_{01} 模的截止波长 $\lambda_c = 1.64a$。TE_{01} 模的场分布如图 3-4-6 所示。其中图 3-4-6(a)表示横截面上的电场和磁场分布；图 3-4-6(b)表示纵切面上的电场和磁场分布。

由图 3-4-6 可知，TE_{01} 模有纵向 H_z，半径方向 H_r，圆周方向 E_Φ 三个分量。电场只存在圆周方向分量，且在 $r=0$ 和 $r=a$ 处电场等于零。在波导壁上只有磁场的 H_z 分量(只存在轴向的磁场)，说明在波导壁上无纵向电流，只有圆周方向的电流分量，故又称为圆电波，如图 3-4-7 所示。这是圆波导 TE_{01} 模所特有的。

其次，随着传输信号频率的升高，损耗按 $f^{-3/2}$ 规律单调下降。这是圆波导 TE_{01} 模的又一个特点，因此微波或毫米波信号长距离传输时往往采用 TE_{10} 模波导，例如，毫米波波导、光纤多采用 TE_{01} 模以实现远距离传输。也因如此，TE_{01} 波还是一种用作高 Q (品质因数)谐振腔的工作波型。另外，由于它是圆电波，也可作为电子设备的连接元件和雷达天线的馈线工作模式。不过使用该模式时，必须设法抑制其他模式。

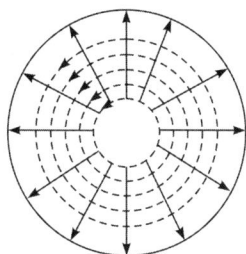

(a) 横截面上的瞬时电场和磁场分布(实线表示磁场, 虚线表示电场)

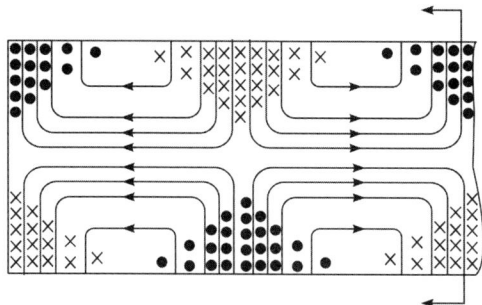

(b) 纵切面上的瞬时电场和磁场分布(实线表示磁场, ·表示电场穿出纸面, ×表示电场穿入纸面)

图 3 - 4 - 6　圆波导 TE_{01} 模的电磁场分布

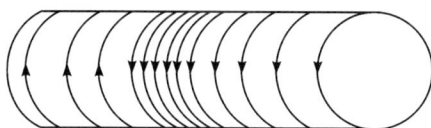

图 3 - 4 - 7　圆波导 TE_{01} 模的壁电流分布示意图

3.5　同　轴　线

在微波工程中很常用的 TEM 波传输线是同轴线。同轴线是一种双导体传输线，如图 3-5-1 所示。同轴线是由两个同轴的圆柱导体构成的导波系统，内导体的外直径为 $2a$、外导体的内直径为 $2b$。一般两导体间填充空气(硬同轴线)或介电常数为 ε 的高频介质(软同轴线，即同轴电缆)。同轴电缆的外导体的金属圆筒对电磁能的屏蔽、约束作用，在很大程度上解决了辐射损耗的问题。

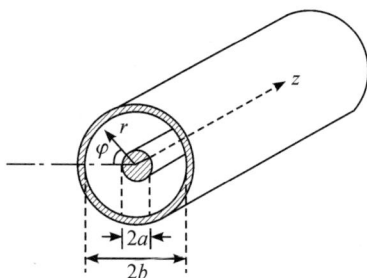

图 3 - 5 - 1　同轴线结构示意图

可见，同轴线按结构可分为两种：硬同轴线和同轴电缆。

同轴线多用于 3 GHz 以下（波长大于 10 cm 以上）的宽频带场合。由于矩形波导和圆波导尺寸大而笨重，使用不方便，因此 3 GHz 以下的微波信号传输通常采用尺寸小得多的同轴线。

实际中，一般用同轴线的 TEM 主模传输功率，而不用其他高次模。为了达到单模传输，需要研究高次模产生的条件，以便于抑制。

1. 同轴线的主要传输特性

同轴线中既可传输无色散的 TEM 波，也可能存在有色散的 TE 波和 TM 波。同轴线传输的主模是 TEM 模，此时 $k_c = 0$，$\lambda_c = \infty$。

对于同轴线中的 TEM 模，相移常数为

$$\beta = k = \omega\sqrt{\mu\varepsilon} \tag{3-5-1}$$

相速为

$$v_p = \frac{\omega}{\beta} = \frac{1}{\sqrt{\mu\varepsilon}} = \frac{v}{\sqrt{\varepsilon_r}} \tag{3-5-2}$$

相波长与工作波长的关系为

$$\lambda_p = \frac{2\pi}{\beta} = \frac{v_p}{f} = \frac{\lambda}{\sqrt{\varepsilon_r}} \tag{3-5-3}$$

式中，ε_r 为同轴线中填充媒质的相对介电常数。

2. 同轴线中的高次模

同轴线除支持 TEM 主模外，还支持 TE 模和 TM 模等高次模。在实际应用中，这些模通常都是截止的，因此，它们只是在不连续处或源的附近才被激励。但重要的是，要知道其最低阶模的截止频率，以避免这些模传播。另外，两个或更多的具有不同传播常数的传播模的叠加也可能产生有害的影响。为此，必须选择合适的同轴线的尺寸上限，抑制高次模的传输。

随着频率继续升高，趋肤效应引起的电阻损耗已无法忽视，且支撑内、外导体的绝缘介质传输介质损耗，引起能量耗散。同时为保证传输 TEM 波而不产生高次模，横截面尺寸必须相应减小。这会降低所能传输的最大功率，即降低功率容量。

常用同轴线的特性阻抗有 75 Ω 和 50 Ω 两种。75 Ω 同轴线主要用于信号传输，它的衰减小；50 Ω 同轴线是一种通用同轴线，它兼顾了耐压、功率容量及衰减的要求。当然，为传输高压而设计的同轴线可以选择特性阻抗是 60 Ω。

3. 同轴线接头

绝大多数常用的同轴线和接头都具有 50 Ω 的特征阻抗，但用于电视系统的同轴线的特征阻抗为 75 Ω。这样选择的依据是，空气填充的、特征阻抗为 77 Ω 的同轴线具有最小的衰减，而特征阻抗为 30 Ω 的同轴线具有最大的功率容量。因此，50 Ω 的特征阻抗代表了最小衰减和最大功率容量之间的折中。

对于同轴接头的要求，包括驻波比较低、高频率情况时没有高阶模工作、在连接-拆开反复操作之后的高重复性以及机械强度大等。微波系统的连接可以是硬连接，也可以是通过电缆的软连接，电缆又分为柔性电缆、软电缆和半刚性电缆。工程中，同轴接头的具体选择由总体结构、成本、性能等因素综合决定。接头是成对使用的，注意公头和母头(插头或插座)之分。图 3 - 5 - 2 给出了几种广泛应用的同轴接头的图片。

(a) N型   (b) SMA

(c) BNC或TNC   (d) L9接头

图 3 - 5 - 2 同轴线接头

(1) N 型：这种接头发展于 1942 年并以其发明者、贝尔实验室的 P. Neil 命名。母头的外直径大约为 15.875 mm。推荐的频率上限范围为 11~18 GHz，具体取决于同轴线的尺寸大小。在较老的设备中通常可以找到这种较大而且结实的接头。

(2) SMA：这是一种应用最为广泛的微波连接器。对较小、较轻的接头的需求，推动了 20 世纪 60 年代这种接头的发展。母头的直径约为 6.35 mm，其应用频率高达 18~25 GHz，而且可能是当前应用得最广泛的微波连接器。

(3) BNC 或 TNC：这是应用非常广泛的一类带螺纹连接的 BNC 接头，其应用限制在低于 1 GHz 的频率。

(4) 2.4 mm 接头：毫米波频率下接头的需求推动了几种 SMA 接头的发展。最常用的是 2.4 mm 接头，它适用于 50 GHz 的频率。这些接头的大小与 SMA 相似。

常用射频/微波接头型号的主要性能如表 3 - 5 - 1 所示。

表 3 - 5 - 1 常用射频/微波接头型号

接头型号	频率范围	阻抗/Ω	VSWR	插损($\sqrt{f}$)/dB	说　　明
BNC(Q9)	DC-3 GHz	75/50/300/			频率低、中功率、低价
TNC	DC-15 GHz	75/50	1.07	0.05	频率低、低价
N-TYPE(≈L16)	DC-18 GHz	75/50	1.06	0.05	尺寸大、结构稳定
SMA(3.5 mm)	DC-18 GHz	50	1.02	0.03	小型化、现代多用
APC-7(7 mm)	DC-18 GHz	50	1.04	0.03	尺寸大、质量高
K	DC-40 GHz	50	1.04	0.03	高频、高价、高质量

3.6 带 状 线

在射频或微波集成电路中，要求传输线结构是平面的。平面几何形状意味着电路元件特性可以由单一平面内的尺寸来确定。射频或微波集成电路中常用的平面传输线有带状线、微带线、槽线、覆盖微带线、共面波导和共面带状线等。采用以上这些平面传输线组成的电路与常规微波电路相比，具有质量轻、尺寸小、性能优越、可靠性高、可复制性好、价格低廉等优点，很容易与固态芯片器件组合使用。采用平面传输线易于实现微波电路的小型化和集成化，在电子设备的小型化方面具有非常广阔的应用前景。

带状线是一种双导体类平面传输线。它非常适合于微波集成电路和光刻加工制造。一种带状线的几何结构如图 3-6-1 所示，它是由一条厚度为 t、宽度为 W 的矩形截面中心导带和上下两块接地板构成。两接地板的间距为 b。中心导带的周围介质可以是空气，也可以是其他介质。带状线的主模为 TEM 模。

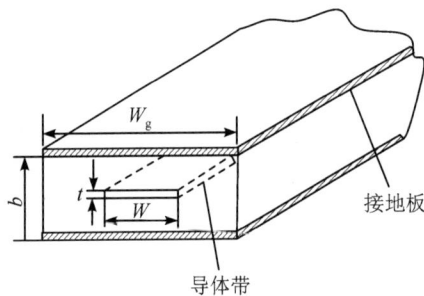

图 3-6-1　带状线结构示意图

因为带状线有两块导体和均匀电介质，所以它支持 TEM 模，而且 TEM 模是它工作的通常模式。然而，与同轴线相似，带状线也支持高阶 TM 模和 TE 模，但这些模在实际应用中经常是要避免的。

直观上，可以把带状线想象为一段"展平"的同轴线——它们都具有完全被外导体包围的中心导体及均匀填充的电介质。带状线的电磁场示意图如图 3-6-2 所示。

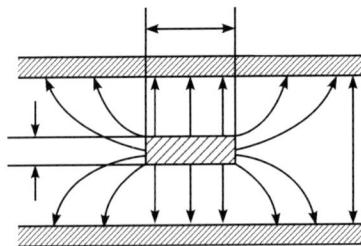

图 3-6-2　带状线的场结构

带状线的精确分析比较复杂，拉普拉斯方程的精确解可通过保角变换法获得，但求解过程和结果非常繁杂。由于通常只关注带状线的主模 TEM 模，因此工程师多采用静电分析这种近似法，来分析其传播常数和特性阻抗。

对于带状线来说，若填充媒质的相对介电常数为 ε_r，则其中 TEM 模的相速、传播常数、相波长和特性阻抗按媒质中的电磁波传播特性考虑。

相速为

$$v_p = \frac{1}{\sqrt{\mu_0 \varepsilon_0 \varepsilon_r}} = \frac{c}{\sqrt{\varepsilon_r}} \tag{3-6-1}$$

传播常数为

$$\beta = \frac{\omega}{v_p} = \omega\sqrt{\mu_0 \varepsilon_0 \varepsilon_r} = \sqrt{\varepsilon_r}\, k_0 \tag{3-6-2}$$

相波长为

$$\lambda_p = \frac{\lambda}{\sqrt{\varepsilon_r}} \tag{3-6-3}$$

特性阻抗为

$$Z_0 = \sqrt{\frac{L_0}{C_0}} = \frac{\sqrt{L_0 C_0}}{C_0} = \frac{1}{v_p C_0} \tag{3-6-4}$$

式中，L_0 和 C_0 是传输线单位长度的分布电感和分布电容。因此，若知道 C_0，则可求得 Z_0。

带状线的损耗包括中心导带和接地板导体引起的导体损耗、两接地板间填充的介质损耗及带状线辐射到空间的电磁波的辐射损耗，常忽略辐射损耗。

因为带状线是 TEM 模为主模的传输线，所以源于电介质损耗的信号衰减，与其他 TEM 模传输线的形式相同。源于导体损耗的衰减可用微扰法求得。

带状线用光刻工艺制作而成。光刻加工技术是指加工制作半导体结构及集成电路微图形结构的关键工艺技术，是微细制造领域应用较早并仍被广泛采用的一类微制造技术。光刻加工原理与印刷技术中的照相制版类似，在硅(Si)半导体基体材料上涂覆光致抗蚀剂，然后利用紫外光束等通过掩膜对光致抗蚀剂层进行曝光，经显影后在抗蚀剂层获得与掩膜图形相同的极微细的几何图形，再经刻蚀等方法，在 Si 基材上制造出微型结构。

3.7　微　带　线

微带传输线是由固定在介质基片上的单一导带构成的平面结构传输线，简称微带线，如图 3-7-1 所示。

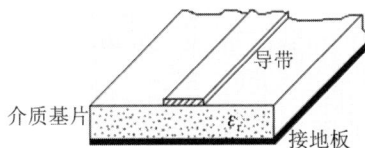

图 3-7-1　微带线

微带线属于开放式部分填充介质的双导体传输线，它是由介质基片上的导带和基片底部的金属接地板构成的，整个微带线可用光刻工艺制作而成，基片采用介电常数高、高频损耗小的陶瓷、石英、蓝宝石等介质材料或复合介质材料,导带采用良导体材料。其传输的主模为准 TEM 模。

微带线是 20 世纪 50 年代发展起来的一类微波传输线,优点是体积小、重量轻、使用频带宽、可集成化等。1960 年后,由于微波低损耗介质材料和微波半导体器件的发展,形成了微波集成电路,使微带线得到广泛应用,相继出现了各种类型的微带线。采用微带线易于实现微波电路的小型化和集成化。微带线的缺点是损耗较大、Q 值低、难以实现微调、功率容量小,目前仅限于中、小功率应用。

微带线的作用可以作下述简要说明。在手机电路中,一条特殊的印刷铜线即构成一个电感微带线,在一定条件下,又称其为微带线。它一般有两个方面的作用:一是把高频信号能量进行较有效地传输;二是与其他固体器件(如电感、电容等)构成一个匹配网络,使信号输出端与负载很好地匹配。

微带线通常分为开放式和屏蔽式。开放式微带线是由介质基片和导带构成的,如图 3-7-2(a)所示。介质基片选用介电常数高、高频损耗小的材料,例如,陶瓷、石英或蓝宝石等介质材料。最常用的介质基片材料是 99.5% 纯度的氧化铝陶瓷、聚烯烃或编织玻璃纤维材料。导带宜采用良导体材料,应具有导电率高、稳定性好、与基片的黏附性强等特点。介质材料介电常数记为 ε、厚度为 h,导带的厚度为 t、宽度为 W。

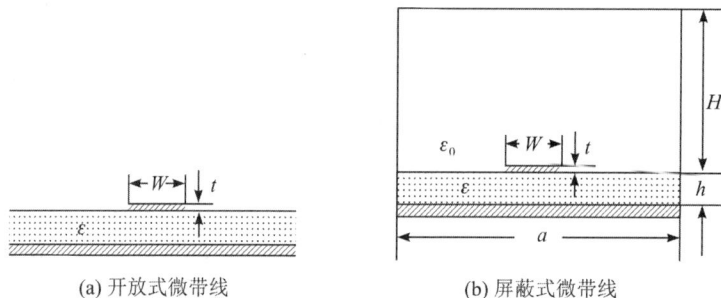

(a) 开放式微带线　　　　　　　　(b) 屏蔽式微带线

图 3-7-2　两种常用微带线

屏蔽式微带线需要金属封装屏蔽,如图 3-7-2(b)所示。其封装盒高度 H 应大于基片厚度 h 的 5~6 倍;侧边距离 a 应大于金属带宽度 W 的 5~6 倍。为了减小封装盘对电磁波的反射,影响电路性能,可在封装盒盖内壁上涂覆吸波材料。

3.7.1　微带线的结构和主要传输特性

微带线导带周围并非填充单一介质,导带上方是空气,导带下方是介质基片,因此微带线属于部分填充介质的双导体传输线,但线上电磁波的相速、相波长不能再按标准的双导体传输线计算。

微带线特性的分析方法有准静态法、色散模型法和全波分析法。用准静态法分析其特性时,将其模式看成 TEM 模,引入有效介电常数 ε_{re} 的均匀介质代替微带线内的混合介质。

分析微带线特性的示意图如图 3-7-3 所示。其中,图 3-7-3(d)是真实微带的结构图,即部分填充介质(ε_r、ε_0)的微带线;如果将导带下面的介质基片拿掉,就成了如图 3-7-3(a)

所示的全部填充空气的微带线；如果导带上方也填充和基片材料同样的介质，则成为如图 3-7-3(b)所示的全部填充介质(常数为 ε_r、ε_0)的微带线；如果导带上下方填充等效介质(ε_{re}、ε_0)，则成为如图 3-7-3(c)所示的全部填充等效介质的微带线。

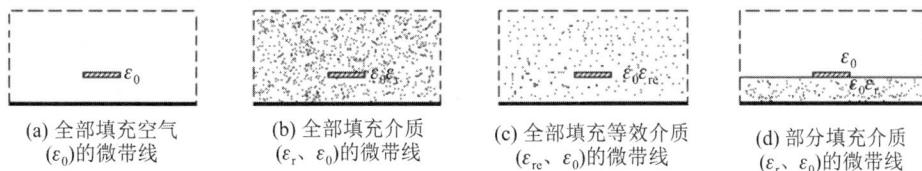

(a) 全部填充空气　　(b) 全部填充介质　　(c) 全部填充等效介质　　(d) 部分填充介质
　(ε_0)的微带线　　(ε_r、ε_0)的微带线　　(ε_{re}、ε_0)的微带线　　(ε_r、ε_0)的微带线

图 3-7-3　分析微带线特性的示意图

不难理解，微带传输线传输的 TEM 波的相速一定在下述范围内

$$c > v_p > \frac{c}{\sqrt{\varepsilon_r}} \tag{3-7-1}$$

式中，c 为光速。相速的具体数值取决于微带尺寸及介质特性。

如果令 C_{01} 表示图 3-7-3(a)所示的填充空气的微带线的分布电容，则图 3-7-3(b)所示微带线的分布电容为 $\varepsilon_r C_{01}$，而图 3-7-3(d)所示的标准微带线的分布电容 C_1 一定在下述范围内

$$C_{01} < C_1 < \varepsilon_r C_{01} \tag{3-7-2}$$

根据以上分析，可以定义一种全部填充等效介质的微带线如图 3-7-3(c)所示，等效介质的相对介电常数用 ε_{re} 表示。这种等效的微带线和图 3-7-3(d)所示的标准微带线具有相同的相速和特性阻抗，其等效关系由有效相对介电常数 ε_{re} 决定，且 ε_{re} 在 $1 < \varepsilon_{re} < \varepsilon_r$ 范围内。在引入 ε_{re} 的概念之后，图 3-7-3(c)所示的等效微带线的分布电容应为 $\varepsilon_{re} C_{01}$。

因此，只要将同轴线和带状线主要传输特性的计算公式中的 ε_r 用 ε_{re} 替换，就得到微带线传输 TEM 波的相速、相波长及特性阻抗的计算公式。

相速

$$v_p = \frac{v}{\sqrt{\varepsilon_{re}}} \tag{3-7-3}$$

相波长

$$\lambda_p = \frac{\lambda}{\sqrt{\varepsilon_{re}}} \tag{3-7-4}$$

单位长度分布电容为

$$C_1 = \varepsilon_{re} C_{01} \tag{3-7-5}$$

特性阻抗

$$Z_0 = \frac{1}{v_p C_0} = \frac{Z_{01}}{\sqrt{\varepsilon_{re}}} \tag{3-7-6}$$

式中，ε_{re} 为等效相对介电常数；C_0 是微带线单位长度电容；Z_{01} 是空气微带线特性阻抗且

$$Z_{01} = \frac{1}{v C_{01}} \tag{3-7-7}$$

在工程上一般采用近似公式，或者查阅相关的曲线和表格。上述各式中的 v、λ 分别为微带的介质的速度、波长。

微带线是半开放形式，除有导体损耗和介质损耗外，也存在一定的辐射损耗。求微带线的 v_p、λ_p 及 Z_0 最终归结为求 C_{01} 和 ε_{re}。C_{01} 和 ε_{re} 可用保角变换方法确定，它们都是微带线结构尺寸 W 和 h 的函数，计算 ε_{re} 的公式为

$$\varepsilon_{re} = 1 + q(\varepsilon_r - 1) \tag{3-7-8}$$

式中，q 为有效填充因子，它是表征导带周围空气和介质（ε_r 不为 1）比例关系的常数。当 $q = 0$ 时，$\varepsilon_{re} = 1$，表示导带周围全部填充空气；当 $q = 1$ 时，$\varepsilon_{re} = \varepsilon_r$，表示导带周围全部填充相对介质常数为 ε_r 的介质。通常 $0 < q < 1$，q 是微带线尺寸 W/h 的函数，其计算公式为

$$q = \frac{1}{2}\left[1 + \left(1 + \frac{10h}{W}\right)^{-\frac{1}{2}}\right] \tag{3-7-9}$$

式中，W 表示导带宽度，h 表示介质基片厚度。

3.7.2 微带线的模式

1. 微带线中的主模

微带线是不均匀介质填充，可以证明微带线中的任何导行波必定有纵向场分量。亦即，纯粹的 TEM 波是不可能在微带中单独存在的。这个结论是严格推理的结果。由此可知，微带结构中模式的非 TEM 性质，是由空气-介质分界面处的边缘场分量 E_z 和 H_z 引起的，而与导带下面基片中的场量相比，这些边缘场分量很小，所以微带线中模的特性与 TEM 模相差很小，称为准 TEM 模。

微带中这种准 TEM 模的主模实际上是一种混合模，是有色散的。不过在较低的频率，微带片厚度 h 远小于微带线波长时，微带线中的大部分能量集中在中心导带下面的介质基片内，而在此区域内的纵向场量比较弱，因此可将这种模近似看成 TEM 模。

2. 微带线中的高次模

当工作频率提高时，除了微带线传输的准 TEM 波的色散显著之外，还可能出现两类高次模，即波导模和表面波模。产生波导模的原因是因为导带与接地板之间实际构成了平板波导。产生表面波模的原因是在微带线导带两侧存在半开放的空气-介质-底板层，电磁场被两界面多次全反射形成"表面波"。

1）波导模

波导模是指 TE 模或 TM 模。最容易产生的是 TE_{10} 和 TM_{01} 模式。定性地讲，产生这种高次模是因为宽度为 W 的导带与接地板之间实际构成了高度为 h、填充介质相对介电常数为 ε_r 的平板波导。最低次模是 TE_{10} 模，其截止波长为

$$(\lambda_c)_{TE_{10}} = \begin{cases} 2W\sqrt{\varepsilon_r} & (t = 0) \\ 2\sqrt{\varepsilon_r}(W + 0.4h) & (t \neq 0) \end{cases} \tag{3-7-10}$$

式中，t 为微带线导带的厚度。

TM_{01} 模的截止波长为

$$(\lambda_c)_{TM_{01}} = 2h\sqrt{\varepsilon_r} \tag{3-7-11}$$

由于平板波导两侧无短路金属板，因此两侧是电场波腹，平板中心是电场波节，为了抑制波导模，微带线的最短工作波长 λ_{min} 应满足：

$$\lambda_{\min} > \max\left[(\lambda_c)_{TE_{10}}, (\lambda_c)_{TM_{01}}\right] \qquad (3-7-12)$$

2）表面波模

所谓表面波模，就是沿介质表面传输的波型。在微带线导带两侧存在的是半开放的空气-介质-底板层，电磁场在这里不像矩形波导、圆波导等封闭波导那样被限制在一个有限的空间范围内，而是散布在空气和介质中，但当满足条件 $\varepsilon_r > 1$ 时，电磁场在介质外的空气中沿垂直于界面方向呈指数式衰减，结果场被介质-空气及介质-导体两界面来回全反射形成相当于吸附在介质附近的"表面波"。

表面波模中对于最低次 TM 模，其截止波长为 ∞，任何频率下它都存在，也就是说任何工作波长（或任何频率）下，它都可能存在。其次是最低次 TE 模，其截止波长为

$$(\lambda_c)_{TE} = 4h\sqrt{\varepsilon_r - 1} \qquad (3-7-13)$$

例如，若设介质板厚度为 $h = 1\ \text{mm}$，则 TE 模的截止波长 $(\lambda_c)_{TE} \approx 12\ \text{mm}$，比波导波型的临界波长都要长，也就是比较容易激励。

表面波的相速在光速 c 和 $c/\sqrt{\varepsilon_r}$ 之间，而微带线准 TEM 模的相速亦在此范围内。当两者相速相同时，则要发生强耦合而不能工作。因此，TE 模和 TM 模表面波和微带线准 TEM 波产生强耦合时（亦即相速相同时）的频率若记为 f_{TE} 和 f_{TM}，应令微带线工作频率低于 f_{TE} 和 f_{TM}，以避免产生强耦合，否则微带线有可能不工作于 TEM 模，工作状况将完全破坏。当工作于毫米波时，此种情况易于发生，故毫米波的微带电路常采用介电常数较低的石英作为基片材料，并选择较小的介质板厚度，尽量减小各种高次模的截止波长，提高强耦合频率 f_{TE} 和 f_{TM}，以保证正常工作。

3.7.3　微带线的色散

波速随频率变化而变化的现象称为波的色散，TE 波和 TM 波的相速和群速均是频率的函数，因而它们是色散波；而 TEM 波的相速和群速均与频率无关，故为非色散波。传输 TE 波和 TM 波的波导系统称为色散波传输线，传输 TEM 波的波导系统称为非色散波传输线。

由于波的色散效应，波群的形状在传输过程中将发生畸变。频带愈宽，畸变愈显著。当传输窄脉冲波时，由于脉冲的频谱很宽，就应采取减小色散影响的措施，例如，选用无色散的微波传输线等。

微带线是部分填充介质的双导体传输线，因此线上传输的主模并非完全的 TEM 波，通常称为准 TEM 波。准 TEM 波的纵向场分量并不等于零，这是因为微带线除介质与导体的边界之外还有不同介质的边界，所以微带线传输波型必须同时满足导体边界和介质边界两类边界条件。分析表明，为了满足微带线的两类边界条件，纵向场分量 E_z、H_z 都不为零。因此微带线实际传输的是电波和磁波的混合波，记作 EH 波。确切地说，微带线传输的是 EH 色散波。但是，当微带线传输电磁波的频率变得很低时，混合波的纵向场分量很小，色散很弱，此时传输波型很接近 TEM 波，这就是称为准 TEM 波的原因。

随着频率的提高，准 TEM 波中纵向电磁分量随之增大，这时按 TEM 波分析得到的微带参量与实测结果之间的差距越来越大。当微带线的几何尺寸等于或大于 1/4 波长或半波长时，准 TEM 波将有明显的色散特性。

3.8 其他类型的微波传输线

在现代微波工程中，为了满足微波传输系统性能的某些需求，需要不断探索和研究具有特殊截面形状的各种新型波导。

1. 脊波导

脊波导分双脊波导和单脊波导，如图 3-8-1 所示。它可看作由矩形波导将宽壁弯折而成，其中的电磁场模式与矩形波导的模式相似，实际上电磁波的截止状态是一个渐变的过程。只是在脊棱附近由于边缘效应使场分布受到扰动。脊波导的主要参数有：截止波长、主模工作带宽、特性阻抗和功率容量。

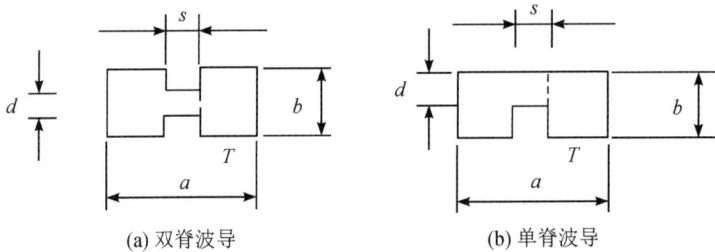

(a) 双脊波导   (b) 单脊波导

图 3-8-1 脊波导的横截面

脊波导具有低主模截止频率、宽频带和低阻抗特性，广泛应用于雷达工程。与相同尺寸的矩形波导比较，脊波导的主要优点是：主模 TM_{10} 波的截止波长较长，对于相同的工作波长，波导尺寸可以缩小；TM_{10} 模和其他高次模截止波长相隔较远，因此单模工作频带较宽，可以达到数个倍频程；等效阻抗较低，因此易与低阻抗的同轴线及微带线匹配；但脊波导承受功率比同尺寸的矩形波导低，主要是因为脊的存在减小了波导的功率容量。图 3-8-2 所示为双脊波导实物图。

图 3-8-2 双脊波导实物图

2. 介质波导

介质波导可以工作在厘米波、毫米波、亚毫米波的微波高频段，也可以工作在红外线与可见光波段，常用的有平面介质波导和圆柱形介质波导（光纤），当用于光波段时称为平面光波导和光纤。它是开放型波导，纵向传播的波是表面波，所以也常称为表面波波导；它是集成了光学系统及其元件的基本结构单元，主要起限制、传输、耦合光波的作用。

集成光学中主要考虑的是平面介质波导。最简单的平面介质波导由薄膜、衬底、覆盖三层平面介质构成，其折射率是不相同的。如薄膜厚度与光波波长在同一数量级，光波在这种波导中传播时只是在厚度方向上受限制，称二维波导。如薄膜在宽度方向上尺寸也可与波长相比拟时，则光传播时受到两个方向上的限制，称条形波导或三维波导。

无论是平面型介质波导还是圆介质波导，它们的电磁场主要集中于芯区，但并非封闭在芯区，在包层、衬底和覆盖层中也存在电磁场。该电磁场紧贴着芯区，沿芯区的外法线方向是呈指数式衰减的，它的波数满足 $k_c^2 < 0$。

3. 槽线

槽线是在高介电常数的介质基片的一面金属敷层上刻一条窄槽，而在另一面没有导体层覆盖，又称微波槽线。槽线中电磁场主要集中在槽口附近的介质基片中。

在多种平面传输线中，按其流行程度而言，槽线可能是排列在微带线和带状线之后的下一个。槽线的形状如图 3 - 8 - 3 所示。它由位于介质基片一侧的接地导体面上的一条细缝构成。因此，和微带线相同，槽线的两块导体导致了准 TEM 类型的模。改变槽的宽度可以改变槽线的特征阻抗。

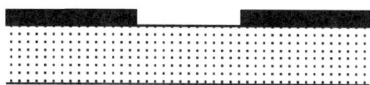

图 3 - 8 - 3　槽线的形状

4. 共面波导

共面波导可以看作槽线的一种，其槽中央具有第三条导体。它是在介质基片的一面制作出三条导体带，包括中心导带和邻近的两侧导带（接地板），而在介质基片的另一侧没有导体覆盖层。共面波导的形状如图 3 - 8 - 4 所示。

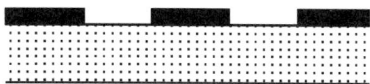

图 3 - 8 - 4　共面波导的形状

由于中心导带的存在，这种类型的传输线可以支持偶或奇的准 TEM 模，这取决于两槽之间的电场是反向的还是同向的。因为存在中心导体及接地平面间的封闭区域，所以共面波导对于加工制造有源电路特别有用。

5. 覆盖微带线

尽管基本微带线可能有多种变体，但最常见的是覆盖微带线，其形状如图 3 - 8 - 5 所示。金属覆盖板常常用来作为电屏蔽和微带电路的机械保护，因此总是置于离电路中几个基片厚度较远的地方。然而，覆盖板的存在可能干扰电路的工作，因此在设计时必须考虑覆盖板的影响，有时在板壁涂上吸波材料以减小影响。

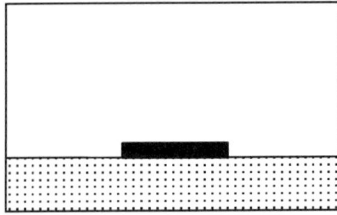

图 3-8-5 覆盖微带线的形状

3.9 微波集成电路

本节内容将简要地介绍微波集成电路的发展。

1. 微波和毫米波的频段

目前，通信、雷达、导航、测控等系统飞速发展，在这些领域，射频/微波频段具有很大的发展潜力，是未来许多应用中富有成效的资源。

如前所述，一般认为射频的范围大体限定在 10 kHz～100 GHz，微波频段为 300 MHz～3000 GHz，在此频段内的信号波长为 1 m(f 为 300 MHz)～0.1 mm(f 为 3000 GHz)。通常把从 30 GHz(λ 为 10 mm)～300 GHz(λ 为 1 mm)的频率范围特称为毫米波。

电气电子工程师学会(IEEE)提出了在电子学工业方面最常用的微波频带，如表 3-9-1所示。表中 Ka 频段到 G 频段是毫米波波段。

表 3-9-1 IEEE 和工业用微波波段的定义

频段名称	频率范围/GHz	频带名称	频率范围/GHz
L	1.0～2.0	U(毫米波)	40.0～60.0
S	2.0～4.0	V(毫米波)	50.0～75.0
C	4.0～8.0	E(毫米波)	60.0～90.0
X	8.0～12.0	W(毫米波)	75.0～110.0
Ku	12.0～18.0	F(毫米波)	90.0～140.0
K	18.0～26.5	D(毫米波)	110.0～170.0
Ka(毫米波)	26.5～40.0	G(毫米波)	140.0～220.0
Q(毫米波)	33.0～50.0		

2. 微波电路的设计考虑

众所周知，当电信号通过导体时就产生了电磁波。当信号频率高于最高的音频频率（约为 $15\sim20$ kHz）时，电磁波就开始向外辐射能量。当频率高于数百兆赫兹时，辐射变得非常强，通常把这个频段的电磁波称为射频（RF）或微波（MW）。

如果设计相应的低频电路，或射频/微波电路，要区别考虑，采用合适的电路设计。

如果是低射频电路设计，可以忽略其电波传播效应，即可以忽略信号的传播时延，并且所有电路中的元件可以认为是集总的。设计过程包含 3 个步骤：选择合适的器件，进行直流设计以确定合适的静态工作点；基于这个直流工作点，通过测量或计算得到交流小信号参数；设计匹配电路使器件与外界连接。

如果是进行射频和微波电路设计，则不能忽略电波传播效应。需采用麦克斯韦方程提出的电磁波传播原理，电路的物理长度要与信号的波长可比拟，而且不可忽略信号传播时延。除此之外，微波电路设计与上述低频电路设计过程相似。在整个过程中都要考虑稳定性、增益和噪声等。

3. 微波/毫米波集成电路的发展

微波电路在 20 世纪 40 年代至 50 年代的雷达中已开始出现了。从 20 世纪 50 年代后期至 60 年代，半导体器件投入电路应用中，微波电路继而又由分立元件晶体管电路迈向集成电路，电子设备在小型化和轻量化方面跨出实质性的一步。从 20 世纪 60 年代后期起，微波集成技术开始兴起，由混合微波集成电路（HMIC）发展到单片微波集成电路（MMIC），将器件和电路集成于同一芯片上。从 20 世纪 90 年代起，硅微波单片集成电路再次得到发展。20 世纪 90 年代推出了系统芯片（System on Chip，SoC），允许将整个电子系统的各个部分整体性集成于一块芯片内，集成度达到一定水平。进入 21 世纪后，一项新的技术试图解决存在问题，即系统封装（System in Package，SiP），它在三维微波集成电路及多芯片组件（Multi-Chip Podule，MCM）基础上产生，即同样采用多层布线结构，实现了系统集成。其集成度虽逊于系统芯片，但可行性较强，整体系统也比较紧凑，代表了微波集成技术的新方向。

随着微电子技术的不断发展，对电子系统的重量、体积、性价比的要求越来越高。因此，通信、雷达、导航等电子系统的微波/毫米波集成电路也是向着短、小、轻、薄，以及高性能、高可靠性、低成本批量生产的方向迅速发展。目前，国外武器装备的微波毫米波弹载、星载和部分机载系统基本采用微波毫米波集成电路技术，而且微波毫米波频段的开关、混频器和放大器等已有单片电路产品提供。

如前所述，微波毫米波集成电路一直沿着初期波导立体电路—混合集成电路—单片集成电路—多芯片组件（MCM）这一趋势向前发展。几十年前，采用混合微波集成电路（HMIC）实现微波毫米波系统的技术已趋于成熟。尤其是随着单片微波集成电路（MMIC）技术的发展，集成度及可靠性得到进一步提高。但对于有些集成度要求高的系统，HMIC技术已不能满足要求。

目前复杂的系统级集成还无法用一个单一的 MMIC 单片实现，主要是滤波器、大电容电感、双工器等无源元件的集成化、小型化始终是一个难点；这大大制约了微波/毫米波系统的发展。而 20 世纪 70 年代出现、90 年代获得迅速发展起来的多芯片组件技术为解决以上问题提供了一个有效的途径。多芯片组件(MCM)技术是一种先进微电子组装技术，也是军用电子元器件与整机系统之间的一种先进接口技术。相对于单芯片封装而言，MCM 是直接把多个裸芯片通过键合等安装手段安装在高密度互连基板上，层与层之间的金属线条(导带)通过层间通孔连接，然后封装在同一外壳内。MCM 技术是继混合电路、ASIC、表面安装技术(SMT)之后，于 20 世纪末发展起来的一种新型电路形式。它与传统的混合集成电路的主要区别是：MCM 采用"多块裸芯片"与"多层布线基板"，并实现"高密度互连"。它也是典型的高技术产品，被美国列为军工六大关键技术之一。目前，MCM 技术发展集中于T/R 组件、子系统的研制，主要应用于卫星、电子对抗、雷达及精确制导的各个领域。

低温共烧陶瓷(Low Te mperatuer Co-fired Ceramic，LTCC)技术是 MCM 技术中最有发展前途的一种技术，因其在微波/毫米波频段表现出优异的性能，已经成为微波/毫米波高密度集成技术研究发展的热点。

微波集成电路技术的发展迄今已有几十年时间，其应用已遍及军用和民用诸多领域，在多种高新技术产品中都可发现其踪影，目前甚至已和每一个人息息相关。微波集成电路技术的发展关联到多种学科，包括半导体物理和器件、集成电路技术、应用数学和计算数学、电磁场分析和计算方法、网络理论、通信科学、材料科学、计算机科学等。数十年间，微波集成领域在技术上经历多次升级换代，并在多个方面产生突破和创新，在理论分析和设计方法方面也不断提升、突破，并逐渐和电子计算机应用紧密结合起来，取得了长足的进展。

本 章 小 结

本章主要研究的是微波系统中的金属波导。学习要求：理解波导系统的概念；会运用电磁场理论对理想波导系统进行分析，理解横向场量和纵向场量的物理含义；讨论 TEM 波、TE 波和 TM 波，掌握理想波导系统的传输特性；理解矩形波导是色散传输线，矩形波导中各个模式场量的物理意义，掌握其主模的场分布和壁电流分布，掌握主模以及几个常用模式的传输特性；了解圆波导的分析方法，理解圆波导中三个常用模式的场结构、传输特性以及应用；了解同轴线的结构、传输特性和应用；了解带状线、微带线等平面传输线的结构、传输特性和应用。简要说明了微波集成电路的发展。

习 题

3-1 电磁波的波型有哪几种，从纵向场分量角度考虑，它是如何划分的？

3-2 什么是波导的模？

3-3　什么是相速、相波长和群速？相对于 TE 波、TM 波和 TEM 波，它们的相速、相波长和群速有何不同？

3-4　何谓波的色散？产生色散的原因是什么？色散会产生什么样的影响？

3-5　矩形波导传输模的相速 v_p、群速 v_g 及相波长 λ_p 分别与哪些因素有关。

3-6　矩形波导中的波型如何标记？波型指数 m 和 n 的物理意义如何？矩形波导中不存在哪些波型？

3-7　圆波导常用的三种模式是什么？简要说出它们的典型应用。

3-8　何谓波导的简并波？矩形波导的简并？圆波导中的简并有何异同？

3-9　一个空气填充的矩形波导，要求只传输 TE_{10} 模，信号源的频率为 10 GHz，试确定波导的尺寸、相速 v_p、群速 v_g 及相波长 λ_p。

3-10　空气填充的矩形波导，其尺寸为 $a \times b = 109.2$ mm $\times 54.6$ mm，当工作频率为 5 GHz 时，此波导能传输哪些波型？

3-11　用 BJ-100 型矩形波导传输 TE_{10} 模，终端负载与波导不匹配，测得波导中相邻两个电场波节点距离为 19.88 mm，求工作波长。

3-12　矩形波导传输的电磁波的工作频率分别为 37.5 GHz 和 9.375 GHz，请问选择什么样的尺寸，才能保证 TE_{10} 单模传输？

3-13　用 BJ-100 型矩形波导传输的电磁波的工作波长分别为 1.5 cm、3 cm 和 5 cm 时，波导中可能出现哪些波型？

3-14　空气填充的矩形波导，其尺寸为 $a \times b = 72.14$ mm $\times 34.04$ mm，工作频率为 6 GHz，波导内可能存在哪几种波型？

3-15　要求圆波导只传输 TE_{11} 模，信号工作波长为 5 cm，圆波导半径应取何值？

3-16　描述 TE_{10} 波的场结构特性。

3-17　同轴线的结构？主模是什么？

3-18　带状线的结构？主模是什么？

3-19　微带线的结构？并说明微带线的主模。

3-20　微波集成电路领域的名词解释：HMIC，MMIC，MCM，LTCC。

第4章 微波网络基础

【本章导读】

本章的研究对象是微波元件，所采用的方法是微波等效电路法。其基本关系是：将微波传输线或均匀波导的传输模式等效为平行双线，将微波元件等效为微波网络(4.1节、4.2节)。本章重点介绍了二端口微波网络的参量矩阵(4.3节)、微波网络参量的性质(4.4节)、微波网络的参考面(4.5节)，以及四种基本电路单元的网络参量(4.6节)，然后介绍了二端口微波网络的常用组合方式(4.7节)，最后介绍了常用二端口微波网络的工作特性参量(4.8节)。

4.1 概　述

典型的微波系统由信号源、负载、传输线和微波元件等组成，如图 4-1-1 所示。

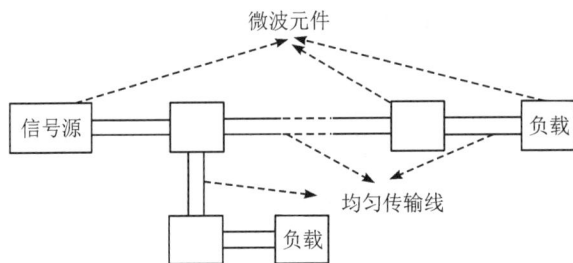

图 4-1-1　典型微波系统组成图

前面讲述的微波传输线理论，都是指均匀传输线，其横截面形状和尺寸沿轴线方向保持不变。但是，微波系统并不仅由规则的均匀传输线组成，实际情况要复杂得多。

典型微波系统一般由下面几部分组成：

(1) 微波系统中能激励电磁波的区段，称为信号源，例如微波雷达系统的发射机。

(2) 微波系统中能吸收电磁波的区段，称为负载，例如微波雷达系统的天线的辐射器。

(3) 微波系统中不均匀区段，称为微波元(器)件，用来控制电磁波的波型、极化、振幅、相位或谐振频率，例如隔离器、定向耦合器、衰减器、功分器、滤波器和混频器等。

(4) 微波系统中连接上述三种区段的部分，称为均匀传输线，例如微波雷达系统的波导、波导馈线等。

按微波元件的功能分类，微波网络可以分为以下几类。

（1）阻抗匹配网络，例如调配器、宽带阻抗变换器及渐变线等。

（2）功率分配网络，例如定向耦合器、功分器等。

（3）滤波网络，例如各种形式的低通、高通、带通及带阻滤波器等。

（4）波型变换网络，例如各种类型的转接器和变换器。

微波系统主要研究信号和能量两大问题。信号问题主要是研究幅频和相频特性等；能量问题主要是研究能量如何有效地传输。关于均匀系统中的信号问题和能量传输问题，前文已经系统地论述过。各种 TEM 波传输线、波导都属于微波系统的"均匀区"，即指沿轴向均匀。

微波元件可形成微波系统的"不均匀区"。在"不均匀区"介入系统后，由于边界条件变得异常复杂，因此不仅会出现主模式的反射，还将产生许多高次模。"不均匀区"是指其边界条件或工作状态与传输系统的均匀部分存在差异，不出现某种特定的均匀变化的区域。对于这类问题，原则上仍可采用场的方法分析，即把不均匀区和与之相连的均匀传输线作为一个整体，按给定的边界条件求解麦克斯韦方程。它不仅可以给出均匀区（远离不均匀性）电磁波的相对幅度和相位关系，而且可以给出不均匀区与其附近的复杂场分布，这当然是一种严格的理论分析方法。但是，即使对于最简单的波导不均匀区，上述的严格场解也是非常复杂的；即使求出解来，其结果也很烦琐。因此，这种方法不满足工程设计需要。工程上要求一种简便易行的分析方法，微波网络方法可以满足此要求。

微波网络方法具有下述优点：如果得到了波导和微波元件的等效电路参量和网络参量，就可以用基于电压、电流、阻抗、网络参量等概念的传输线理论和低频网络理论来分析和处理微波系统。

本章将讨论如何用微波网络原理来解决微波系统分析问题，微波网络方法的基本特性以及利用它来研究微波电路的方法。由于矩阵运算是网络方法的有效工具，学习前应掌握矩阵知识。

4.2 微波网络等效电路

微波网络理论是在低频网络理论的基础上发展起来的。许多适用于低频电路分析的方法和特性，对微波电路分析也同样适用。实际上，低频电路分析是微波电路分析的一个特殊情况。微波电路应用微波网络理论需要注意以下几点：

（1）画出的等效网络及其参量是对某一工作模式而言的，不同模式有不同的等效网络结构和参量。这个问题在低频网络中是不存在的，因为那时实际上只有一种工作模式——TEM 波。

（2）用电压、电流作为网络端口物理量时，需要明确它们的定义，因为对于波导来说，电压和电流是一个等效概念而且并非单值的，这也是与低频电路不相同之处。

（3）需要确定网络的参考面。参考面应当这样来选取，它必须选在均匀传输线段上，距离不均匀处足够远，使不均匀处激起的高次模衰减到此处时已足够小，此时高次模对工作模式只相当于引入一个电抗值，可计入网络参量之内。而低频网络没有参考面选择这一问题。

（4）微波中的网络及其参量只对一定频段范围适用，超出这一范围将要失效。因为在微波技术中对于同一实物结构，频率大范围变化时，其电磁特性除有量变外，还会有质变（如感性变容性或反之），频响特性也会不断重复出现。

微波等效电路的基本等效关系是：将各种均匀微波传输线的传输模式等效为平行双线；将各种微波元件等效为网络。下面分别就这两方面问题进行讨论。

4.2.1 均匀波导等效为平行双线

这里的波导是指广义上的波导，即所有用来引导电磁波的物质结构，包括平行双线、同轴线、矩形波导、圆波导、带状线、微带线、介质波导等。

首先解决如何将波导传输线等效为平行双线的问题。

均匀波导中可以传输多个模式，在微波等效电路中，每一种模式均可以等效为双导线。

如图 4-2-1 所示，用横向电场、横向磁场表示波导中某传输模式的横向电场和横向磁场，用 U、I 表示对应等效平行双线的等效电压和等效电流。将波导模式等效为平行双线的目的，就是由已知波导模式的电磁场分布情况导出与其等效的平行双线的等效电压、电流、阻抗等参量，然后利用传输线理论来研究波导中导行波的轴向传播特性和反射特性。

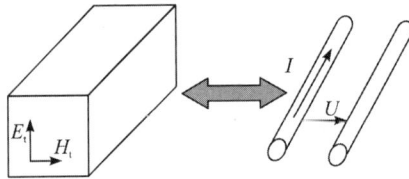

图 4-2-1 波导等效为平行双线

等效电压、等效电流与具体的波导模式有关。波导模式不同，得到的等效电压、等效电流也不同。为此，等效电压和等效电流又称为模式电压和模式电流。

在微波技术中，可以直接测量的基本参量之一是功率，而特性阻抗、相移常数是反映无耗传输线传播特性的基本参量，所以建立等效关系的基本原则就是根据波导模式的场特性，确定等效平行双线对应的传输功率、特性阻抗和相移常数。

1. 功率关系与等效电压、等效电流

建立波导模式的等效电路模型，要使以等效电压、等效电流表示的沿波导轴向的传输功率与被等效的波导模式场所携带的轴向传输功率相等。

根据波导模式和与其等效的平行双线的传输功率应相等的原则，建立波导模式横向电场、横向磁场与等效电压、等效电流的对应关系。

2. 阻抗的不确定性和等效特性阻抗

建立波导模式等效平行双线，还要确定等效平行双线的等效特性阻抗。仅由传输功率相等的条件并不能唯一地确定等效电压和等效电流，存在着阻抗不确定性。例如，只根据是否满足传输功率相等和归一化条件来判断，$\dot{U}'(z)$、$\dot{I}'(z)$ 同样可以分别作为对应 $\dot{E}_t$、$\dot{H}_t$ 的等效电压、等效电流。

可以看到，当矢量模式函数满足归一化条件时，尽管能将波导等效为平行双线，但是所定义的等效电压和等效电流并不是唯一确定的,从而根据等效电压、等效电流定义的阻抗也存在着不确定性。为了消除阻抗的不确定性,基准电场 e_t、基准磁场 h_t 除满足由传输功率相等所确定的归一化条件式外,还必须增加另外的约束条件,即横向电场和横向磁场之比应该等于对应模式的波阻抗,等效电压和等效电流之比应该等于等效平行双线对应的特性阻抗。

上述分析表明,根据传输功率相等关系,选用波导的唯一等效特性阻抗后,波导模式等效的平行双线的等效电压、等效电流、等效阻抗均唯一确定。

为了定义任意截面沿 z 方向单模传输的均匀波导参考面上的等效电压和等效电流,一般作如下规定:

(1) 等效电压 U 正比于横向电场 E_t,等效电流 I 正比于横向磁场 H_t。

(2) 等效电压和等效电流的共轭乘积的实部应等于平均传输功率。

(3) 等效电压和等效电流比应等于对应的等效阻抗值 $Z(z)=U(z)/I(z)$。

原则上,根据各种模式的横向电场与横向磁场可以导出相应的等效电压和等效电流。但要注意规定(3)中的阻抗具有任意性,对于横截面尺寸不变的矩形波导来说,用 TE_{10} 模的波阻抗作为等效平行双线的模式特性阻抗比较合适。

可以证明,由上面规定导出的等效电压和等效电流一定满足传输线方程。等效平行双线的特性阻抗 Z_0 即为波阻抗 η_{TE},等效平行双线的相移常数 β 即为波导内电磁波的相移常数。

3. 等效平行双线的相移常数(即波导内电磁波的相移常数)

(1) 对于非色散模式,如 TEM 波,相移常数为 $\beta=k=\omega\sqrt{\mu\varepsilon}=k_0\sqrt{\mu_r\varepsilon_r}$,式中,$k_0=2\pi/\lambda_0$ 为自由空间波数,λ_0 为自由空间波长,ε、μ 分别为传输线中填充媒质的介电常数和磁导率。特性阻抗、电压、电流对于无色散 TEM 波传输线来说有明确意义,可以应用传输线理论求得。

(2) 对于色散波模式,如 TE 波和 TM 波,相移常数为 $\beta=\sqrt{k^2-k_c^2}=k_0\sqrt{\mu_r\varepsilon_r-(\lambda_0/\lambda_c)^2}$,式中,$\lambda_c$ 为截止波长。由于色散波的电压、电流失去了原有物理意义,不存在确定的特性阻抗,可以采用前面所提到的方法确定等效平行双线的特性阻抗。

4.2.2　微波元件等效为微波网络

微波元件对电磁波的控制作用是通过微波元件内部的不均匀区和填充媒质的特性来实现的。

1. 场量等效为电路量

一个二端口微波网络的示意如图 4-2-2。其中,图(a)是微波网络的实际图,图(b)是等效电路图。该微波网络由理想导体包围且有两个端口,端口均连接均匀波导,微波网络与外部功率交换只能通过各分支波导进行,各分支波导均符合单模传输条件,且如前所述可等效为平行双线。

讨论微波网络必须先确定参考面。参考面的位置原则上是可以任意选择的,如图 4-2-2 所示的 T_1、T_2 面,但由于所选择的参考面位置不同,网络的参量也就不同,所以参考面一经选定之后就不能再随意改变。

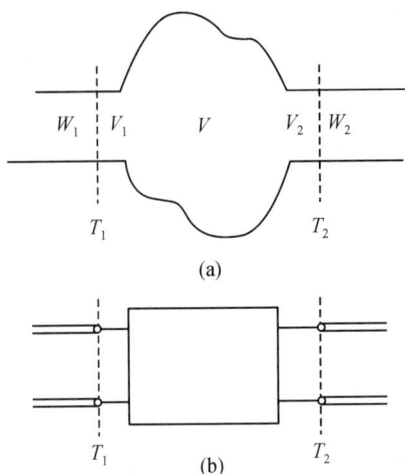

图 4-2-2 二端口微波网络

选择参考面时应注意：

（1）传输线单模传输时，参考面上只考虑主模场强。参考面应选择在不连续激励引起的高次模截止场影响范围之外。需要判定选择是否会影响主模的传输特性。

（2）参考面必须与微波传输方向垂直，使场的横向分量与参考面共面，而与之对应的电压、电流都有确切的表示。

（3）对于如图 4-2-2 所示的微波网络，仅在各参考面处有电磁功率输入或输出，封闭面的其他区域可视为理想导体，切向电场为零。

2. 等效依据

用"路"的方法分析微波元件，首先是将微波元件抽象成传输线中的不连续性模型，而不连续性则等效为微波网络，等效的依据之一是电磁场的唯一性原理。

1）电磁场的唯一性原理

对于任何一个被封闭曲面包围着的无源场，若给定曲面上的切向电场（或切向磁场），则闭合曲面内部的电磁场是唯一确定的。

由于不连续性的边界条件是理想导体及网络参考面，参考面上的模式电压和模式电流是正比于横向电场和横向磁场幅度的函数，所以如果参考面上的电流 I_1、I_2、$\cdots$、I_n 确定了，则这些参考面上的电压 U_1、U_2、$\cdots$、U_n 也都完全确定了，反之亦然。

2）线性叠加原理

若不连续性区域填充线性媒质，即媒质特性参量 μ、ε、σ 均与场强无关，则描述网络内部电磁场的麦克斯韦方程是线性微分方程组，常量满足叠加性质。无论不连续性如何复杂，各参考面上的场量之间呈线性关系，与之对应的电压、电流之间也呈线性关系。

对于线性网络，可以用叠加原理。根据叠加原理，各端口参考面上同时有电流作用时，任一参考面上的电压为各参考面上的电流单独作用时响应电压的叠加。同理，如果各个参考面上同时有电压作用，则每个端口参考面上的电流等于各个电压单独作用时响应电流的叠加。

由此可见，任何一个系统的不均匀性问题都可以用网络的观点来解决，网络的特性可以用网络参量来描述。

综上，任何一个微波系统包括微波传输线和微波元件两大部分。均匀传输线可等效为平行双线，得到相移常数和特性阻抗，即可确定传播特性。具体的非均匀的微波元件可等效为微波网络，得到元件的阻抗、导纳、转移、散射和传输参量，即可确定变换特性。进一步表示出归一化参量，应用长线理论或史密斯圆图就可以进行工程分析和实现。因此，利用微波网络理论，可对复杂微波系统进行深入分析研究。

（1）不同的微带电路元件都可表示成微波网络形式，即可借联立方程形式将一部分引出口参量表示成与另一部分引出口参量的关系。引出口参量有电压、电流、内向波电压、外向波电压等，其中网络参量决定于微带电路内部的元件参数及其排列。同时由于微波网络本身的特点，网络参量还与传输线的场型、参考面以及电路结构密切相关。

（2）常用的微波网络形式有阻抗矩阵、导纳矩阵、转移矩阵及散射矩阵。阻抗矩阵和导纳矩阵最易直观地和集总参数电路相联系；转移矩阵便于级联运算；散射矩阵常用在微波电路的分析中。

（3）利用微波网络的参量可以确定微波电路元件的工作特性参量，如电压传输系数、插入衰减量、插入驻波比、相移等。根据矩阵运算规则，可以计算各种复杂微带电路元件的工作特性参量；反过来，也可根据对工作特性参量的要求来设计微带电路元件。

（4）微波元件的使用主要决定于其网络参量，也就是说，既取决于其内部电路结构，又和其外部的端口条件有关，两者应结合起来考虑。

4.3　微波网络参量矩阵

前面已经提到，可以将电路的各种网络的联立方程表达式变成矩阵形式，以便于运算。本节主要讨论无源线性可逆网络的网络参量矩阵。表征微波网络的参量矩阵有两类：一类是反映网络参考面上端口的电压与电流之间关系的参量，包括阻抗矩阵 Z、导纳矩阵 Y 和转移矩阵 A；另一类是反映参考面上入射波电压与反射波电压之间关系的参量，包括散射矩阵 S 和传输矩阵 T。

下面分别介绍几种常用的矩阵形式。

4.3.1　阻抗矩阵

在求参量矩阵之前，必须对电压、电流的正方向作出规定。这里规定二端口等效网络的电压、电流正方向如图 4-3-1 所示。当电压正方向规定好后，电流的正方向规定为从电压正端的导线流入网络。若规定与此不同，则注意网络参量的符号也将改变。

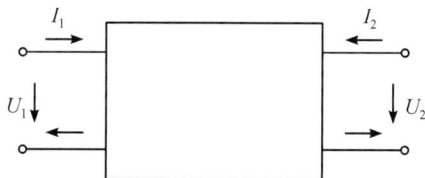

图 4-3-1　电压、电流正方向的规定

根据电路理论，可求得二端口网络的 U_1 和 U_2：

$$U_1 = Z_{11}I_1 + Z_{12}I_2$$
$$U_2 = Z_{21}I_1 + Z_{22}I_2$$

写成阻抗矩阵为

$$\begin{bmatrix} U_1 \\ U_2 \end{bmatrix} = \begin{bmatrix} Z_{11} & Z_{12} \\ Z_{21} & Z_{22} \end{bmatrix} \cdot \begin{bmatrix} I_1 \\ I_2 \end{bmatrix} \tag{4-3-1}$$

其中，四个网络参量各可根据相应的联立方程来定义。

此阻抗矩阵又可简记为

$$U = ZI \tag{4-3-2}$$

式中，U 和 I 分别为电压和电流的列矩阵，Z 为

$$Z = \begin{bmatrix} Z_{11} & Z_{12} \\ Z_{21} & Z_{22} \end{bmatrix}$$

Z 称为阻抗矩阵，这是一个 2×2 方阵。阻抗元素仅由网络本身所决定，而与端口所加的电压和电流无关。

各阻抗元素的物理意义如下：

(1) $Z_{11} = \dfrac{U_1}{I_1}\bigg|_{I_2=0}$，表示 2 端口开路时，从 1 端口向网络看进去的输入阻抗，为 1 端口自阻抗；

(2) $Z_{21} = \dfrac{U_2}{I_1}\bigg|_{I_2=0}$，表示 2 端口开路时，2 端口电压和 1 端口电流之比，即 1 端口与 2 端口之间的互阻抗(转移阻抗)；

(3) $Z_{12} = \dfrac{U_1}{I_2}\bigg|_{I_1=0}$，表示 1 端口开路时，1 端口电压和 2 端口电流之比值，即 2 端口与 1 端口之间的互阻抗(转移阻抗)；

(4) $Z_{22} = \dfrac{U_2}{I_2}\bigg|_{I_1=0}$，表示 1 端口开路时，从 2 端口向网络看进去的输入阻抗，为 2 端口自阻抗。

在微波情况下，由于传输线的特性阻抗具有重要意义，一般均以特性阻抗的相对值来判别电路匹配的程度。这样得出的矩阵参量称为归一化参量，矩阵称为归一化矩阵。为此，应首先将各引出端的电压、电流变换成归一化量。以二端口网络为例，参考面外接传输线的特性阻抗各为 Z_{10} 和 Z_{20} 时，则归一化电压、电流按下式定义：

$$u_1 = \frac{U_1}{\sqrt{Z_{10}}} \tag{4-3-3}$$

$$u_2 = \frac{U_2}{\sqrt{Z_{20}}} \tag{4-3-4}$$

$$i_1 = \sqrt{Z_{10}} \cdot I_1 \tag{4-3-5}$$

$$i_2 = \sqrt{Z_{20}} \cdot I_2 \tag{4-3-6}$$

其中,小写的符号均表示归一化量。则有

$$\frac{u_1}{i_1} = \frac{U_1}{I_1} \cdot \frac{1}{Z_{10}} \qquad (4-3-7)$$

$$\frac{u_2}{i_2} = \frac{U_2}{I_2} \cdot \frac{1}{Z_{20}} \qquad (4-3-8)$$

从而得到了阻抗的归一化。把归一化电压写成归一化电流的表示式,由此得到的阻抗矩阵即是归一化阻抗矩阵,以 $\tilde{Z}$ 表示,即

$$\tilde{U} = \tilde{Z} \cdot \tilde{I} \qquad (4-3-9)$$

由以上各式的定义,可得归一化阻抗矩阵的诸元素为

$$\begin{cases} \tilde{Z}_{11} = \dfrac{Z_{11}}{Z_{10}} \\ \tilde{Z}_{22} = \dfrac{Z_{22}}{Z_{20}} \\ \tilde{Z}_{12} = \dfrac{Z_{12}}{\sqrt{Z_{10}Z_{20}}} \\ \tilde{Z}_{21} = \dfrac{Z_{21}}{\sqrt{Z_{10}Z_{20}}} \end{cases} \qquad (4-3-10)$$

4.3.2　导纳矩阵

当网络特性用导纳参量描述时,参考图 4-3-1,各参考面上电流与电压之间的线性关系为

$$I_1 = Y_{11}U_1 + Y_{12}U_2$$
$$I_2 = Y_{21}U_1 + Y_{22}U_2 \qquad (4-3-11)$$

或写成矩阵方程形式

$$\begin{bmatrix} I_1 \\ I_2 \end{bmatrix} = \begin{bmatrix} Y_{11} & Y_{12} \\ Y_{21} & Y_{22} \end{bmatrix} \begin{bmatrix} U_1 \\ U_2 \end{bmatrix} \qquad (4-3-12)$$

简记为

$$I = YU \qquad (4-3-13)$$

式中,I 和 U 分别为电流和电压的列矩阵,Y 为

$$Y = \begin{bmatrix} Y_{11} & Y_{12} \\ Y_{21} & Y_{22} \end{bmatrix}$$

Y 称为导纳矩阵,这也是一个方阵。各矩阵元素的物理意义如下:

(1) $Y_{11} = \dfrac{I_1}{U_1}\Big|_{U_2=0}$,表示为 2 端口短路时,从 1 端口向网络看进去的自导纳,称为输入导纳;

(2) $Y_{21} = \dfrac{I_2}{U_1}\Big|_{U_2=0}$,表示为 2 端口短路时,1 端口与 2 端口之间的互导纳,称为转移导纳;

（3）$Y_{12} = \dfrac{I_1}{U_2}\Big|_{U_1=0}$，表示为 1 端口短路时，2 端口与 1 端口之间的互导纳，称为转移导纳；

（4）$Y_{22} = \dfrac{I_2}{U_2}\Big|_{U_1=0}$，表示为 1 端口短路时，从 2 端口向网络看进去的自导纳，称为输入导纳。

在网络分析中，究竟选用阻抗矩阵形式还是导纳矩阵形式，要看具体电路的特点，哪种解决问题较为方便就选哪种。

4.3.3 转移矩阵

在微波电路中，经常遇到由许多简单电路级联起来构成的复杂电路，这在滤波器、阻抗变换器、分支线定向耦合器等电路元件中经常碰到。为了解决此类问题，所用的矩阵形式就是转移矩阵（A 矩阵，或称 $ABCD$ 矩阵）。该矩阵只对二端口网络有意义，多利用其解二端口微波网络级联问题。

A 矩阵：根据电路理论，二端口网络的输入端电压、电流与输出端电压、电流之间的线性关系为

$$\begin{cases} U_1 = AU_2 + B(-I_2) \\ I_1 = CU_2 + D(-I_2) \end{cases} \qquad (4-3-14)$$

或写成矩阵方程形式

$$\begin{bmatrix} U_1 \\ I_1 \end{bmatrix} = \begin{bmatrix} A & B \\ C & D \end{bmatrix} \begin{bmatrix} U_2 \\ -I_2 \end{bmatrix} \qquad (4-3-15)$$

定义

$$A = \begin{bmatrix} A & B \\ C & D \end{bmatrix} \qquad (4-3-16)$$

A 为转移矩阵。该矩阵各元素的物理意义如下：

（1）$A = \dfrac{U_1}{U_2}\Big|_{I_2=0}$，表示 2 端口开路时，2 端口至 1 端口的电压传输系数；

（2）$B = -\dfrac{U_1}{I_2}\Big|_{U_2=0}$，表示 2 端口短路时，2 端口至 1 端口的转移阻抗；

（3）$C = \dfrac{I_1}{U_2}\Big|_{I_2=0}$，表示 2 端口开路时，2 端口至 1 端口的转移导纳；

（4）$D = -\dfrac{I_1}{I_2}\Big|_{U_2=0}$，表示 2 端口短路时，2 端口至 1 端口的电流传输系数。

2 端口的电流 I_2 前面有一负号，是因为电路级联时，把前级的输出电压、电流作为后级的输入电压、电流，如图 4-3-2 所示。规定所有电压、电流的正方向皆指向一个方向，但这样表示后，每一级输出端电流的方向(实际由网络外部指向网络内部)就和所规定的正方向相反。为了各种矩阵形式之间相互转换的方便，仍以规定的正方向为准，故在 A 的表达式中，应对输出电流加一个负号。

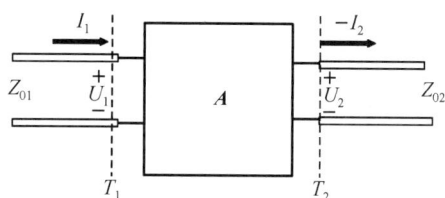

图 4-3-2　转移参量

相应的归一化转移参量方程为

$$\begin{cases} u_1 = \tilde{a} u_2 + \tilde{b}(-i_2) \\ i_1 = \tilde{c} u_2 + \tilde{d}(-i_2) \end{cases}$$

若 T_1 和 T_2 参考面外接传输线的特性阻抗分别为 Z_{c1} 和 Z_{c2}，则归一化转移矩阵为

$$\tilde{\boldsymbol{A}} = \begin{bmatrix} \tilde{a} & \tilde{b} \\ \tilde{c} & \tilde{d} \end{bmatrix} = \begin{bmatrix} A\sqrt{\dfrac{Z_{c2}}{Z_{c1}}} & \dfrac{B}{\sqrt{Z_{c1}Z_{c2}}} \\ C\sqrt{Z_{c1}Z_{c2}} & D\sqrt{\dfrac{Z_{c1}}{Z_{c2}}} \end{bmatrix}$$

该式反映了 $\boldsymbol{A}$ 矩阵的归一化参量和非归一化参量之间的关系。

通常 $Z_{c1} = Z_{c2} = Z_0$，此时其关系为

$$\tilde{\boldsymbol{A}} = \begin{bmatrix} A & \dfrac{B}{Z_0} \\ C \cdot Z_0 & D \end{bmatrix} \tag{4-3-17}$$

其中，B 具有阻抗量纲，C 具有导纳量纲，而 A、D 为无量纲值，经过归一化后元素则均为无量纲值。

4.3.4　散射矩阵

散射矩阵是微波网络中很常用的一种矩阵形式。二端口网络参考面 T_1 和 T_2 上的归一化进波电压和出波电压的方向如图 4-3-3 所示。图 4-3-3 表示一个多口的微波网络。

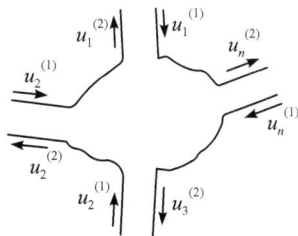

图 4-3-3　网络的内向波和外向波（$u_1^{(2)}$ 外向波，$u_1^{(1)}$ 内向波）

应用电路理论，其网络方程为

$$\tilde{U}_{r1} = S_{11}\tilde{U}_{i1} + S_{12}\tilde{U}_{i2}$$
$$\tilde{U}_{r2} = S_{21}\tilde{U}_{i1} + S_{22}\tilde{U}_{i2} \tag{4-3-18}$$

或写成矩阵形式为

$$\begin{bmatrix} \tilde{U}_{r1} \\ \tilde{U}_{r2} \end{bmatrix} = \begin{bmatrix} S_{11} & S_{12} \\ S_{21} & S_{22} \end{bmatrix} \begin{bmatrix} \tilde{U}_{i1} \\ \tilde{U}_{i2} \end{bmatrix} \qquad (4-3-19)$$

简记为

$$\tilde{\boldsymbol{U}}_r = \boldsymbol{S}\tilde{\boldsymbol{U}}_i$$

式中，$\boldsymbol{S}$ 表示网络的散射矩阵，$\boldsymbol{S}$ 为

$$\boldsymbol{S} = \begin{bmatrix} S_{11} & S_{12} \\ S_{21} & S_{22} \end{bmatrix}$$

$\boldsymbol{S}$ 各元素的物理意义如下：

(1) $S_{11} = \dfrac{\tilde{U}_{r1}}{\tilde{U}_{i1}}\bigg|_{\tilde{U}_{i2}=0}$，表示 2 端口接匹配负载时，1 端口的电压反射系数；

(2) $S_{12} = \dfrac{\tilde{U}_{r1}}{\tilde{U}_{i2}}\bigg|_{\tilde{U}_{i1}=0}$，表示 1 端口接匹配负载时，2 端口至 1 端口的电压传输系数；

(3) $S_{21} = \dfrac{\tilde{U}_{r2}}{\tilde{U}_{i1}}\bigg|_{\tilde{U}_{i2}=0}$，表示 2 端口接匹配负载时，1 端口至 2 端口的电压传输系数；

(4) $S_{22} = \dfrac{\tilde{U}_{r2}}{\tilde{U}_{i2}}\bigg|_{\tilde{U}_{i1}=0}$，表示 1 端口接匹配负载时，2 端口的电压反射系数。

这里每一个端口，可以是波导、同轴线、微带线的引出头，相当于低频电路中的两根线。在每一个端口上，有归一化的内向波电压和外向波电压，分别以符号 $u^{(1)}$ 和 $u^{(2)}$ 表示。前者表示进入网络的电压波，后者表示退出网络的电压波。这里把电流舍去不用是因为归一化电压内向波即等于归一化电流内向波，而归一化电压外向波与归一化电流外向波只差一个符号。

因此，S_{11} 的物理意义即其他所有口都接匹配负载时，在 1 端口向网络内部看进去的反射系数。S_{22}，S_{33}，…，S_{nn} 亦有类似的意义。

S_{21} 的物理意义为：除 1 端口以外，所有其他引出口都接匹配负载，此时的 2 端口外向波和 1 端口内向波之比。因 2 端口接匹配负载而无反射，故 $u_2^{(2)}$ 对其负载是无反射的行波，全部被负载所吸收。

S_{21} 的物理意义可认为是网络除 1 端口（接信号源）以外全部接匹配负载时，1 端口至 2 端口的传输系数或散射系数，这就是散射矩阵名称的由来。若是 N 端口网络，则其他 $S_{ij}(i \neq j)$ 和 S_{21} 有同样的意义。

值得一提的是，各种网络参量之间存在着相互关系，因此网络矩阵可以相互转换。例如，可用该方法推出二端口网络的 $\boldsymbol{S}$ 矩阵与 $\boldsymbol{A}$ 矩阵的关系为

$$\boldsymbol{S} = \frac{1}{A+B+C+D} \cdot \begin{bmatrix} (A+B)-(C+D) & 2 \\ 2 & (B+D)-(A+C) \end{bmatrix} \qquad (4-3-20)$$

由本节阐述可知，各种矩阵可以相互转换。表 4-3-1 给出了二端口网络各矩阵参量之间的转换关系，其中横行的矩阵参量以竖列的矩阵参量表示。这些矩阵之间的转换关系在以后的电路分析中将要用到。

第 4 章　微波网络基础

表 4 - 3 - 1　二端口网络各矩阵参量之间的转换关系

	Z	Y	A	S
Z	$\begin{bmatrix} Z_{11} & Z_{12} \\ Z_{21} & Z_{22} \end{bmatrix}$	$\dfrac{1}{\lvert Y \rvert}\cdot\begin{bmatrix} Y_{22} & -Y_{12} \\ -Y_{21} & Y_{11} \end{bmatrix}$	$\dfrac{1}{C}\cdot\begin{bmatrix} A & AD-BC \\ 1 & D \end{bmatrix}$	$\dfrac{1}{(1-S_{11})(1-S_{22})-S_{12}S_{21}}\cdot\begin{bmatrix} (1+S_{11})(1-S_{22})+S_{12}S_{21} & 2S_{12} \\ 2S_{21} & (1+S_{22})(1-S_{11})+S_{12}S_{21} \end{bmatrix}$
Y	$\dfrac{1}{\lvert Z \rvert}\cdot\begin{bmatrix} Z_{22} & -Z_{12} \\ -Z_{21} & Z_{11} \end{bmatrix}$	$\begin{bmatrix} Y_{11} & Y_{12} \\ Y_{21} & Y_{22} \end{bmatrix}$	$\dfrac{1}{B}\cdot\begin{bmatrix} D & BC-AD \\ -1 & A \end{bmatrix}$	$\dfrac{1}{(1+S_{11})(1+S_{22})-S_{12}S_{21}}\cdot\begin{bmatrix} (1-S_{11})(1+S_{22})+S_{12}S_{21} & -2S_{12} \\ -2S_{21} & (1+S_{11})(1-S_{22})+S_{12}S_{21} \end{bmatrix}$
A	$\dfrac{1}{Z_{21}}\cdot\begin{bmatrix} Z_{11} & Z_{11}Z_{22}-Z_{12}Z_{21} \\ 1 & Z_{22} \end{bmatrix}$	$\dfrac{1}{Y_{21}}\cdot\begin{bmatrix} -Y_{22} & -1 \\ Y_{12}Y_{21}-Y_{11}Y_{22} & -Y_{11} \end{bmatrix}$	$\begin{bmatrix} A & B \\ C & D \end{bmatrix}$	$A=\dfrac{1}{2S_{21}}\times[S_{12}S_{21}-(1+S_{11})(S_{22}-1)]$ $B=\dfrac{1}{2S_{21}}\times[(1+S_{11})(1+S_{22})-S_{12}S_{21}]$ $C=\dfrac{1}{2S_{21}}\times[(1-S_{11})(1-S_{22})-S_{12}S_{21}]$ $D=\dfrac{1}{2S_{21}}\times[(1-S_{11})(1+S_{22})+S_{12}S_{21}]$
S	$\dfrac{1}{(Z_{11}+1)(Z_{22}+1)-Z_{12}Z_{21}}\cdot\begin{bmatrix} (Z_{11}-1)(Z_{22}+1)-Z_{12}Z_{21} & 2Z_{12} \\ 2Z_{21} & (Z_{22}-1)(Z_{11}+1)-Z_{12}Z_{21} \end{bmatrix}$	$\dfrac{1}{(1+Y_{11})(1+Y_{22})-Y_{12}Y_{21}}\cdot\begin{bmatrix} (1-Y_{11})(1+Y_{22})+Y_{12}Y_{21} & -2Y_{12} \\ -2Y_{21} & (1+Y_{22})(1-Y_{11})+Y_{12}Y_{21} \end{bmatrix}$	$\dfrac{1}{A+B+C+D}\cdot\begin{bmatrix} (A+B)-(C+D) & 2(AD-BC) \\ 2 & (B+D)-(A+C) \end{bmatrix}$	$\begin{bmatrix} S_{11} & S_{12} \\ S_{21} & S_{22} \end{bmatrix}$

4.4 微波网络参量的性质

一个 n 端口网络需要用 n^2 个网络参量来描述。一般情况下，这 n^2 个网络参量是独立的，但是当网络具有某些特性，如互易、无耗、对称时，网络参量的独立参量个数将减少。

按网络特性分类，微波网络可分为以下几类。

(1) 线性与非线性微波网络。如果微波网络参考面上电压与电流呈线性关系，网络方程是一组线性代数方程，就称该微波网络为线性微波网络；反之称为非线性微波网络。

(2) 互易与非互易微波网络。如果不均匀区内填充的是各向同性媒质，则等效网络参考面上的场量称互易状态。大多数无源的非铁氧体微波元件均等效为互易微波网络，而铁氧体微波元件则等效为非互易微波网络。

(3) 无耗与有耗微波网络。如果不均匀区内填充的是无损耗媒质，且波导壁为理想导体，则网络的损耗功率为 0，流入网络的功率与流出网络的功率相等，这种网络称为无耗微波网络；反之，称为有耗微波网络。

(4) 对称与非对称微波网络。如果微波元件的结构具有对称性，其等效网络就称为对称微波网络；反之，称为非对称微波网络。

4.4.1 互易网络

若某器件内部不包含各向异性介质，则其等效网络为互易网络。如某 $\lambda/4$ 阻抗变换器，当内部所填充的介质均匀、各向同性时，其等效网络是互易的。互易网络的阻抗矩阵、导纳矩阵和散射矩阵均为对称矩阵，即

$$\boldsymbol{Z}^{\mathrm{T}} = \boldsymbol{Z} \tag{4-4-1}$$

$$\boldsymbol{Y}^{\mathrm{T}} = \boldsymbol{Y} \tag{4-4-2}$$

$$\boldsymbol{S}^{\mathrm{T}} = \boldsymbol{S} \tag{4-4-3}$$

以上各式也可表示为

$$Z_{ij} = Z_{ji}(i, j = 1, 2, 3, \cdots, n, i \neq j) \tag{4-4-4}$$

$$Y_{ij} = Y_{ji}(i, j = 1, 2, 3, \cdots, n, i \neq j) \tag{4-4-5}$$

$$S_{ij} = S_{ji}(i, j = 1, 2, 3, \cdots, n, i \neq j) \tag{4-4-6}$$

这一性质可以用电磁场理论的洛伦兹互易定理证明。

对于二端口网络

$$Z_{12} = Z_{21} \tag{4-4-7}$$

$$Y_{12} = Y_{21} \tag{4-4-8}$$

$$S_{12} = S_{21} \tag{4-4-9}$$

由式(4-3-17)和式(4-4-7)可以证明互易网络的转移矩阵的行列式值为 1，即

$$|\boldsymbol{A}| = AD - BC = 1 \tag{4-4-10}$$

4.4.2　无耗网络

若元件由理想导体($\sigma \to \infty$)构成，且元件内部填充的是理想介质($\sigma \to 0$)，则元件本身是无耗的，其等效网络为无耗网络。

无耗网络各端口输出功率之和等于输入到网络的总功率。由网络损耗功率 $P=0$，可以证明网络端口阻抗的实部为 0、各端口导纳实部为 0。即

$$\begin{cases} Z_{ij} = \mathrm{j}X_{ij} \\ Y_{ij} = \mathrm{j}B_{ij} \end{cases} (i,\ j=1,\ 2,\ 3,\ \cdots,\ n) \tag{4-4-11}$$

无耗网络的散射参量满足关系

$$\boldsymbol{S}^{\mathrm{T}}\boldsymbol{S}^{*} = \boldsymbol{I} \tag{4-4-12}$$

式中，$\boldsymbol{S}^{\mathrm{T}}$ 和 $\boldsymbol{S}^{*}$ 分别为 S 的转置矩阵和共轭矩阵；$\boldsymbol{I}$ 是单位矩阵。

若网络又具有互易性，即 $\boldsymbol{S}^{\mathrm{T}}=\boldsymbol{S}$，则互易无耗网络 S 参量满足

$$\begin{cases} \displaystyle\sum_{i=1}^{n} S_{ij}S_{ij}^{*} = 1 \ (j=1,\ 2,\ 3,\ \cdots,\ n) \\ \displaystyle\sum_{i=1}^{n} S_{ij}S_{ik}^{*} = 0 \ (k \neq j;\ k,\ j=1,\ 2,\ 3,\ \cdots,\ n) \end{cases} \tag{4-4-13}$$

下面通过二端口网络来进一步分析互易无耗网络的特性。对于二端口网络，无耗网络矩阵式(4-4-12)可写为

$$\begin{bmatrix} S_{11} & S_{12} \\ S_{21} & S_{22} \end{bmatrix} \begin{bmatrix} S_{11}^{*} & S_{12}^{*} \\ S_{21}^{*} & S_{22}^{*} \end{bmatrix} = \begin{bmatrix} 1 & 0 \\ 0 & 1 \end{bmatrix} \tag{4-4-14}$$

考虑互易网络矩阵特性 $S_{12}=S_{21}$，展开上式便得下列 4 个关系式：

$$\begin{cases} |S_{11}|^2 + |S_{12}|^2 = 1 \\ |S_{12}|^2 + |S_{22}|^2 = 1 \\ S_{11}S_{12}^{*} + S_{12}S_{22}^{*} = 0 \\ S_{12}S_{11}^{*} + S_{22}S_{12}^{*} = 0 \end{cases} \tag{4-4-15}$$

由式(4-4-15)可知，二端口互易无耗网络的 S 参量还有如下关系：

$$\begin{cases} |S_{11}| = |S_{12}| \\ |S_{12}| = \sqrt{1-|S_{11}|^2} \end{cases} \tag{4-4-16}$$

S 参量是复数，不仅有幅度，而且有相位。对于式(4-4-15)，令

$$S_{11} = |S_{11}|\mathrm{e}^{\mathrm{j}\theta_{11}},\ S_{12} = |S_{12}|\mathrm{e}^{\mathrm{j}\theta_{12}},\ S_{22} = |S_{22}|\mathrm{e}^{\mathrm{j}\theta_{22}}$$

则有

$$|S_{11}||S_{12}|\mathrm{e}^{\mathrm{j}(\theta_{11}-\theta_{12})} + |S_{12}||S_{22}|\mathrm{e}^{\mathrm{j}(\theta_{12}-\theta_{22})} = 0$$

考虑式(4-4-16)，则有

$$\theta_{11} - \theta_{12} = \theta_{12} - \theta_{22} \pm (2n+1)\pi$$

即

$$\theta_{12} = \frac{1}{2}(\theta_{11}+\theta_{22}) \pm \frac{1}{2}(2n+1)\pi \tag{4-4-17}$$

式(4-4-16)和式(4-4-17)表示互易无耗二端口网络 S 参量的特性。当网络的一个端口匹配时(如 $S_{11}=0$),另一个端口也必然匹配(如 $S_{22}=0$)。对于互易无耗二端口网络,要确定其 S 参量,只需测得 $|S_{11}|$、θ_{11}、θ_{22} 这 3 个量即可。

4.4.3 对称网络

在结构上具有对称性的微波元件有两种:第一种是端口对某一平面的映射对称,称为面对称;第二种是端口对某一轴线旋转一定角度而构成的对称,称为轴对称。对于具有结构对称的微波元件,如果填充各向同性媒质,那么其等效网络在电性能上也是对称的。简单地讲,从元件的等效网络的不同端口看进去有完全对称的结构,则称此网络为对称网络。

对于对称网络,互换网络标号不会改变网络参量的矩阵,反映在网络参量上便是各自参量相等、各互参量也相等。一段均匀无耗传输线的等效网络是二端口对称网络,各网络参量为

$$Z_{11}=Z_{22}, \ Z_{12}=Z_{21} \qquad (4-4-19)$$

$$Y_{11}=Y_{22}, \ Y_{12}=Y_{21} \qquad (4-4-20)$$

$$S_{11}=S_{22}, \ S_{12}=S_{21} \qquad (4-4-21)$$

$$A=D, \ A^2-BC=1 \qquad (4-4-22)$$

$$T_{11}T_{22}-T_{12}T_{21}=1, \ T_{12}=-T_{21} \qquad (4-4-23)$$

对于 n 端口对称网络,S 矩阵体现为

$$S_{ii}=S_{jj}, \ S_{ij}=S_{ji} \quad (i, j=1, 2, 3, \cdots, n) \qquad (4-4-24)$$

显而易见,对称网络必为互易网络,但是互易网络不一定是对称网络。

散射参量一般情况下是复数,因此可逆二端口网络散射参量的未知量实际上有 6 个,即 S_{11}、S_{12}、S_{22}、ϕ_{11}、ϕ_{12}、ϕ_{22}。对于可逆无耗二端口网络,上述式子表明这 6 个参量中只有 3 个参量是独立的。

无耗网络的阻抗参量和导纳参量全部为虚数,转移参量 A 和 D 为实数,B 和 C 为纯虚数。

4.4.4 网络的性质

微波网络常见的性质有互易性、无耗性、对称性等,可通过网络参量来描述。各网络参量矩阵具有如下性质。

1) 阻抗矩阵的性质

(1)当网络互易,亦即在电路中不包含铁氧体、微波晶体管等不可逆元件时,满足互易定理,网络参量有下列关系:$Z_{12}=Z_{21}$,$Z_{ij}=Z_{ji}$。

(2)当网络具有对称结构,则相应的对称位置的元素也相等。例如,在图 4-3-1 所示的对称网络中,有 $Z_{11}=Z_{22}$。

(3)当网络内无损耗时,则所有的阻抗矩阵参量均为纯虚数。当网络无耗时,构成网络的均为电抗元件,则按照式(4-3-1)、式(4-3-2)求得的自阻抗或转移阻抗也必然是纯电抗,因为它们都分别由网络内的电抗经串、并联后得到。

2）导纳矩阵的性质

（1）网络互易时，有 $Y_{ij} = Y_{ji}$。

（2）网络对称时，有 $Y_{ii} = Y_{jj}$。

（3）网络无耗时，所有参量均为纯虚数。Y 中各元素的定义完全类似于阻抗矩阵，只是条件有所变化。例如，自导纳 Y_{11} 为其他所有端都短路时，端口 1 的输入导纳 Y_{12}，Y_{22}，…的定义也应做相应的改变。

3）转移矩阵的性质

（1）当网络互易时，则 $AD - BC = 1$。

（2）当网络对称时，则 $A = D$。

（3）当网络无耗时，则 A、D 为实数，B、C 为纯虚数。

4）散射矩阵的性质

（1）网络互易时，则 $S_{ij} = S_{ji}(i \neq j)$。因为此时 $S_{ij} = S_{ji}$，故该方阵的结构对于由左上角到右下角的对角线是对称的，或者说 Z 矩阵的转置矩阵即等于它本身，因此把 Z 矩阵元素的行列位置互换，矩阵不受影响。另一方面 $[1]$ 也是对称的，故 $Z + [1]$ 和 $Z - [1]$ 也是对称结构的矩阵，它们的逆矩阵以及乘积矩阵也都具有对称结构，因此所得的 S 矩阵亦是如此。

（2）网络结构对称时，同样有 $S_{11} = S_{22}$。

（3）当网络无耗时，则有 $\overline{S}^* \cdot S = [1]$。如 S 又可逆，则也可写成

$$S \cdot S^* = [1]$$

其中，（ * ）号表示所有矩阵元素取其共轭复数。这表示一个无耗网络的散射矩阵一定满足"幺正性"。此性质在分析微波电路时很有用，其证明过程较长，此处略。

4.5　微波网络的参考面

由于微波网络包含分布参数，一旦端口的参考面发生移动，则网络参量将随之改变。因此，在讨论一个微波电路的网络参量时，必须指定参考面。

参考面的位置是可以任意选择的，但参考面选定之后就不能再随意改变。选参考面位置应注意两点：第一，单模传输时，参考面上只考虑主模场强，通常参考面位置应远离不连续性区域，这样一来才可以忽略参考面上的高次模场强，但有时也有例外，例如，为了使等效不连续性的微波网络简单，甚至将参考面选得与不连续性结构所在平面重合；第二，参考面必须与场的传输方向垂直，以使场的横向分量在参考面上，与之对应的参考面上的电压、电流都有明确的定义。

现以二端口网络为例，说明参考面移动对散射参量的影响。

如图 4 - 5 - 1 所示的二端口网络，其两边的参考面各为 T_1，T_2，可由图 4 - 5 - 1 研究其变换关系。设在参考面 T_1、T_2 的内外向波各为 $\tilde{U}_{i1}$、$\tilde{U}_{r1}$、$\tilde{U}_{i2}$、$\tilde{U}_{r2}$，其参量矩阵为

$$S = \begin{bmatrix} S_{11} & S_{12} \\ S_{21} & S_{22} \end{bmatrix}$$

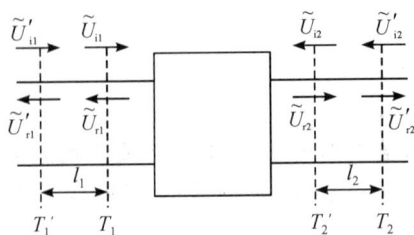

图 4 - 5 - 1　二端口网络参考面向外移动

将参考面 T_1、T_2 向外移动到 T'_1、T'_2 时，移动的距离分别为 l_1、l_2，设端口 1 和端口 2 的相移常数均为 β，其内外向波变为 $\widetilde{U}'_{i1}$、$\widetilde{U}'_{r1}$、$\widetilde{U}'_{i2}$、$\widetilde{U}'_{r2}$。相应的矩阵为 $\boldsymbol{S}' = \begin{bmatrix} S'_{11} & S'_{12} \\ S'_{21} & S'_{22} \end{bmatrix}$。

由微波传输线的基本原理可知，T_1、T_2 和 T'_1、T'_2 两对参考面之间的内外向波电压有以下关系：

$$\begin{cases} \widetilde{U}'_{i1} = \widetilde{U}_{i1} \cdot e^{j\beta_1 l_1} \\ \widetilde{U}'_{r1} = \widetilde{U}_{r1} \cdot e^{-j\beta_1 l_1} \\ \widetilde{U}'_{i2} = \widetilde{U}_{i2} \cdot e^{j\beta_2 l_2} \\ \widetilde{U}'_{r2} = \widetilde{U}_{r2} \cdot e^{-j\beta_2 l_2} \end{cases} \qquad (4 - 5 - 1)$$

根据 S 参量的定义，得

$$S'_{11} = \frac{\widetilde{U}'_{r1}}{\widetilde{U}'_{i1}} \bigg|_{\widetilde{U}'_{i2}=0} = \frac{\widetilde{U}_{r1} e^{-j\beta_1 l_1}}{\widetilde{U}_{i1} e^{j\beta_1 l_1}} \bigg|_{\widetilde{U}_{i2}=0} = S_{11} \cdot e^{-j2\beta_1 l_1} = S_{11} e^{-j2\theta_1} \qquad (4 - 5 - 2)$$

在以上推导过程中，都令端口 2 接一匹配负载，称为端口条件。然后把电源和负载位置交换，可得

$$S'_{22} = S_{22} \cdot e^{-j2\beta_2 l_2} = S_{22} \cdot e^{-j2\theta_2} \qquad (4 - 5 - 3)$$

对于 S'_{21} 和 S'_{12}，则有下列关系：

$$S'_{21} = \frac{\widetilde{U}'_{r2}}{\widetilde{U}'_{i1}} \bigg|_{\widetilde{U}'_{i2}=0} = \frac{\widetilde{U}_{r2} e^{-j\beta_2 l_2}}{\widetilde{U}_{i1} e^{j\beta_1 l_1}} \bigg|_{\widetilde{U}_{i2}=0} = S_{21} e^{-j(\beta_1 l_1 + \beta_2 l_2)} = S_{21} e^{-j(\theta_1 + \theta_2)} \qquad (4 - 5 - 4)$$

$$S'_{12} = \frac{\widetilde{U}'_{r1}}{\widetilde{U}'_{i2}} \bigg|_{\widetilde{U}'_{i1}=0} = \frac{\widetilde{U}_{r1} e^{-j\beta_2 l_2}}{\widetilde{U}_{i2} e^{j\beta_1 l_1}} \bigg|_{\widetilde{U}_{i1}=0} = S_{12} e^{-j(\beta_1 l_1 + \beta_2 l_2)} = S_{12} e^{-j(\theta_1 + \theta_2)} \qquad (4 - 5 - 5)$$

可得，参考面向外移动后，新的散射参量为

$$\begin{bmatrix} S'_{11} & S'_{12} \\ S'_{21} & S'_{22} \end{bmatrix} = \begin{bmatrix} S_{11} e^{-j2\theta_1} & S_{12} e^{-j(\theta_1 + \theta_2)} \\ S_{21} e^{-j(\theta_1 + \theta_2)} & S_{22} e^{-j2\theta_2} \end{bmatrix} \qquad (4 - 5 - 6)$$

可见，当网络参考面移动时，新的散射参量仅仅是相位发生了变化，其模值不变。一般把这称为 S 参量的相位漂移特性。这个特性在一些场合很有用，我们可通过移动参考面的办法来控制 S 参量的相位。

易见，新的散射参量与原来的散射参量之间的关系为

$$\begin{bmatrix} S'_{11} & S'_{12} \\ S'_{21} & S'_{22} \end{bmatrix} = \begin{bmatrix} e^{-j\theta_1} & 0 \\ 0 & e^{-j\theta_2} \end{bmatrix} \begin{bmatrix} S_{11} & S_{12} \\ S_{21} & S_{22} \end{bmatrix} \begin{bmatrix} e^{-j\theta_1} & 0 \\ 0 & e^{-j\theta_2} \end{bmatrix} = \boldsymbol{PSP} \qquad (4 - 5 - 7)$$

式中，令 $\boldsymbol{P} = \begin{bmatrix} \mathrm{e}^{-\mathrm{j}\theta_1} & 0 \\ 0 & \mathrm{e}^{-\mathrm{j}\theta_2} \end{bmatrix}$，称为对角矩阵。

当二端口网络参考面内移时，同理可得移动前的散射参量 S_1 与移动后的散射参量 S_2 之间的关系：

$$\boldsymbol{S}_2 = \begin{bmatrix} \mathrm{e}^{+\mathrm{j}\theta_1} & 0 \\ 0 & \mathrm{e}^{+\mathrm{j}\theta_2} \end{bmatrix} \boldsymbol{S}_1 \begin{bmatrix} \mathrm{e}^{+\mathrm{j}\theta_1} & 0 \\ 0 & \mathrm{e}^{+\mathrm{j}\theta_2} \end{bmatrix} = \boldsymbol{P}'\boldsymbol{S}_1\boldsymbol{P}' \tag{4-5-8}$$

式中，亦令 $\boldsymbol{P}'$ 为对角矩阵，$\boldsymbol{P}' = \begin{bmatrix} \mathrm{e}^{+\mathrm{j}\theta_1} & 0 \\ 0 & \mathrm{e}^{+\mathrm{j}\theta_2} \end{bmatrix}$，可见 $\boldsymbol{P}'$ 的元素仅相位相反，模值不变。

总之，参考面移动使散射参量 S 发生相位移动；参考面移动对 S 参量的影响可用矩阵简单表述出来，计算并不复杂。在实际应用中，我们可以利用这个特性控制 S 参量的相位。

4.6　基本电路单元的网络参量

在微带电路中，一个复杂的网络往往可以分解成简单网络，这些简单网络称为基本电路单元。如果基本电路单元的矩阵参量已知，则复杂网络的矩阵参量可通过矩阵运算得到。在微带电路中，常用的基本电路单元有串联阻抗、并联导纳、一段均匀无耗传输线和理想变压器，如图 4-6-1 所示。

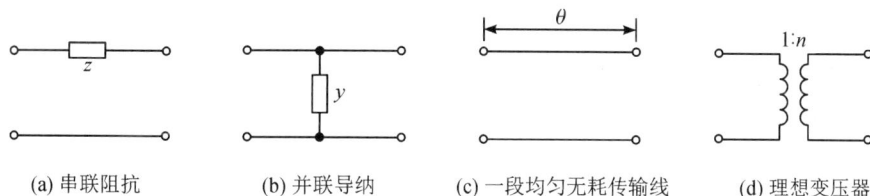

(a) 串联阻抗　　(b) 并联导纳　　(c) 一段均匀无耗传输线　　(d) 理想变压器

图 4-6-1　常用的基本电路单元

这些单元的各种矩阵参量，既可直接根据矩阵参量的定义及其特性来求得，又可根据各种矩阵形式的关系而由其他矩阵参量转推而得。以下举几个实例加以说明。

【例 4-6-1】 求串联阻抗单元电路的矩阵参量 A。

解 串联阻抗 z 的等效电路如图 4-6-2 所示。该二端口网络是互易且对称的。此时，直接根据 A 参量的定义来求：

$$A = \frac{U_1}{U_2}\Big|_{I_2=0} = 1, \quad B = -\frac{U_1}{I_2}\Big|_{U_2=0} = z$$

图 4-6-2　串联阻抗等效电路

由对称性得

$$D = A = 1$$

由互易性得

$$AD - BC = 1$$

故

$$C = \frac{AD - 1}{B} = 0$$

因此得其转移矩阵为 $\begin{bmatrix} 1 & z \\ 0 & 1 \end{bmatrix}$。

【例 4 - 6 - 2】 求串联阻抗单元电路的散射参量 S。

解 串联阻抗的等效电路如图 4 - 6 - 3 所示。该二端口网络是互易且对称的。

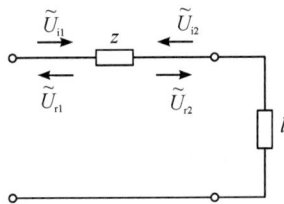

图 4 - 6 - 3 串联阻抗单元电路 S 参量的求法

首先根据 S 参量本身定义来求。图 4 - 6 - 3 给出了串联阻抗 z 及两个端口的内、外向电压波 $\widetilde{U}_{i1}$、$\widetilde{U}_{r1}$、$\widetilde{U}_{i2}$、$\widetilde{U}_{r1}$。根据定义

$$S_{11} = \left. \frac{\widetilde{U}_{r1}}{\widetilde{U}_{i1}} \right|_{\widetilde{U}_{i2}=0}$$

即为端口 2 接匹配负载(其对特性阻抗的归一化值为 1)时,由端口 1 看进去的反射系数。根据微波传输线理论有

$$S_{11} = \frac{(z+1) - 1}{(z+1) + 1} = \frac{z}{z+2}$$

由于二端口网络是互易且对称的,则有

$$S_{22} = S_{11} = \frac{z}{z+2}$$

而

$$S_{21} = \left. \frac{\widetilde{U}_{r2}}{\widetilde{U}_{i1}} \right|_{\widetilde{U}_{i2}=0}$$

同样为端口 2 接匹配负载时,端口 1 和端口 2 之间的传输系数。

当端口 2 接匹配负载时,端口 1 的总电压为

$$u_1 = \widetilde{U}_{i1} + \widetilde{U}_{r1} = \widetilde{U}_{i1}(1 + S_{11})$$

端口 2 的总电压为

$$u_2 = \widetilde{U}_{i2} + \widetilde{U}_{r2} = \widetilde{U}_{r2}$$

因为匹配负载无反射,故 $\widetilde{U}_{i2} = 0$。

根据电路原理，u_1 和 u_2 之比为归一化阻抗 z 和端口 1 的阻抗分压比，故

$$u_2 = \widetilde{U}_{r2} = \frac{1}{1+z} \cdot u_1 = \frac{1}{1+z} \cdot \widetilde{U}_{i1}(1+S_{11})$$

得

$$S_{21} = \frac{\widetilde{U}_{r2}}{\widetilde{U}_{i1}}\bigg|_{\widetilde{U}_{i2}=0} = \frac{1+S_{11}}{1+z} = \frac{2}{z+2}$$

由于 $S_{12}=S_{21}$，故最后的 $\boldsymbol{S}$ 矩阵为

$$\boldsymbol{S} = \frac{1}{z+2}\begin{bmatrix} z & 2 \\ 2 & z \end{bmatrix}$$

以上结果也可根据矩阵 $\boldsymbol{S}$ 和 $\boldsymbol{A}$ 的关系求得。由例 4-6-1 求得的 A 参量以及式 (4-3-20)，即可求出 S 参量为

$$\boldsymbol{S} = \frac{1}{1+z+0+1}\begin{bmatrix} (1+z)-(0+1) & 2 \\ 2 & (1+z)-(1+0) \end{bmatrix}$$
$$= \frac{1}{z+2}\begin{bmatrix} z & 2 \\ 2 & z \end{bmatrix}$$

【例 4-6-3】　求一段电角度为 θ 的传输线的 A 参量和 S 参量(这里 $\theta=kl$，l 为实际长度，k 为相移常数，如图 4-6-4 所示)。

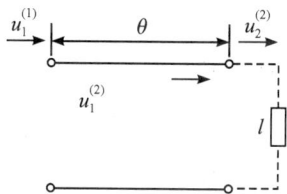

图 4-6-4　传输线段单元 S 参量的求法

解　根据图 4-6-4 传输线的等效电路可知，该二端口网络是对称的。

首先确定 $\boldsymbol{A}$ 参量。当端口 2 开路($U_2=0$)时，T_2 面为电压波腹点(电流波节点)，令 $U_2=2U_{i2}=U_m$，根据前面工作状态的内容可得沿线电压表达式为

$$U(z)=2U_{i2}\cos\theta = U_m\cos\theta$$

则有

$$U_1 = U_m\cos\theta$$

且 T_1 面端口 1 的输入阻抗为

$$Z_{in1} = -jZ_0\cot\theta$$

根据转移矩阵的定义，开路时有

$$A = \frac{U_1}{U_2}\bigg|_{I_2=0} = \frac{U_m\cos\theta}{U_m} = \cos\theta$$

$$C = \frac{I_1}{U_2}\bigg|_{I_2=0} = \frac{\frac{U_1}{Z_{in1}}}{U_2} = \frac{U_m\cos\theta}{-jZ_0\cot\theta U_m} = j\frac{\sin\theta}{Z_0}$$

注意：在终端开路时求这两个元素时分子分母都要换算成电压，因为终端电流是为零的。

当端口 2 短路($I_2=0$)时，T_2 面为电流波腹点(电压波节点)，令 $I_2=2I_{i2}=I_m$，根据前面工作状态的内容可得沿线电流表达式为

$$I(x) = 2I_{i2}\cos\theta = I_m\cos\theta$$

则有：

$$I_1 = I_m\cos\theta$$

且 T_1 面端口 1 的输入阻抗为

$$Z_{in1} = jZ_0\tan\theta$$

根据转移矩阵的定义，短路时有

$$B = \frac{U_1}{-I_2}\bigg|_{U_2=0} = \frac{I_1Z_{in}}{-I_2} = \frac{I_m\cos\theta}{-I_m}jZ_0\tan\theta = jZ_0\sin\theta$$

$$D = -\frac{I_1}{I_2}\bigg|_{U_2=0} = -\frac{I_m\cos\theta}{-I_m} = \cos\theta$$

注意：在终端短路时求这两个元素时分子分母都要换算成电流，因为终端电压是为零的。

另外，根据网络性质 $AD-BC=1$ 也可求得，如下所述。

由网络的对称性得

$$A = D = \cos\theta$$

或由网络可逆性得

$$B = \frac{AD-1}{C} = \frac{\cos^2\theta - 1}{j\dfrac{\sin\theta}{Z_0}} = jZ_0\sin\theta$$

于是，电角度为 θ 的均匀传输线的转移参量 $\boldsymbol{A}$ 的矩阵为

$$\boldsymbol{A} = \begin{bmatrix} \cos\theta & jZ_0\sin\theta \\ j\dfrac{\sin\theta}{Z_0} & \cos\theta \end{bmatrix}$$

其次确定 S 参量。根据 S 参量的定义，有

$$S_{11} = \frac{\widetilde{U}_{r1}}{\widetilde{U}_{i1}}\bigg|_{\widetilde{U}_{r2}=0}$$

对于一段均匀无耗传输线，显然有 $S_{11}=S_{22}=0$。而

$$S_{21} = S_{12} = \frac{\widetilde{U}_{r1}}{\widetilde{U}_{i2}}\bigg|_{\widetilde{U}_{i1}=0}$$

由于此时均匀传输线上无反射波存在，是一个纯粹行波的状态，故 $\widetilde{U}_{i1}$ 的幅度等于 $\widetilde{U}_{r1}$，而相位则相差 θ。因此其矩阵 $\boldsymbol{S}$ 为

$$\boldsymbol{S} = \begin{bmatrix} 0 & e^{-j\theta} \\ e^{-j\theta} & 0 \end{bmatrix}$$

【例 4-6-4】 求变比为 $1:n$ 的理想变压器网络的 A 参量（见图 4-6-5）。

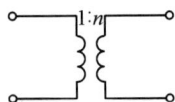

图 4-6-5 理想变压器

解 根据 A 参量的定义有

$$A = \frac{U_1}{U_2}\bigg|_{I_2=0} = \frac{1}{n} \quad (\text{端口 2 开路时电压比})$$

$$B = -\frac{U_1}{I_2}\bigg|_{U_2=0} = 0$$

$$C = \frac{I_1}{U_2}\bigg|_{I_2=0} = 0$$

$$D = -\frac{I_1}{I_2}\bigg|_{U_2=0} = n \quad (\text{端口 2 短路时电流比})$$

故其 **A** 参量为

$$A = \begin{bmatrix} \dfrac{1}{n} & 0 \\ 0 & n \end{bmatrix}$$

表 4 - 6 - 1 中列出了上述四种基本电路单元的常用矩阵参量。

表 4 - 6 - 1　基本电路单元的矩阵参量

Z		$\begin{bmatrix} \frac{1}{y} & \frac{1}{y} \\ \frac{1}{y} & \frac{1}{y} \end{bmatrix}$	$\begin{bmatrix} -\mathrm{j}\cot\theta & \frac{1}{\mathrm{j}\sin\theta} \\ \frac{1}{\mathrm{j}\sin\theta} & -\mathrm{j}\cot\theta \end{bmatrix}$	
Y	$\begin{bmatrix} \frac{1}{z} & -\frac{1}{z} \\ -\frac{1}{z} & \frac{1}{z} \end{bmatrix}$		$\begin{bmatrix} -\mathrm{j}\cot\theta & -\frac{1}{\mathrm{j}\sin\theta} \\ -\frac{1}{\mathrm{j}\sin\theta} & -\mathrm{j}\cot\theta \end{bmatrix}$	
A	$\begin{bmatrix} 1 & z \\ 0 & 1 \end{bmatrix}$	$\begin{bmatrix} 1 & 0 \\ y & 1 \end{bmatrix}$	$\begin{bmatrix} \cos\theta & \mathrm{j}\sin\theta \\ \mathrm{j}\sin\theta & \cos\theta \end{bmatrix}$	$\begin{bmatrix} \frac{1}{n} & 0 \\ 0 & n \end{bmatrix}$
S	$\begin{bmatrix} \frac{z}{2+z} & \frac{2}{2+z} \\ \frac{2}{2+z} & \frac{z}{2+z} \end{bmatrix}$	$\begin{bmatrix} -\frac{y}{2+y} & \frac{2}{2+y} \\ \frac{2}{2+y} & -\frac{y}{2+y} \end{bmatrix}$	$\begin{bmatrix} 0 & \mathrm{e}^{-\mathrm{j}\theta} \\ \mathrm{e}^{-\mathrm{j}\theta} & 0 \end{bmatrix}$	$\begin{bmatrix} \frac{1-n^2}{1+n^2} & \frac{2n}{1+n^2} \\ \frac{2n}{1+n^2} & \frac{1-n^2}{1+n^2} \end{bmatrix}$

4.7　网络的组合

在实际应用中，一个复杂的微波系统通常由若干个简单电路或元件按照一定方式连接而成。这里讨论二端口网络的几种典型连接方式，即网络的级联、并联和串联，用网络参量矩阵予以阐述。三种组合方式如图 4 - 7 - 1 所示。

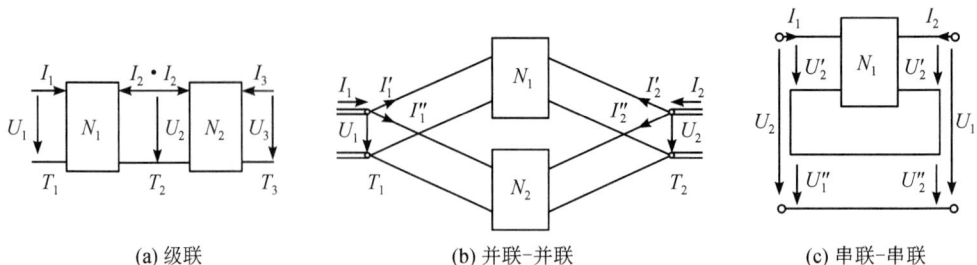

(a) 级联   (b) 并联-并联   (c) 串联-串联

图 4 - 7 - 1　二端口网络的三种组合方式

1. 级联

图 4 - 7 - 1(a)所示是两个二端口网络的级联，用转移参量 $\boldsymbol{A}$ 矩阵处理非常合适。

图中，T_1、T_2 是网络 N_1 的参考面，T_2、T_3 是网络 N_2 的参考面，故组合网络的参考面为 T_1 和 T_3。网络 N_1 和 N_2 的转移参量矩阵方程为

$$\begin{bmatrix} U_1 \\ I_1 \end{bmatrix} = \begin{bmatrix} A_1 & B_1 \\ C_1 & D_1 \end{bmatrix} \begin{bmatrix} U_2 \\ -I_2 \end{bmatrix} \tag{4-7-1}$$

$$\begin{bmatrix} U_2 \\ -I_2 \end{bmatrix} \begin{bmatrix} A_2 & B_2 \\ C_2 & D_2 \end{bmatrix} = \begin{bmatrix} U_3 \\ -I_3 \end{bmatrix} \tag{4-7-2}$$

由此可得

$$\begin{bmatrix} U_1 \\ I_1 \end{bmatrix} = \begin{bmatrix} A_1 & B_1 \\ C_1 & D_1 \end{bmatrix} \begin{bmatrix} A_2 & B_2 \\ C_2 & D_2 \end{bmatrix} \begin{bmatrix} U_3 \\ -I_3 \end{bmatrix} \tag{4-7-3}$$

故两个二端口网络的转移参量矩阵为

$$\begin{bmatrix} A & B \\ C & D \end{bmatrix} = \begin{bmatrix} A_1 & B_1 \\ C_1 & D_1 \end{bmatrix} \begin{bmatrix} A_2 & B_2 \\ C_2 & D_2 \end{bmatrix} \tag{4-7-4}$$

或简写成

$$\boldsymbol{A} = \boldsymbol{A}_1 \boldsymbol{A}_2 \tag{4-7-5}$$

式(4-7-5)表示的是简单的连乘关系，这是这种矩阵形式的最大优点。由此类推，当 n 个网络(A_1，A_2，$\cdots$，A_n)级联成一个总的网络时，如图 4 - 7 - 2 所示，则组合二端口网络的转移参量矩阵 $\boldsymbol{A}$ 为

$$\boldsymbol{A} = \boldsymbol{A}_1 \boldsymbol{A}_2 \cdots \boldsymbol{A}_n \tag{4-7-6}$$

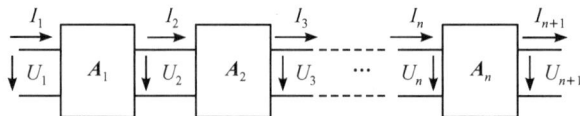

图 4 - 7 - 2　n 个二端口网络的级联

2. 并联

网络 N_1 和 N_2 用并联-并联的组合方式连接时如图 4 - 7 - 1(b)所示。

同理，我们可以得到

$$\boldsymbol{I} = (\boldsymbol{Y}_1 + \boldsymbol{Y}_2)\boldsymbol{U} \tag{4-7-7}$$

故组合网络的导纳矩阵为

$$Y = Y_1 + Y_2 \qquad\qquad (4-7-8)$$

同样，导纳参量矩阵分别为 Y_1、Y_2、$\cdots$、Y_n 的 n 个二端口网络并联-并联连接，则组合二端口网络的导纳参量矩阵为

$$Y = Y_1 + Y_2 + \cdots + Y_n \qquad\qquad (4-7-9)$$

3. 串联

网络 N_1 和 N_2 用串联-串联的组合方式连接时如图 $4-7-1$(c)所示，可有

$$U = (Z_1 + Z_2)I \qquad\qquad (4-7-10)$$

故串联组合网络的阻抗参量矩阵为

$$Z = Z_1 + Z_2 \qquad\qquad (4-7-11)$$

同样，阻抗参量矩阵分别为 Z_1、Z_2、$\cdots Z_n$ 的 n 个二端口网络串联-串联连接，则组合二端口网络的阻抗参量矩阵为

$$Z = Z_1 + Z_2 + \cdots + Z_n \qquad\qquad (4-7-12)$$

网络的组合，在多种场合都有广泛应用。微带线导体的版图曾被视为各传输线段的串联、并联和级联的组合，目前来看这种处理方式也不够精确。例如，一块大致为矩形的导体，其两边的中点分别以高阻线引出，则此矩形导体对于两侧高阻线端口，既可表示为一段低阻级连线，也可表示为并接了两个低阻开路线段。不同表示方式会得出不同的结果。由此可知，若要进一步精确分析复杂网络，需结合电磁场分析微带线电路板图的方法。

4.8 网络的工作特性参量

二端口网络包含一个输入口和一个输出口，在微波电路中使用得最多，如滤波器、阻抗变换器、移相器、衰减器等均属于此类。在应用中必须以工作特性参量来表示其工作性能。下面主要介绍二端口网络常用工作特性参量，并研究它们与散射参量的关系。二端口网络常用工作特性参量包括电压传输系数、插入衰减（又称工作衰减、插损）、插入相移、输入驻波比、回波损耗等。这些定义可推广应用于多端口网络。

1. 电压传输系数

电压传输系数一般用 T 表示，是指当网络输出端接匹配负载时，输出端口的出波电压与输入端口的进波电压之比，即

$$T = \left.\frac{\widetilde{U}_{r2}}{\widetilde{U}_{i1}}\right|_{\widetilde{U}_{i2}=0} = S_{21} \qquad\qquad (4-8-1)$$

对于互易二端口网络，有

$$T = S_{21} = S_{12}$$

2. 插入衰减

插入衰减一般用 L 表示，是指当网络输出端接匹配负载时，输入端进波功率与输出端出波功率之比，即

$$L = \left.\frac{|\widetilde{U}_{i1}|^2}{|\widetilde{U}_{r2}|^2}\right|_{\widetilde{U}_{i2}=0} = \frac{1}{|S_{21}|^2} = \frac{1}{|T|^2} \qquad\qquad (4-8-2)$$

对于互易二端口网络有 $S_{21}=S_{12}$，则

$$L = \frac{1}{|S_{21}|^2} = \frac{1}{|S_{12}|^2} \qquad (4-8-3)$$

用分贝(dB)表示为

$$L = 10\lg\frac{1}{|S_{21}|^2} \quad \text{dB} \qquad (4-8-4)$$

由式(4-8-3)和式(4-8-4)可见，只要测出 S_{21}，就可方便地算出网络的衰减，这一原理常作为微波工程中用散射参量法测定微波元件衰减量的依据。

插入衰减给出了网络对信号功率的衰减程度。几乎所有二端口微波元件都需考虑这个参量，尤其对于滤波器、开关等元件来说更是如此。

3. 插入相移

通常我们规定，当网络负载端接匹配负载时，网络输入端的入射波信号与输出信号之间的相移为插入相移。根据此定义，插入相移量就是散射参量 S_{12} 的相角，即

$$\theta = \arg S_{12} \qquad (4-8-5)$$

符号 arg 的意义即为取复数 S_{12} 的相角。

插入相移是移相器的一个主要参量。当移相元件两边有反射时，测量其相移就会发生所谓失配误差，应尽量将其降低。

4. 输入驻波比

输入驻波比是指当网络输出端接匹配负载时，从网络输入端测得的驻波比，即

$$\rho = \frac{1+|\Gamma_1|}{1-|\Gamma_1|} = \frac{1+|S_{11}|}{1-|S_{11}|} \qquad (4-8-6)$$

由此也可得散射参量 S_{11} 的表达式为

$$|S_{11}| = \frac{\rho-1}{\rho+1} \qquad (4-8-7)$$

无耗网络的插入衰减是由反射引起的，它与输入驻波比的关系为

$$L = \frac{1}{|S_{21}|^2} = \frac{1}{1-|S_{11}|^2} = \frac{(\rho+1)^2}{4\rho} \qquad (4-8-8)$$

此处驻波比实际上是指把网络输出端连接的匹配负载当作终端负载时，网络输入端口所接传输线上的驻波比。

5. 回波损耗

工程中常用回波损耗(简称回损)来衡量二端口网络输入端口的反射所引起的功率损耗。回波损耗定义为二端口网络输出端接匹配负载时输入端的入射波功率与反射波功率之比，记为 R_L(dB)，即

$$R_L = 10\lg\frac{|\tilde{U}_{i1}|^2}{|\tilde{U}_{r1}|^2}\bigg|_{\tilde{U}_{i2}=0} = -20\lg|S_{11}| \qquad (4-8-9)$$

综上，工程中常用的工作特性参量均与散射参量有着简洁且重要的关系。知道了网络的散射参量，就可求出网络的工作特性参量(技术指标)，进而分析、研究网络所代表的微波元件在系统中的作用。

本 章 小 结

本章从微波等效电路的观点研究微波传输线和微波元件，着重讨论了各种不同的微波网络参量，这些参量可以作为分析微波电路和微波元器件的基础。

本章学习要求：了解微波网络与低频电路网络的异同；理解波导等效为平行双线和微波元件等效为微波网络的原理；了解用网络观点分析微波系统的优点；理解二端口网络参量的物理意义，掌握二端口网络的几种网络矩阵，特别是转移矩阵、散射矩阵等网络参量的性质及其求解；了解二端口网络的组合方式，掌握网络级联后转移参量的计算，及其参考面移动对网络参量的影响；掌握二端口网络的转移矩阵和散射矩阵的转化关系，及其与工作特性参量的关系；了解多端口微波网络散射矩阵参数的性质。

习　　题

4-1　用微波网络的观点研究微波电路问题的优点是什么？微波网络与低频网络相比有哪些异同点？

4-2　按网络特性分类，微波网络可分为哪几类？分别说明它们的定义。

4-3　什么为线性与非线性微波网络？

4-4　什么为无耗与有耗微波网络？

4-5　什么为对称与非对称微波网络？

4-6　选择微波网络的参考面位置应注意什么问题？

4-7　简述二端口微波网络的三种组合方式。

4-8　微波网络的工作特性参量主要有哪些？

4-9　求题图 4-9 所示基本电路单元的归一化转移矩阵。

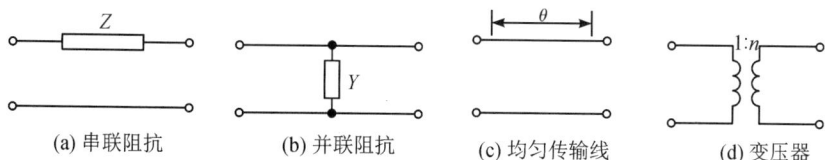

(a) 串联阻抗　　(b) 并联阻抗　　(c) 均匀传输线　　(d) 变压器

题图 4-9

4-10　如题图 4-10 所示，求长度为 l 的均匀传输线对应的散射参量 S 矩阵。

4-11　如题图 4-11 所示电路，试求由参考面 T_1、T_2 确定的网络的散射参量。设传输线的特性阻抗为 Z_0，θ 为 $\pi/2$。

4-12　如题图 4-12 所示电路，试求由参考面 T_1、T_2 确定的网络的散射参量。设两段传输线的特性阻抗分别为 Z_{01} 和 Z_{02}，θ 为 $\pi/2$。

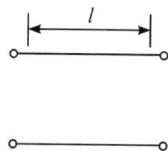

题图 4-10

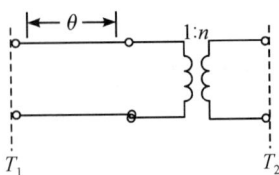

题图 4-11

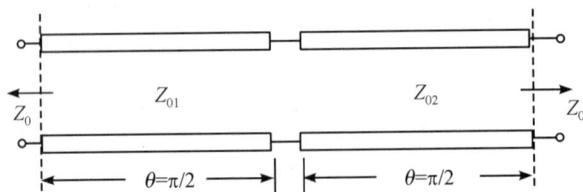

题图 4-12

4-13 如题图 4-13 所示电路，已知可逆无耗二端口网络参考面

T_2 处接负载阻抗 Z_L，二端口网络的阻抗矩阵为 $\begin{bmatrix} Z_{11} & Z_{12} \\ Z_{21} & Z_{22} \end{bmatrix}$，证明参考面 T_1 处的输入阻抗

$Z_{in} = Z_{11} - \dfrac{Z_{12}^2}{Z_{22} + Z_L}$。

4-14 如题图 4-14 所示，可逆对称无耗二端口网络参考面 T_2 接匹配负载，测得距参考面 T_1 距离为 $l = 0.125\lambda_p$ 处是电压波节点，驻波比 ρ 为 1.5，求二端口网络的散射参量矩阵。

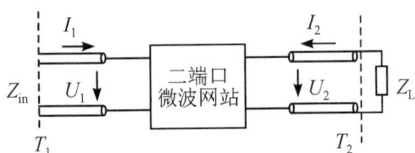

题图 4-13

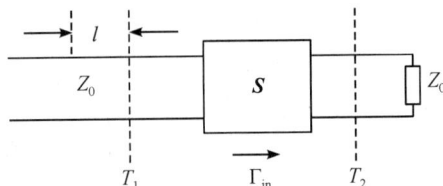

题图 4-14

4-15 已知二端口网络的散射参量矩阵为

$$S = \begin{bmatrix} 0.2e^{j\frac{3}{2}\pi} & 0.98e^{j\pi} \\ 0.98e^{j\pi} & 0.2e^{j\frac{3}{2}\pi} \end{bmatrix}$$

求此二端口网络的插入相移 θ、插入衰减 $L(\mathrm{dB})$、电压传输系数 T 及输入驻波比 ρ。

4-16 已知一个互易对称无耗二端口网络输出端接匹配负载，测得网络输入反射系数 $\Gamma_1 = 0.8e^{j\frac{\pi}{2}}$，求：

（1）此网络的散射参量矩阵；

（2）插入相移 θ、插入衰减 L、电压传输系数 T、驻波比 ρ。

第5章 微波元件

【本章导读】

本章的研究对象是微波无源元器件。首先介绍了终端元件(5.1节)、微波电抗元件和连接元件(5.2节～5.3节),然后介绍了衰减器、移相器和阻抗变换器(5.4节～5.5节),随之介绍了微波滤波器(5.6节)、波导分支元件(5.7节)、定向耦合器(5.8节)、微波谐振器(5.9节)。

任何一个微波系统都是由传输线、各种无源元器件、有源元器件和微波信号源组成的。

微波无源元器件种类很多,按传输线型可分为波导型、同轴线型和微带型等;按功能可分为连接元件、终端元件、匹配元件、衰减元件、相移元件、定向耦合元件、波型变换元件、滤波元件等;按性质又可分为可逆元件、非可逆元件、线性元件和非线性元件等。在分析和设计微波系统时,理解微波元件的工作原理和特性是很重要的。本章阐述一些具有代表性的微波无源元器件。

在低频电路中,基本电路元件是电阻、电导、电感和电容。它们能否直接应用到微波波段?一般说来是不行的,因为实际的电路基本元件总存在引线电感和分布电容,称为寄生参量,这些寄生参量的作用在低频电路时是微不足道的。可是,随着频率的增高,它们的作用就越来越显著,致使电容器中含有的电感分量及电感器中含有的电容分量不能够被忽略,甚至可能电感变成电容、电容变成电感。而且,这些寄生参量通常是不稳定的,所以,在低频时参量和性质完全确定的基本元件,到了微波波段就不再适用了。

那么,在微波波段应采用什么样的元器件呢?它们是根据什么原理制成?怎样计算?有什么应用?这些就是本章所要讨论的问题。

5.1 终端元件

传输线终端所接元件称为终端元件,常用的终端元件有匹配负载和短路负载两种。匹配负载和短路负载都属于一端口的网络,其 S 参量矩阵退化为只有一个元素的矩阵,其中该元素为 S_{11},等于反射系数。

1. 匹配负载

匹配负载是接在传输系统终端的单端口微波元件,它能几乎无反射地吸收入射波的全部功率。因此,当需要在传输系统中建立行波状态时,都要用到匹配负载。对匹配负载的基本要求是:有较宽的工作频带,输入驻波比小,有一定的功率容量。

图 5-1-1 给出了两种匹配负载的结构示意图。图 5-1-1(a)为典型的波导型小功率匹配负载，它是在一段终端短路的波导内平行于电场方向放入一片尖劈型的吸收片，且置于矩形波导 TE_{10} 模电场最强处($x=a/2$)。当微波能量通过吸收片时，它将能量全部吸收。为了达到良好匹配，吸收片制成尖劈型，其长度约为几个波导波长。这种匹配负载可以在较宽的工作频带内得到良好的匹配，一般在 $10\%\sim15\%$ 的频带内驻波比可小至 $1.01\sim1.05$，其允许消耗的功率为瓦级。

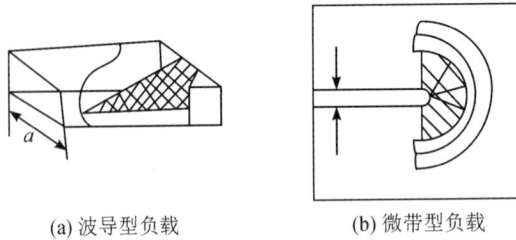

(a) 波导型负载   (b) 微带型负载

图 5-1-1 匹配负载的结构示意图

图 5-1-1(b)为微带型的宽带匹配负载的结构示意图。它的匹配电阻采用半圆形电阻，半圆形电阻的一个极与中心导带相接，另一个电极通过其外圆边缘附近的基片的半圆弧金属化槽直接接地。经过实测表明，该匹配负载在 $1\sim9$ GHz 工作频带内驻波比 $\rho<2$，由此可知，工作频带的宽度可达几个倍频程。

图 5-1-2 是波导型匹配负载实物图。

(a)   (b)

图 5-1-2 波导型匹配负载实物图

2. 短路负载

短路负载又称作短路器，它的作用是将电磁能量全部反射回去。若将同轴线或波导终端短路，即成为同轴线短路器或波导固定短路器。

在某些微波系统和微波测量仪器中，常采用短路面可以移动的短路负载，这种短路负载称作可调短路活塞。对短路活塞的基本要求是：保证接触处的损耗小，并有良好的电接触，使其反射系数的模接近 1；当传输大功率时，保证接触不发生打火现象。

短路活塞按传输线形式分为同轴线型和波导型，按其结构分为接触式和抗流式。但由于接触式活塞在活塞移动时，接触不稳定，弹簧片又会逐渐磨损，在大功率情况下还会出现打火现象，因此接触式活塞很少使用。

图 5-1-3 所示是某型可变短路器实物图。

图 5-1-3　可变短路器实物图

可见，匹配负载是将所有的电磁能量全部吸收而无反射，则 $\rho=1$、$\Gamma=0$；而短路负载是将所有的电磁能量全部反射回去，完全不吸收电磁能量，故 $\rho=\infty$、$\Gamma=-1$。

5.2　微波电抗元件

在微波系统中，电抗元件的基本结构都是利用微波传输线中结构尺寸的不连续性构成的。这里采用等效电路的方法处理不连续性问题。由于不连续性引起的损耗很小，故不连续性等效电路是电感、电容、理想变压器和无耗传输线以及它们的组合。

电抗元件包括电感器和电容器。电感器是指能够集中磁场和存储磁能的元件；而电容器是指能够集中电场和存储电能的元件。下面讨论波导及微带线中的常用电抗元件。

5.2.1　矩形波导中的电抗元件

1. 电容膜片

在波导横截面的宽边跨接一块金属容性膜片，在其对称或不对称处开一个与波导宽壁尺寸相同的窄长窗孔，如图 5-2-1(a)和(b)所示。

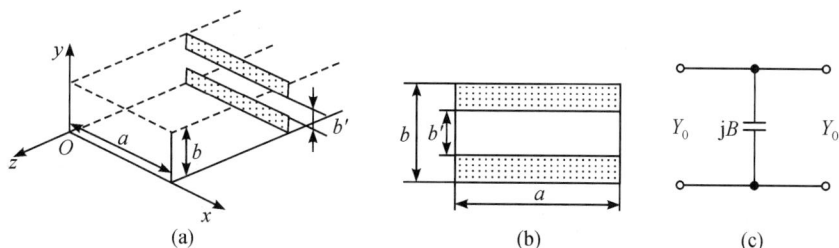

图 5-2-1　电容膜片及其等效电路

当波导宽壁上的轴向电流到达膜片时，流进膜片。当电流到达膜片窗口时，传导电流被截止，在窗孔的边缘上积聚电荷而进行充放电，因此膜片之间有电场的变化而存储电能。这相当于在横截面处并接一个电容器，故这种膜片称为电容膜片，其等效电路如图 5-2-1(c)所示。

2. 电感膜片

当波导横截面的窄边跨接一块窗口尺寸较小的金属感性膜片后，波导宽壁上的轴向电流产生分流，于是在膜片的附近必然会产生磁场，并集中一部分磁能，这种膜片称为电感膜片。图 5-2-2 给出矩形波导中电感膜片及其等效电路。其中：(a)为结构立体图，(b)为膜片处的磁场示意图，(c)为膜片平面图，(d)为膜片处的等效电路图。

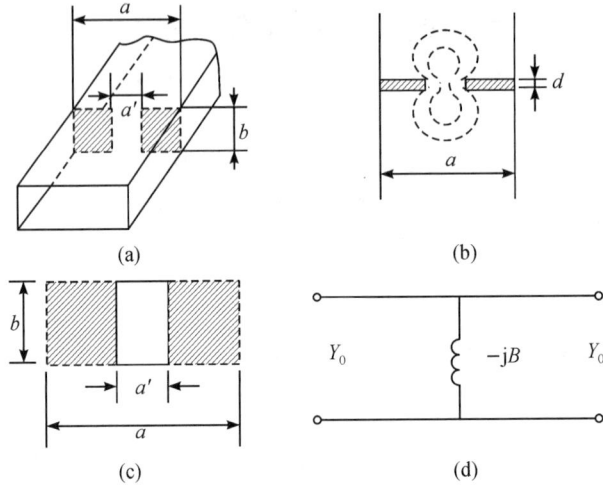

图 5-2-2 电感膜片及其等效电路

3. 谐振窗

在横向金属膜片上开一个小窗，称为谐振窗。图 5-2-3 给出了谐振窗的结构示意图和等效电路。

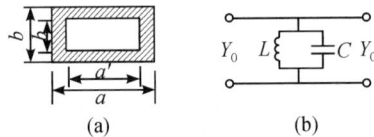

图 5-2-3 谐振窗的结构示意图和等效电路

这里可以将谐振窗看成电感膜片和电容膜片的组合，其等效电路近似为 LC 并联谐振回路，具有谐振特性。当工作频率等于谐振频率时，电场和磁场能量相等，并联电纳为零，信号可无反射地通过，即为匹配状态；当工作频率低于谐振频率时，并联回路呈感性，即谐振窗具有电感性；当工作频率高于谐振频率时，谐振窗具有电容性。即使工作频率不变，谐振窗的尺寸变化也会引起谐振窗电抗性质变化。

4. 销钉

在矩形波导中采用一根或多根垂直对穿波导壁宽边的金属圆棒，称为电感销钉，其结构示意图和等效电路如图 5-2-4 所示。销钉在电路中起并联电感作用，可作调配元件和谐振元件，常用于构成波导滤波器。电感销钉的电纳与销钉的粗细及根数有关。销钉越粗，电感销钉的电纳越大；根数越多，电纳越大。

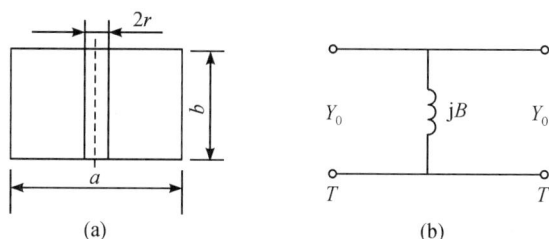

图 5 - 2 - 4　电感销钉结构示意图和等效电路

5. 螺钉

因膜片和销钉在波导内的尺寸和位置不容易调整，故只能作为固定电抗元件使用；而螺钉插入波导的深度可以调节，电纳的性质和大小也随之改变，使用起来方便，是小功率微波设备中常采用的调谐和匹配元件。

当螺钉插入波导较浅时，一方面和电容膜片一样，会集中电场，具有容性电纳的性质；另一方面波导壁宽的轴向电流会流进螺钉从而产生磁场，故又具有感性电纳的性质。但由于螺钉插入波导的深度较浅，故总的作用是容性电纳占优势，故可调螺钉的等效电路为并接一个可变电容器。图 5 - 2 - 5 给出了可调螺钉的结构示意图和等效电路。图 5 - 2 - 6 是某波导的可调螺钉实物图。

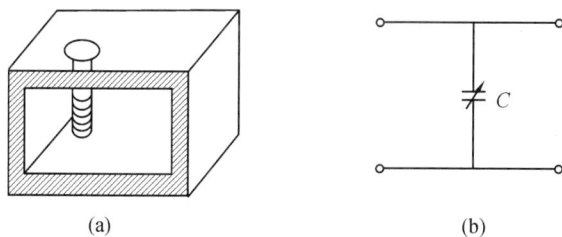

图 5 - 2 - 5　可调螺钉的结构示意图和等效电路

图 5 - 2 - 6　某波导的可调螺钉实物图

5.2.2　微带线中的电抗元件

在微波集成电路中，微带元件应用广泛，并经常会遇到微带的不连续性。对于这些不连续性的处理显得非常重要，若处理恰当，会使电路性能改善。这里简单介绍几种常用微带不连续性结构的等效电路。

1. 微带线的开路端

当微带线的中心导带突然中断时，导带末端积聚电荷，即产生电场边缘效应。这种电场边缘效应的影响可以用一个集总电容来等效，而集总电容又可以用一段理想的开路线来等效，如图 5-2-7 所示。

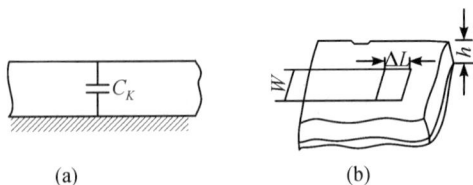

图 5-2-7　微带线的开路端并联电容效应

2. 微带间隙电容

当两条微带线的中心导带间距很小时，可以用一个集总串联电容来等效，如图 5-2-8(a)所示；在精度要求很高的情况下，可用 π 型电路来等效，如图 5-2-8(b)所示。

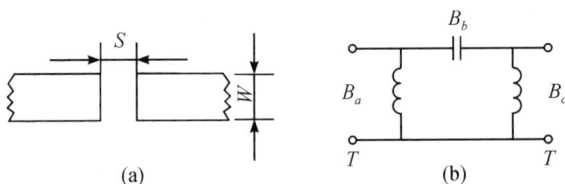

图 5-2-8　微带间隙电容及其等效电路

3. 微带线匹配拐角

为了改变电磁波传输方向，必须将微带线的中心导带折弯，其中直角在微带电路中应用较多，为了不引起很大的反射，通常采用匹配拐角。对于 50 Ω 的微带线，把拐角外边切成 45° 斜角，斜角的长度等于 1.6 倍的导带宽度，如图 5-2-9(a)所示。

如果拐角两边的微带线尺寸不等，可按图 5-2-9(b)所示的尺寸进行设计。图中，$X_1=0.565W_1$，$X_2=0.565W_2$。

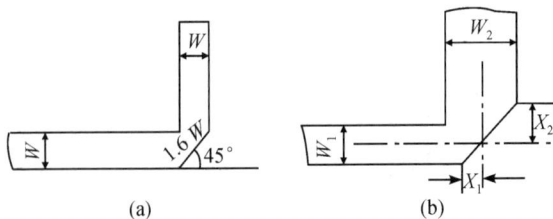

图 5-2-9　微带线匹配拐角

4. 微带线阶梯

当不同宽度的中心导带的微带线相连接时，由于存在阶梯的不连续性，而产生高次模，这种不连续性可以用并联电容或串联电感来等效。图 5-2-10(a)将微带线等效为平板传输线，图 5-2-10(b)为用串联电感来表示微带线阶梯的等效电路。

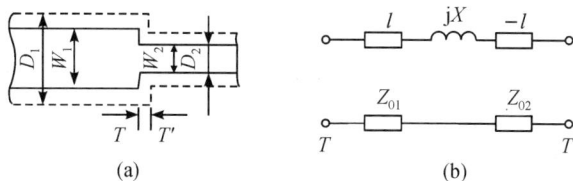

图 5 - 2 - 10　微带线阶梯及其等效电路

5. 微带线的 T 型接头

在微带电路中，微带线的 T 型接头具有广泛的应用，例如，在并联短截线调配器、分头滤波器和分支电桥中经常用到 T 型接头。

微带线的 T 型接头如图 5 - 2 - 11(a)所示，它的等效电路如图 5 - 2 - 11(b)所示。图中，实线表示微带中心导带的几何形状，而四周的虚线表示等效的平板线的几何形状。

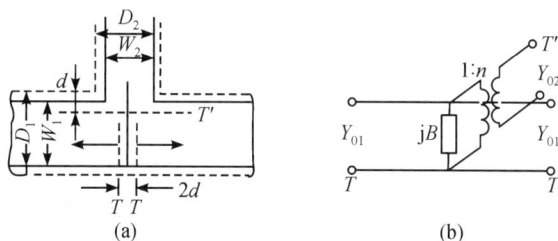

图 5 - 2 - 11　微带线的 T 型接头及其等效电路

5.3 微波连接元件和转接元件

在微波技术中，把同一类型传输线连接在一起的装置统称为接头，常用的接头有同轴接头和波导接头两种。把不同类型的传输线连接在一起的装置称为转接元件，又称转换器或模式变换器，最常用的有同轴线和波导、同轴线和微带线、波导和微带线之间的转接元件。

1. 接头

接头的基本要求如下：

(1) 连接点接触可靠；

(2) 不引起电磁波的反射，输入驻波比尽可能小，一般在 1.2 以下；

(3) 工作频带宽；

(4) 电磁能量不会泄漏到外面，而且结构牢靠、装卸方便、容易加工等。

下面以矩形波导接头为例简单说明。

波导接头又称法兰，有平接头和扼流接头两种，分别如图 5 - 3 - 1(a)和(b)所示。平接头具有体积小、工作频带宽和机械加工要求高的特点。扼流接头是在连接二段波导的任意一个法兰上开有一个槽深 h 为 $\lambda_0/4$ 的圆槽，圆槽的中心与波导的宽壁中心距离也为 $\lambda_0/4$。这种槽称为扼流槽，扼流槽的等效电路如图 5 - 3 - 1(c)所示。由等效电路可知，即使两个波导的接口处 1 和 2 之间机械上并不接触，留有一个小缝，但由于 1 和 2 是处于半波长短路线的输入端，故有 $Z_{12}=0$，这表明波导的接口处 1 和 2 有良好的点接触。

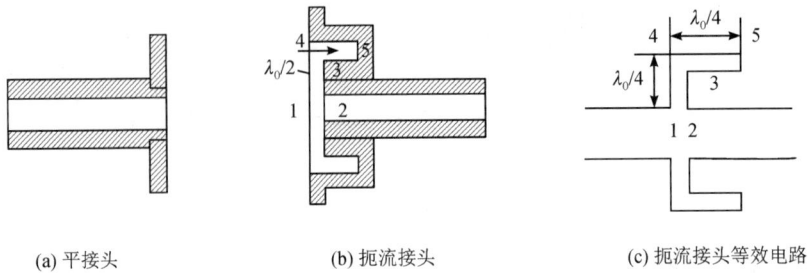

(a) 平接头　　　　　(b) 扼流接头　　　　　(c) 扼流接头等效电路

图 5-3-1　波导接头及其等效电路

2. 转接元件

微波传输线的形式很多，相应的转接元件也较多。在将不同类型的传输线或元件连接时，不仅要考虑阻抗匹配，而且还应该考虑模式的变换，下面介绍几种常用转接元件。

1）同轴线-波导转接器

连接同轴线与波导的元件，称为同轴线-波导转接器，其结构如图 5-3-2 所示。它将同轴线的一端加信号，另一端的内导体插入矩形波导内，则同轴线中 TEM 模就会激励起矩形波导中 TE_{10} 模，反之亦然。这样实现了模式转换。为了使同轴线与波导相匹配，可以调节同轴线的内导体插入波导的深度 h，同轴线偏心距及短路活塞位置 l。

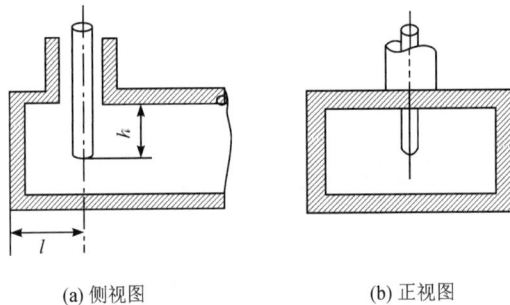

(a) 侧视图　　　　　(b) 正视图

图 5-3-2　同轴线-波导转接器

同轴线（TEM 模）-波导（TE_{10} 模）转接器的模式转换如图 5-3-3 所示。

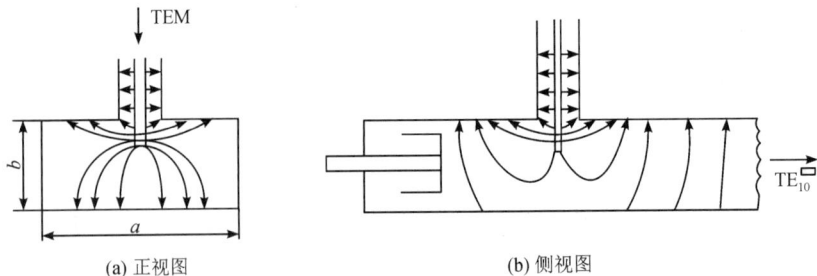

(a) 正视图　　　　　(b) 侧视图

图 5-3-3　同轴线（TEM 模）-波导（TE_{10} 模）转接器的模式转换示意图

2）波导-微带线转接器

由于矩形波导的等效阻抗通常在 $300\sim400\ \Omega$ 之间，而微带线特性阻抗一般为 $50\ \Omega$，且矩形波导的高度 b 又比微带线的衬底高度 h 大得多，因此这两种传输线不能直接相接，常在波导和微带线之间加一段脊波导过渡段来实现阻抗匹配。图 5-3-4(a)和图 5-3-4(b)

分别表示脊波导高度渐变和阶梯变化的过渡段的转接器。由于脊波导高度最高时的等效阻抗为 80～90 Ω，而微带线特性阻抗为 50 Ω。为了阻抗匹配，可在脊波导和微带线连接处再加一段空气微带线。

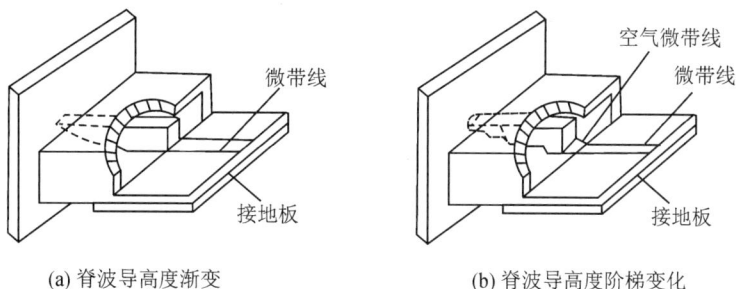

(a) 脊波导高度渐变　　　　　　(b) 脊波导高度阶梯变化

图 5-3-4　波导-微带线转接器

3) 同轴线-微带线转接器

图 5-3-5(a)和图 5-3-5(b)表示常用的同轴线-微线带转接器的结构示意图，(a)为侧视图，(b)为俯视图。将同轴线的内导体向外延伸一小段(长度为 1～2 mm)与微带线的中心导带搭接，同轴线的外导体与微带线的接地平面相连的外壳通过法兰相连，这种接头根据波导，在 10 GHz 以下的频率范围内，可得到小于 1.15 的驻波比。

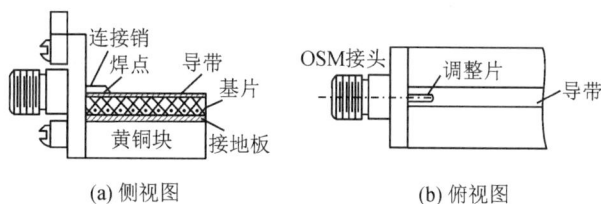

(a) 侧视图　　　　　(b) 俯视图

图 5-3-5　同轴线-微带线转接器

4) 矩形波导-圆波导变换器

矩形波导-圆波导变换器大多数通过波导横截面的逐渐变化来达到模式的变换。图 5-3-6 给出了矩形波导中 TE_{10} 模变换到圆波导中 TE_{11} 模的变换器的结构示意图和场结构图，即 H_{10}-H_{11} 模式变换器。这种变换器主要用于微波铁氧体器件、可变衰减器及可变移相器中。由于圆波导中 $H_{11}(TE_{11})$ 模损耗低，可作远距离传输线，常用这种变换器将矩形波导的元器件与圆波导的元器件相连。图 5-3-7 是某矩形波导-圆波导变换器实物图。

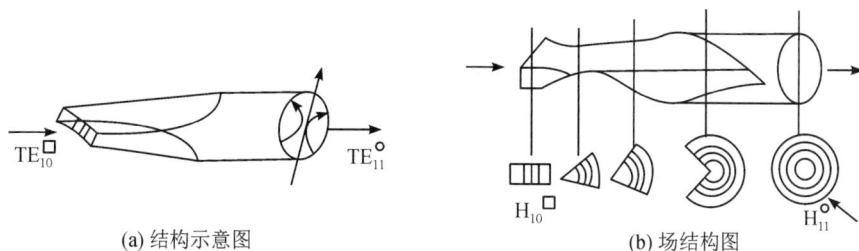

(a) 结构示意图　　　　　(b) 场结构图

图 5-3-6　矩形波导-圆波导模式变换器

图 5-3-7　矩形波导-圆波导变换器实物图

5.4　衰减器和移相器

衰减器是用于传输系统中功率电平变换的微波器件，有固定和可变两种，其作用是对通过它的微波能量产生一定衰减；而移相器的作用是对通过它的微波信号产生一定相移，微波能量可无衰减地通过。前者改变电磁波场强的幅度，后者改变电磁波场强的相位。

1. 衰减器

根据工作原理，微波衰减器有吸收式衰减器、截止式衰减器和极化衰减器等。对衰减器的要求是输入驻波比小、频带宽。

理想衰减器只有衰减而无相移，其 S 矩阵可以表示为

$$S = \begin{bmatrix} 0 & e^{-al} \\ e^{-al} & 0 \end{bmatrix} \qquad (5-4-1)$$

式中，α 为衰减常数，l 为衰减器长度。

1）吸收式衰减器

尽管衰减器种类很多，但使用最多的是吸收式衰减器。吸收式衰减器示意图如图 5-4-1 所示。它是在一段矩形波导内置入与电场方向平行的吸收片，当微波能量通过吸收片时，部分能量被吸收而产生衰减。为消除反射，吸收片两端通常做成渐变的。吸收片上通过的电场切线分量越强，其衰减量越大，因此，借助调节杆可以调节吸收片深入波导的程度，吸收片在波导中间位置时，衰减量最大，吸收片越靠近波导窄壁，衰减越小。

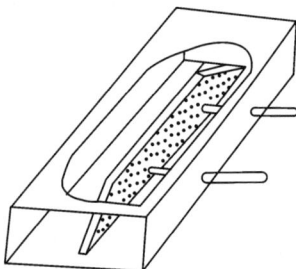

图 5-4-1　吸收式衰减器示意图

2）截止式衰减器

截止式衰减器是在传输线中插入一段横向尺寸较小的传输线段，使电磁场在这一小段传输线内处于截止状态，即电磁波经过这段传输线后能量很快衰减。控制这段传输线的长

度，即可调节衰减量的大小。截止式衰减器是利用波导的截止条件形成的。某截止式衰减器实物图如图 5-4-2 所示。

图 5-4-2 衰减器实物图

截止式衰减器有以下特点：

(1) 衰减量与距离呈线性关系，这种线性关系可作为衰减量的标准。

(2) 当 $\lambda_c \ll \lambda$ 时，衰减系数很大，移动不太长的一段距离就可得到很大的衰减量。

(3) 衰减不是由于损耗(截止圆波导中不存在吸收性物质)而是由于反射引起的，衰减的功率实际上是被反射回去，即截止式衰减器属于反射式，因而其输入端、输出端严重失配。为了改善输入端、输出端的匹配，在输入同轴线的终端接匹配负载，在小环上装一个 $R=Z_0$ 的电阻与同轴线匹配。这样，输入端、输出端都接近于匹配。

3) 极化衰减器

极化衰减器是在圆波导中置入可旋转的吸收片，衰减量的大小与吸收片旋转角度有关，可作为绝对定标的标准衰减器。图 5-4-3(a)和(b)是旋转式极化衰减器的结构图及原理示意图，其主体是一段圆波导(传输 TE_{11} 模)，内置一个可连同圆波导一起旋转的吸收片。圆波导的两端各通过方-圆过渡波导分别与输入、输出 TE_{11} 模的矩形波导相连接，在方-圆过渡波导中也各有一片平行于矩形波导宽壁的固定吸收片。

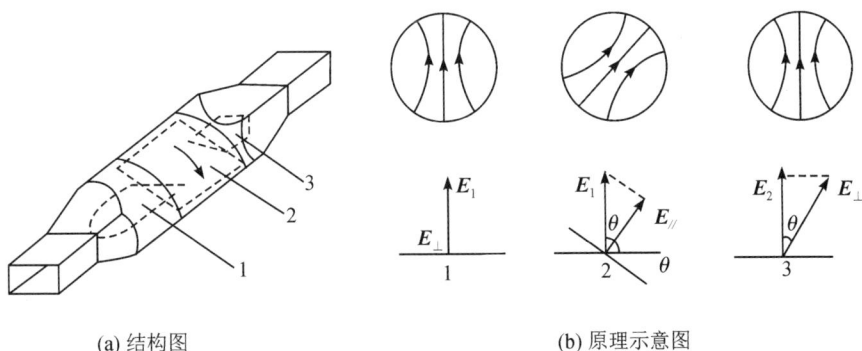

(a) 结构图　　　　　　　　　(b) 原理示意图

图 5-4-3 旋转式极化衰减器的结构图及原理示意图

如图 5-4-3(b)所示，圆波导中的吸收片 2 的旋转角度 θ 决定了极化衰减器的衰减量，其原理可简单描述为：在方-圆过渡波导中，从矩形波导输入的 TE_{10} 模激起圆波导垂直极化的 TE_{11} 模，垂直于吸收片 1 平面的电场 $\boldsymbol{E}_1$ 无衰减；当电磁波进入圆波导后，若吸收片 2 相对于水平面旋转角度 θ，则 $\boldsymbol{E}_1$ 被吸收片 2 的平面分解为平行分量 $E_{/\!/} = E_1 \sin\theta$ 和垂直分量 $E_{\perp} = E_1 \cos\theta$，圆波导将全部吸收平行电场分量，而垂直电场分量则可无衰减地通过；当电磁波到达输出端的方-圆过渡波导中，垂直电场分量再次被吸收片 3 的平面分解为平行分量和垂直分量，平行分量被吸收，垂直分量可无衰减地通过方-圆过渡波导，最后从矩形波导中输出，这部分电场为 $E_2 = E_\perp \cos\theta = E_1\cos^2\theta$。衰减量可以表示为

$$L = 10\lg\frac{P_1}{P_2} = 10\lg\left(\frac{E_1}{E_2}\right)^2 = -40\lg|\cos\theta|\ \text{dB} \tag{5-4-2}$$

采用 PIN 二极管还可构成电调衰减器，其衰减量由电信号控制，属于有源器件，不在本书所述内容范畴。

2. 移相器

移相器是用来改变传输信号相位的器件，要求其相移量可以调节，但不能产生衰减；主要用于相控阵天线，也用于其他需要改变电磁波极化方式的场合。移相器有固定式和可变式两种。

理想相移器是无反射、无衰减的二端口网络，其 S 矩阵可以表示为

$$S = \begin{bmatrix} 0 & e^{-j\beta l} \\ e^{-j\beta l} & 0 \end{bmatrix} \tag{5-4-3}$$

式中，相移量为

$$\theta = \beta l = \frac{2\pi l}{\lambda_g} \tag{5-4-4}$$

由此可知，改变相移的途径有两种：

（1）改变传输线的长度 l。简言之，任何一种能够改变传输线长度的机构，都可用作可变移相器。

（2）改变传输线的相位常数 β。如将平移式衰减器的吸收片换成具有一定介电常数的无耗介质片，就构成了介质移相器。在这种移相器中，波导波长 λ_g 随介质片的位置而变化，从而引起相移的改变。

5.5 阻抗变换器

当负载阻抗与传输线特性阻抗不相等，或连接两段特性阻抗不同的传输线时，由于阻抗不匹配会产生反射现象，从而导致传输系统的功率容量和传输效率下降，负载不能获得最大功率。为了消除这种不良反射现象，可接入一阻抗变换器，以获得良好的匹配。常用的阻抗变换器有两种：一种是由四分之一波长传输线段构成的阶梯阻抗变换器（包括单节和多节）；另一种是渐变线阻抗变换器。

1. 单节阻抗变换器

单节 $\lambda/4$ 阻抗变换器的工作原理可由图 5-5-1 加以说明。

若主传输线的特性阻抗为 Z_0，终端接一纯电阻性负载 Z_L，而 $Z_L \neq Z_0$，在这两者之间接入特性阻抗为 Z_0，长度为 $l = \lambda_{g0}/4$ 的一段传输线，T_0 处的输入阻抗为 Z_{in}

$$Z_{in} = Z_1\frac{Z_L + jZ_1\tan\beta\lambda_{g0}/4}{Z_1 + jZ_L\tan\beta\lambda_{g0}/4} = \frac{Z_1^2}{Z_L}$$

故 $Z_1 = \sqrt{Z_{in} Z_L}$ 。

若要实现 $Z_{in} = Z_0$，则要求

$$Z_1 = \sqrt{Z_0 Z_L} \tag{5-5-1}$$

对于单一工作频率 f_0，当 $Z_1 = \sqrt{Z_0 Z_L}$ 时，可实现完全匹配，即 $Z_{in} = Z_0$。当工作频率偏离 f_0 时，$\beta l \neq \pi/2$，则 $Z_{in} \neq Z_0$。因此，图 5-5-1 中参考面 T_0 处的反射系数不再等于零。

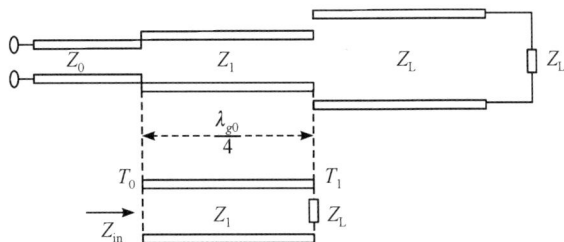

图 5-5-1　单节 $\lambda/4$ 阻抗变换器

对于单一频率或窄频带的阻抗匹配器来说，一般单节变换器提供的带宽能够满足要求。但如果要求在宽频带内实现阻抗匹配，就需要采用多节阶梯阻抗变换器或渐变线阻抗变换器。

2. 阻抗变换器的微波结构

图 5-5-2 给出了常用单节 $\lambda/4$ 阻抗变换器的微波结构。其中，图(a)为同轴线型；图(b)为微带线型；图(c)为矩形波导型。

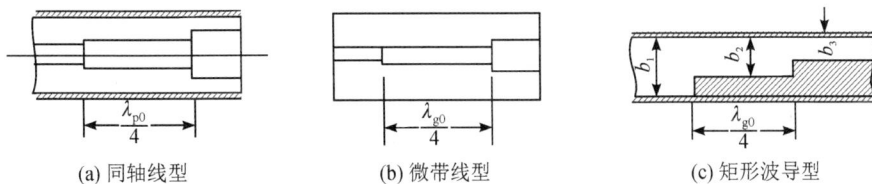

(a) 同轴线型　　　　(b) 微带线型　　　　(c) 矩形波导型

图 5-5-2　常用单节 $\lambda/4$ 阻抗变换器的微波结构

图 5-5-3 给出了三种常用多节阻抗变换器及渐变线的结构。其中，图(a)为波导多阶梯阻抗变换器；图(b)为微带渐变线式阻抗变换器；图(c)为微带低通阻抗变换器，这种阻抗变换器兼有阻抗变换和低通滤波两种功能。微带低通阻抗变换器的特性是：具有微带低通滤波器的结构形式；低阻抗线特性；其阻抗自左向右逐渐增大；变化的"包络"如同渐变线。微带低通阻抗变换器的理解如图 5-5-4 所示。

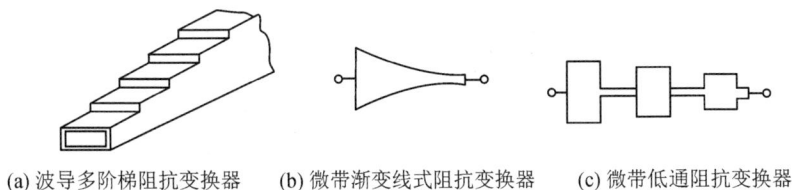

(a) 波导多阶梯阻抗变换器　　(b) 微带渐变线式阻抗变换器　　(c) 微带低通阻抗变换器

图 5-5-3　常用多节阻抗变换器及渐变线的结构

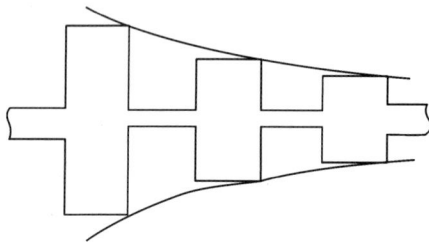

图 5-5-4　微带低通阻抗变换器的理解

在实际运用阻抗变换器中，还应注意以下两个问题：

(1) 阻抗变换器只适用于终端接纯电阻负载的情况，若负载为复导纳(或复阻抗)，则要采用适合长度的分支短截线或加入电抗(电纳)元件以抵消负载电纳(或电抗)部分。

(2) 当使用多节阶梯阻抗变换器或渐变线匹配时，要注意变换器与被匹配两端的连接关系，以实现阻抗的平稳变换。

5.6　微波滤波器

微波滤波器是微波系统中的重要元件之一，它是一种频率选择元件，在微波中继通信、卫星通信、雷达及微波测量中具有广泛的应用，其作用是使所要求频率范围内的信号通过，而阻止其余频率的信号。

微波滤波器是二端口元件，其基本电路是谐振回路。只要是能够构成谐振的电路组合，都可以实现滤波器的性能。因此，实现滤波器的过程就是实现相应谐振系统的过程。集总参数 LC 谐振回路是由电感、电容元件构成的电路，而分布参数谐振电路是由各种射频/微波传输线构成的谐振器。理论上，滤波器应由无耗元件构成。

按照通带和阻带特性，将微波滤波器分为低通滤波器、高通滤波器、带通滤波器和带阻滤波器，图 5-6-1 给出了四种滤波器相应的衰减特性曲线。以截止频率 ω_c 为界，当 $\omega < \omega_c$ 时，滤波器的衰减 $L_A = 0$，称为通带，当 $\omega > \omega_c$ 时，$L_A = \infty$，称为阻带。

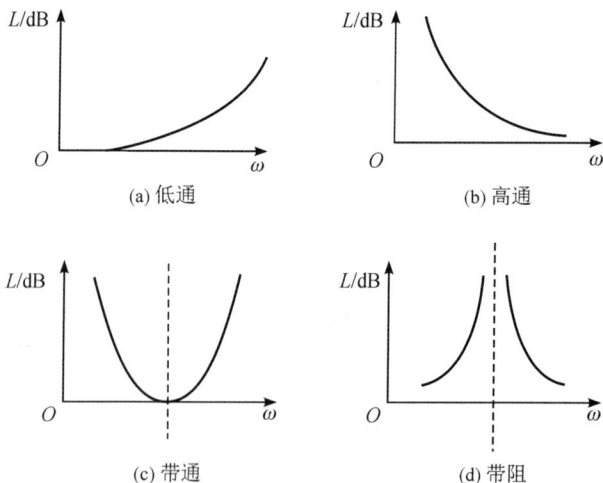

(a) 低通

(b) 高通

(c) 带通

(d) 带阻

图 5-6-1　四种滤波器相应的衰减特性曲线

理想滤波器的特性必须由无限个元件组成的电抗网络才能实现。实现的滤波器总是由有限个元件组成的电抗网络，故不能得到理想的衰减特性。在综合设计滤波器时，总是选择一个逼近衰减特性的函数，然后根据这个函数综合设计具体的结构。常用的逼近函数有巴特沃斯式和切比雪夫式，它们分别称为巴特沃斯式滤波器和切比雪夫式滤波器。

图 5-6-2(a) 和 (b) 分别表示以上两种常用滤波器的衰减特性。它们的衰减特性分别为

$$L_A = 10\lg(1 + \varepsilon\omega^{2N})$$

和

$$L_A = 10\lg[1 + \varepsilon T_N^2(\omega)]$$

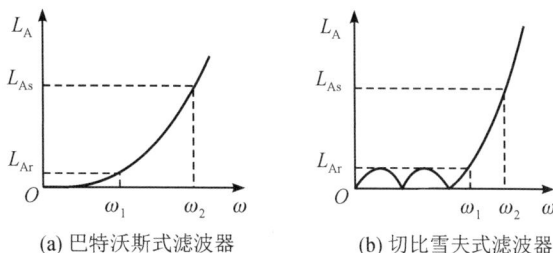

(a) 巴特沃斯式滤波器　　　　(b) 切比雪夫式滤波器

图 5-6-2　两种常用滤波器的衰减特性

当逼近函数选定后，通过查阅相关曲线和图表可得到由电感和电容等集中参数元件构成的梯形电路结构，如图 5-6-3 所示。两图电路互偶，都是低通原型滤波器，两个电路的元件数值不变，响应也相同。图中的元件数目与元件数值只与通带截止频率、衰减和阻带起始频率、衰减有关。其中，图(a)为电容输入式；图(b)为电感输入式。

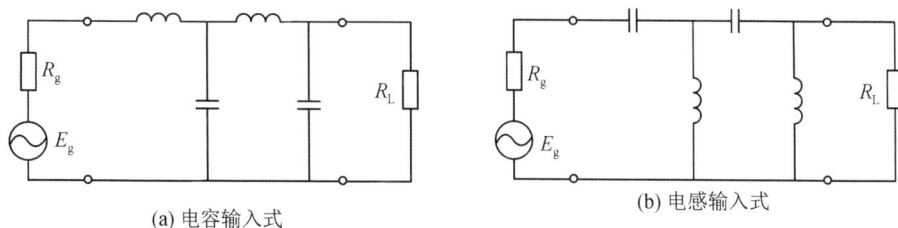

(a) 电容输入式　　　　　　　　(b) 电感输入式

图 5-6-3　滤波器的梯形电路结构

滤波器的主要技术指标有：

(1) 通带截止频率 f_c，单位为 Hz；通带内允许最大插入衰减 L_{Ar}，单位为 dB。

(2) 阻带内最小衰减 L_{As}，单位为 dB；相应的阻带边界频率 f_s，单位为 Hz。当 f_s 固定时，L_{As} 越大，表示阻带的插入衰减频率特性曲线越陡，性能越好。

(3) 工作频率范围 $f_1 \sim f_2$，指的是通带内的频率范围。工作频率范围分为两种定义：一种定义为 3 dB 带宽，即将通带内传输特性的最高点下移 3 dB 时对应的带宽；另一种定义为插损带宽，指的是满足插入损耗时对应的带宽。

(4) 插入损耗。滤波器是一个二端口网络，根据前面理论可知，网络在系统内会引入插入损耗，单位为 dB。该损耗分为两部分：有耗网络引起的吸收衰减损耗，网络输入端与外接传输线不匹配引起的反射衰减损耗。

（5）带内波纹。表明插入损耗的波动范围，单位为 dB。

（6）带外抑制。规定滤波器阻断信号的频段范围，单位为 dB/Hz。带外抑制需要滤波器的寄生通带损耗越大越好，也即希望谐振回路的二次、三次等高次谐振峰值越低越好。

（7）寄生通带。表明本是阻带的频段出现通带的范围。微波滤波器是由分布参数元件构成的，分布参数元件的数值或者电抗性质随着频率变化而发生变化，寄生通带也因此产生。

（8）插入相移和时延频率特性。插入相移如微波网络理论中给出的定义，是散射参量的传输参量 S_{21} 的相角 $\theta = \arg S_{12}$。它是频率的函数，其曲线就是滤波器的插入相移特性。S_{21} 的相角与角频率之比为相位时延，其曲线即为滤波器的时延频率特性。

以上主要技术指标可参见图 5-6-4 带通滤波器的频率特性曲线。

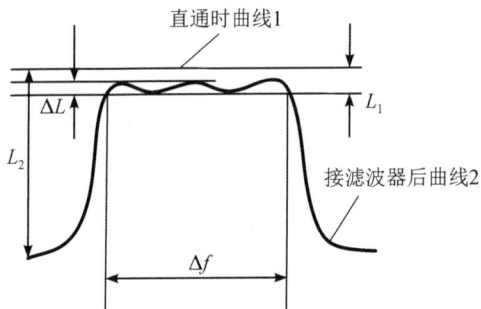

图 5-6-4　带通滤波器的频率特性曲线

图中，L_1 为插入损耗；ΔL 为带内波纹；L_2 为带外抑制；Δf 为工作频率范围。

根据波波器的作用，对滤波器提出下面几点要求：

(1)通带内衰减越小越好。

(2)阻带内衰减越大越好。

(3)在截止频率处衰减上升要快。

(4)通带内滤波器的特性阻抗应该和两端所连接的网络相匹配。

在微波通信系统中，为了不失真地传输信号，不仅要求微波滤波器的幅频响应满足预定的技术指标，而且要求在整个频带内具有恒定不变的时延，以减少延迟失真，故要求 S_{21} 的相角与角频率具有良好的线性关系，满足这种关系的滤波器也称为线性相位滤波器。

5.7　波导分支元件

在微波传输系统中，有时需要将传输功率分配到两路或更多路上去，或将几路功率合成一路。这可使用波导的 T 形接头来完成。因此 T 形接头常用作分路元件或功率分配器。对功率分配元件的基本要求是损耗小、驻波比小、频带宽。常见的波导 T 形接头有 E-T 接头和 H-T 接头，以及双 T 接头。

5.7.1　波导三分支元件

最简单的功率分配元件就是具有三个端口的三分支元件。波导三分支元件及其简化等效电路如图 5-7-1 所示。由于其分支波导与主波导垂直，形状如"T"字，故称 T 形接头，简称单 T。单 T 是三端口元件。如果分支波导的宽面与 TE$_{10}$ 模的电场 E 平行，称 E 面 T 形接头，简称 E-T 接头，或称 E-T。如果分支波导的宽面与 TE$_{10}$ 模的磁场 H 平行，称 H 面 T 形接头，简称 H-T 接头，或称 H-T。E-T 常用串联双线等效，H-T 常用并联双线等效。下面分别介绍两种接头的工作特性。

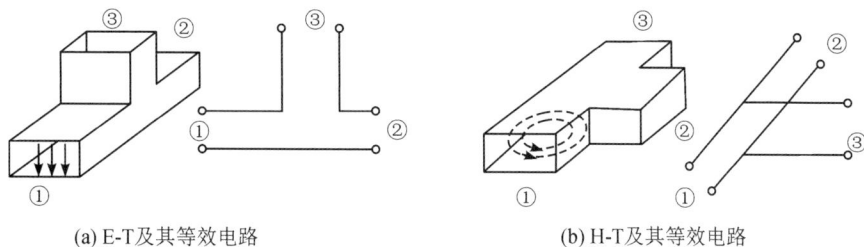

(a) E-T及其等效电路　　　　　　　　　　(b) H-T及其等效电路

图 5-7-1　波导三分支元件及其简化等效电路

E-T 和 H-T 接头实物图如图 5-7-2 所示。

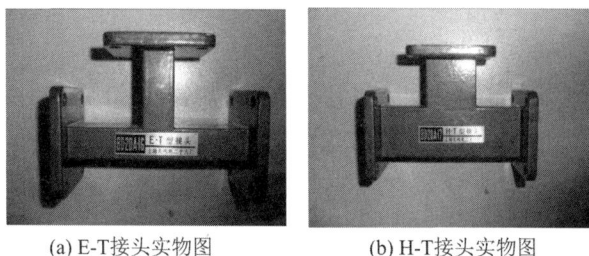

(a) E-T接头实物图　　　　　　　　　(b) H-T接头实物图

图 5-7-2　E-T 和 H-T 接头实物图

1. E-T 接头

一般把主波导的两臂分别称端口①和端口②，分支臂称为端口③，不考虑分支区域波导连接处不均匀性产生的高次模，各端口波导中只有 TE$_{10}$ 波传输，则这种 E-T 接头具有下列特性。

(1) 当 TE$_{10}$ 模信号从端口③输入，端口①、②接匹配负载时，则端口①和端口②有等幅、反相输出，如图 5-7-3 (a)所示。

(2) 当 TE$_{10}$ 模信号从端口①和端口②同相输入且端口③接匹配负载时，在端口③的对称面上，得到电场的驻波波腹（入射波与反射波同相叠加），则端口③输出最小；当信号从端口①和端口②输入时等幅且同相，则端口③输出为零。端口③的对称面为驻波波腹点。从端口①和端口②同相输入，如图 5-7-3(b)所示。

(3) 当 TE$_{10}$ 模信号从端口①和端口②反相输入且端口③接匹配负载时，在端口③的对称面上，得到电场的驻波波节（入射波与反射波反相叠加），则端口③有输出；当信号从端口①和端口②输入等幅且反相时，则端口③有最大输出。端口③的对称面为电场驻波波节点。从端口①和端口②反相输入，如图 5-7-3(c)所示。

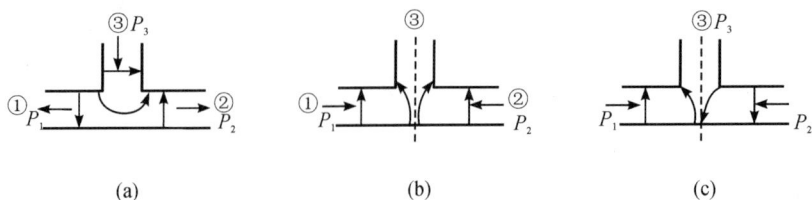

图 5-7-3　E-T 接头的工作特性

如图 5-7-4 所示，由波导管壁的纵向电流分布可知，主波导宽面纵向电流经由分支波导宽面构成回路，E 分支③相当于串接在主波导上，因此 E-T 接头的等效电路相当于在传输线中串接一个阻抗。如果在 E 分支中加一个可调的短路活塞，上下改变活塞的位置就可以改变串接电抗的大小。

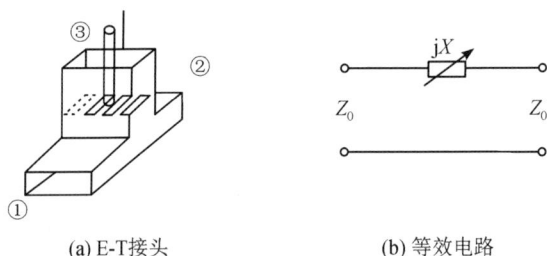

(a) E-T 接头　　　　　　　　(b) 等效电路

图 5-7-4　分支加短路活塞的 E-T 接头和等效电路

2. H-T 接头

主波导两个臂分别称为端口①和端口②，分支臂称为端口③，图中为电场线，用"…"表示电场线穿出纸面，用"×××"表示电场线射入纸面。如图 5-7-5 所示，有以下结论。

（1）当信号自端口③输入且端口①和②接匹配负载时，则端口①和端口②有等幅、同相输出，如图 5-7-5(a)。

（2）当信号自端口①和端口②同相输入且端口③接匹配负载时，则端口③有最大输出，端口③的对称面处在电场驻波波腹点，如图 5-7-5(b)。

（3）当信号自端口①和端口②反相输入且端口③接匹配负载时，端口③输出最小。当端口①和端口②等幅、反相输入时，端口③输出为零，端口③对称面处在电场驻波波节点，如图 5-7-5(c)。

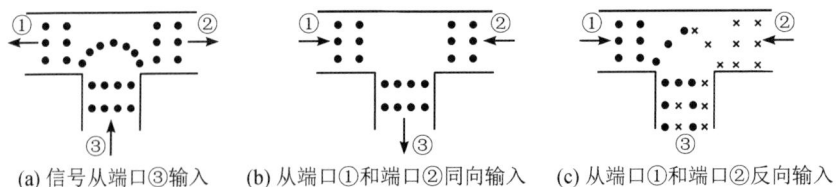

(a) 信号从端口③输入　(b) 从端口①和端口②同向输入　(c) 从端口①和端口②反向输入

图 5-7-5　H-T 接头的工作特性

H-T 接头与 E-T 接头情况不同，主波导宽壁电流被分支波导宽面分流，因此 H-T 接头的 H 臂相当于并接在传输线中的阻抗；同样，如果在分支中加一个可调的短路活塞，改变 H 臂中短路活塞的位置就可改变并接阻抗的大小，如图 5-7-6 所示。

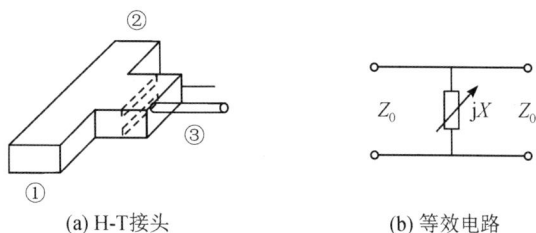

(a) H-T 接头　　　　　　(b) 等效电路

图 5-7-6　分支加短路活塞 H-T 接头和等效电路

5.7.2　双 T 和魔 T

将具有共同对称面的 E-T 接头和 H-T 接头组合起来，就构成双 T 接头，如图 5-7-7 所示。双 T 是四端口元件。

一般把 E 臂称为端口③，H 臂称为端口④，端口①和端口②臂称为平分臂，端口③和端口④臂称为隔离臂。如图 5-7-7(b)所示。根据 E-T 接头和 H-T 接头的特性，可知双 T 接头的特性如下所述。

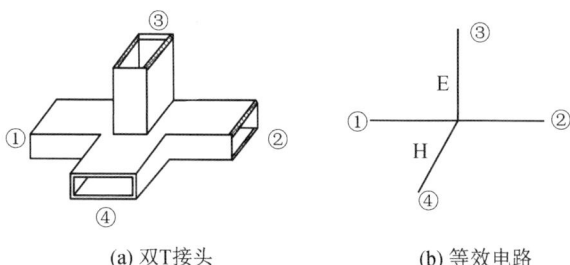

(a) 双 T 接头　　　　　　(b) 等效电路

图 5-7-7　双 T 接头

（1）当信号由 E 臂③输入时，则端口①和端口②等幅反相输出，H 臂④输出为零。

（2）当信号由 H 臂④输入时，则端口①和端口②等幅同相输出，E 臂③输出为零。

（3）当 E 臂③和 H 臂④均接匹配负载时，信号自端口①和端口②等幅同相输入时，则 H 臂④有输出，而 E 臂③输出为零；反之，当信号自端口①和端口②等幅反相输入时，则 E 臂③有输出，而 H 臂④输出为零。由此可见，E 臂端口③和 H 臂端口④互为隔离，端口①和端口②互为平分。

为了消除连接处结构的突度引起的反射，通常在接头处加入匹配元件(如螺钉、膜片或锥体)，以获得匹配的双 T。这种经匹配后的双 T 接头称为魔 T，魔 T 有非常奇妙的特性。

在微波通信及雷达系统中，往往需要接收机与发射机共用一个天线，同时必须解决大功率发射机与高灵敏度接收机互不干扰的问题。此时需要一个天线收发开关。由两个魔 T 可以组成平衡式天线收发开关。下面以雷达系统中的天线收发开关为例，介绍魔 T 在雷达中的应用。

图 5-7-8 是雷达平衡式收发开关的结构示意图。该结构由两个魔 T(分别是魔 T1 和魔 T2)组成，所用两个魔 T 的平分臂相互连接。

在两个连接支路中各放置一个气体放电管(例如，谐振窗膜片)，彼此相距 $\lambda/4$。发射

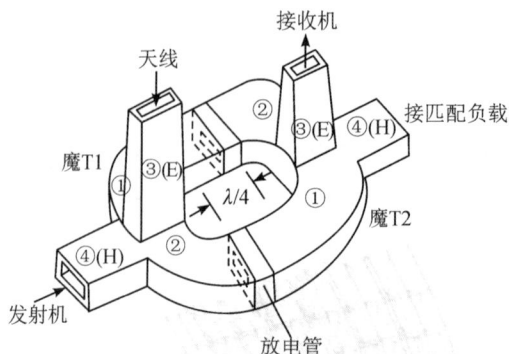

图 5-7-8 雷达平衡式收发开关的结构示意图

时，当来自发射机的大功率信号从魔 T1 端口④的输入后，只能经过端口①、②等幅同相输出。到达放电管(谐振窗)时发生打火，使放电管击穿形成短路，使得入射信号由两个支路全反射回来，从而不会到达接收机。又由于两个放电管在水平距离上相差 $\lambda/4$，故反射回来的波有 $\lambda/2$ 的相位差，构成等幅反相波，因而使得反射信号到达端口①、②时等幅反相，只能经过端口③到达雷达天线发射出去。

接收时，来自雷达天线的回波接收信号从魔 T1 的端口③输入后，端口④无输出(信号不进入发射机)，只能经过端口①、②等幅反相输出。因功率小，放电管不会被击穿，信号可以顺利到达魔 T2 的端口①、②，并保持等幅、反相的关系，只能经过端口③传输至接收机。于是完成了收、发共用天线的功能。

如果放电管出现故障，或部分信号泄漏，那么经过放电管漏入魔 T2 的功率由于等幅同相，便进入魔 T2 的端口④，由于端口④接匹配负载，吸收了功率，这样可防止大功率发射信号灌入接收机中。

5.8 定向耦合器

定向耦合器是一种用于微波和射频系统中的无源器件，能够按特定方向提取或分配信号功率，同时允许大部分信号继续沿主路径传输。它是微波/射频系统中的"信号路由器"。

定向耦合器是一个四端口微波网络，它有输入端口、直通端口、耦合端口和隔离端口，分别对应如图 5-8-1 所示的端口①、②、③和④。信号从输入端口①进入，大部分功率传输到直通端口②，这条路径称为主线，小部分功率被定向耦合到耦合端口③，隔离端口④理论上无信号输出，端口③到端口④之间的路径称为副线。

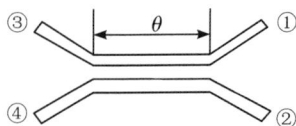

图 5-8-1 定向耦合器的四个端口

定向耦合器在微波技术中有着广泛的应用，可以用来监视功率和频率，将功率进行分配和合成，构成雷达天线的收发开关；它也是平衡混频器和测量电桥中的重要组成部分；还可以利用定向耦合器来测量反射系数和功率等。

定向耦合器的种类很多，按耦合方式来分，有单孔耦合、多孔耦合、连续耦合和平行线耦合等定向耦合器；按耦合输出的方向来分，有同向定向耦合器和反向定向耦合器；按输出的相位来分，有 90 度定向耦合器和 180 度定向耦合器；按耦合的强弱来分，有强耦合、中耦合和弱耦合的定向耦合器；一般情况下，按传输线类型来分，主要有波导、同轴线、带状线和微带线等定向耦合器。图 5-8-2 给出了几种常用定向耦合器的结构示意图，其中，图(a)为微带双分支定向耦合器，图(b)为波导单孔定向耦合器，图(c)为平行耦合线定向耦合器，图(d)为波导双 T，图(e)为波导多孔定向耦合器，图(f)为微带混合环。

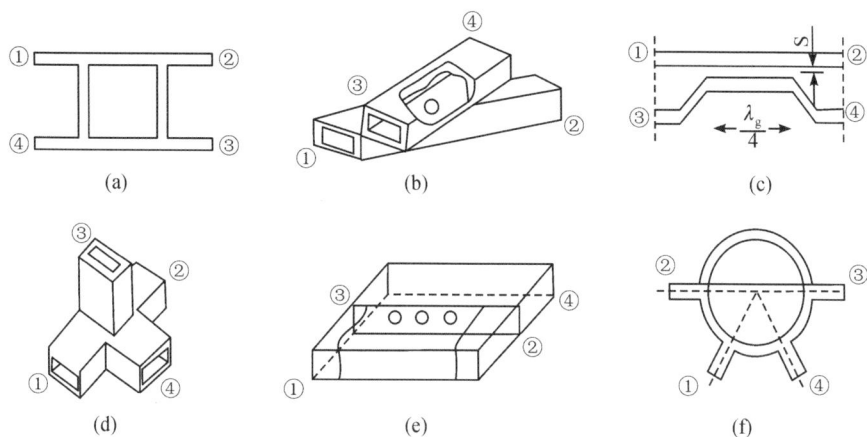

图 5-8-2　几种常用定向耦合器的结构示意图

三种常见的定向耦合器实物如图 5-8-3 所示。

(a) 耦合线定向耦合器　　　(b) 波导单孔定向耦合器　　　(c) 微带混合环

图 5-8-3　定向耦合器实物图

1. 定向耦合器的技术指标

定向耦合器的主要技术指标有耦合度、隔离度、方向性、输入驻波比和工作带宽。

1) 耦合度

耦合度(一般用字符 C 表示)定义为输入端口的输入功率 P_1 和耦合端口的输出功率 P_3 之比的分贝数，即

$$C = 10\lg\frac{P_1}{P_3} \quad \text{dB} \tag{5-8-1}$$

由于定向耦合器是一个可逆四端口网络，因此耦合度(dB)又可表示为

$$C = 10\lg \frac{1}{|S_{31}|^2} = 20\lg \frac{1}{|S_{31}|} \quad \text{dB} \qquad (5-8-2)$$

由此可见，耦合度的分贝数越大，耦合越弱。通常把耦合度为 $0\sim10$ dB 的定向耦合器称为强耦合定向耦合器；把耦合度为 $10\sim20$ dB 的定向耦合器称为中耦合定向耦合器；把大于 20 dB 耦合度的定向耦合器称为弱耦合定向耦合器。

2）隔离度

隔离度定义为主线输入端的输入功率与副线中隔离端口的输出功率之比的分贝数，其表达式为

$$I = 10\lg \frac{P_1}{P_4} = 20\lg \frac{1}{|S_{14}|} \quad \text{dB} \qquad (5-8-3)$$

上式表明，隔离度 I 越大，隔离端口输出越小。在理想情况下，隔离端口应没有功率输出，即 P_4 为零，此时隔离度为无限大。但实际上受设计公式和制造精度的限制，隔离端口尚有一些功率输出，且隔离度不再为无限大。

3）方向性

有时，可用方向性 $D(\text{dB})$ 来表示隔离性能。方向性定义为副线中耦合端口和副线中隔离端口的输出功率之比的分贝数，用以表示定向耦合器的定向传输性能，即

$$I = 10\lg \frac{P_3}{P_4} = 20\lg \frac{|S_{13}|}{|S_{14}|} \text{dB} = D - C \quad \text{dB} \qquad (5-8-4)$$

上式表明，方向性 I 越大，方向性能越好。在理想情况下，$P_4 \rightarrow 0$，$D \rightarrow \infty$，$I \rightarrow \infty$。实用中常提出一个最低要求 $D_{\min}$。例如，在工作频带内，$D_{\min} = 20$ dB 等。

4）输入驻波比

除输入端口外，将定向耦合器其余各端口均接上匹配负载时，输入端的驻波比即为定向耦合器的输入驻波比。此时，网络输入端的反射系数即为网络的散射参量 S_{11}，故有

$$\rho = \frac{1 + |S_{11}|}{1 - |S_{11}|} \qquad (5-8-5)$$

一般在端口②、③、④均接匹配负载时，主线端口①的输入驻波比 $\rho \leqslant 1.05$。

5）工作带宽

满足定向耦合器以上三个指标的频率范围，即为工作频带宽度，简称工作频带。一般情况下，工作频带应尽量宽。需要说明的是，由于定向耦合器是可逆四端口网络，因而任一端口都可以作为输入端口。

实际上，定向耦合器的端口只有三个，即端口①、端口②和端口③（端口④已做成匹配负载）。正常使用时，端口①接输入，端口②接输出，端口③接耦合输出，即使隔离度不太好，有信号输出到端口④，也被匹配负载所吸收。若端口②接输入，而端口①有输出。

2. 几种常见定向耦合器

下面简单介绍几种常见定向耦合器。

1）波导型定向耦合器

大多数波导定向耦合器的耦合都是通过在主、副波导的公共壁上的耦合孔来实现的。

通过耦合孔将主波导中的电磁能量耦合到副波导中，并具有一定的方向性。副波导各端口输出功率的大小取决于耦合孔的大小、形状和位置。

波导定向耦合器的种类很多，最常用的波导定向耦合器有单孔、多孔和十字孔定向耦合器。图 5-8-4 给出了三种常用的波导定向耦合器的结构示意图，其中，图(a)为宽壁斜交单孔耦合器，图(b)为多孔定向耦合器，图(c)为十字孔定向耦合器。常见的双孔定向耦合器，是在波导的公共窄壁上开有形状、尺寸完全相同，相距为 $\lambda/4$ 的两个耦合孔。

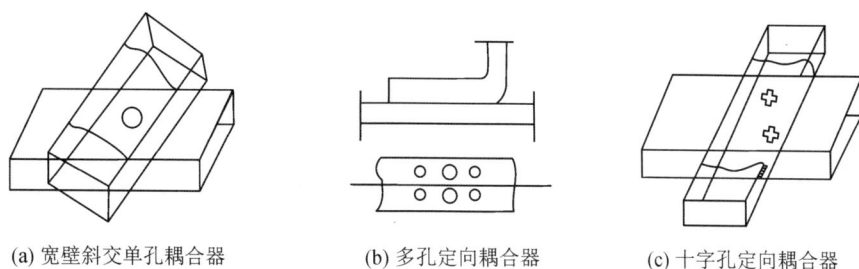

(a) 宽壁斜交单孔耦合器　　(b) 多孔定向耦合器　　(c) 十字孔定向耦合器

图 5-8-4　三种常用的波导定向耦合器的结构示意图

2) 平行耦合线定向耦合器

图 5-8-5(a)给出单节 $\lambda/4$ 平行耦合线定向耦合器的结构示意图。它由两个等宽的耦合平行线段组成，其耦合线的长度是中心波长的四分之一，各端口均接匹配负载 Z_0。这种耦合线定向耦合器通常用微带线或带状线来实现。

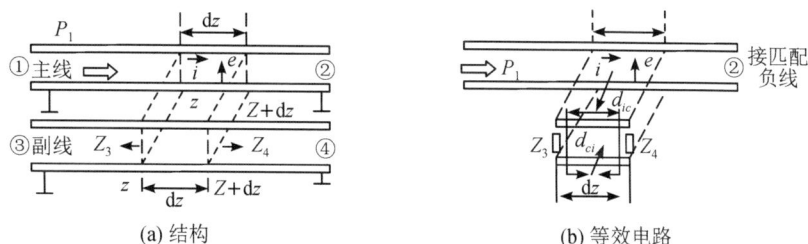

(a) 结构　　　　　　　　(b) 等效电路

图 5-8-5　单节 $\lambda/4$ 平行耦合线定向耦合线

信号从端口①输入时，一部分信号向端口②输出，通过两线之间的电磁耦合，另一部分信号也同时会向端口③和端口④输出。

由于电场耦合在副线中向端口③和端口④方向产生的电场是等幅同相的，而磁场耦合在副线中向端口③和端口④产生的电场是等幅反相的，如图 5-8-5(b)所示。在理想情况下，端口④无输出，可达理想隔离。这种定向耦合器称为反向定向耦合器，而且端口②与端口③的输出信号相位差 90°，故又称为 90°反向定向耦合器。

3) 分支定向耦合器

分支定向耦合器是由两根平行的主传输线和若干耦合分支线组成的。分支线的长度及相邻分支线之间的距离均为 $\lambda_g/4$。这种分支定向耦合器可以用矩形波导、同轴线、带状线和微带线来实现。

图 5-8-6 为微带型双分支定向耦合器的结构示意图，图中仅画出了微带线的中心导带，它可等效为一个四端口网络。它是一个对称、可逆、无耗的四端口网络。端口①为输入

端，端口②为直通端；端口③为耦合端；端口④为隔离端。

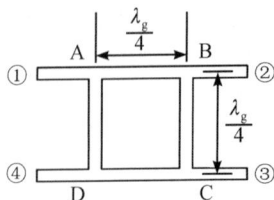

图 5-8-6 双分支定向耦合器

微带型双分支定向耦合器的工作原理：这种定向耦合器是通过两个耦合波的路程差引起的相位差来达到定向的。假设信号从端口①输入，经过 A 点分 A→B→C 和 A→D→C 两路到达 C 点，由于两路路程相同，故两路在 C 点同相相加，端口③有输出，为耦合端。假设输入电压信号从端口①经 A 点输入，则到达 D 点的信号有两条路径，一路由分支线直达，其波行程为 $\lambda_g/4$，另一路由 A→B→C→D，波行程为 $3\lambda_g/4$，故两条路径到达的波行程差为 $\lambda_g/2$，相应的相位差为 π，即相位相反。因此，若选择合适的特性阻抗，使到达的两路信号的振幅相等，则端口④处的两路信号相互抵消，从而实现隔离。这种定向耦合器称为同向定向耦合器，由于端口②和端口③输出信号的相位差为 90°，故又称为 90°同向定向耦合器。

同样，由 A→C 的两路信号为同相信号，故在端口③有耦合输出信号，即端口③为耦合端。耦合端输出信号的大小同样取决于各线的特性阻抗。

值得一提的是，理想 3 dB 双分支定向耦合器的散射参数矩阵为

$$S = -\frac{1}{\sqrt{2}} \begin{bmatrix} 0 & j & 1 & 0 \\ j & 0 & 0 & 1 \\ 1 & 0 & 0 & j \\ 0 & 1 & j & 0 \end{bmatrix}$$

以上分析了并联结构的微带分支定向耦合器，对于串联结构的波导分支定向耦合器，运用对偶定理容易得到结果。对于多分支定向耦合器的分析，多采用奇偶模参量分析法。

5.9 微波谐振器

如同低频电路中的 LC 振荡回路一样，微波谐振器是微波电路中的谐振回路，工作频段一般在分米波以上，在微波电路技术中有着广泛的应用。例如，微波谐振器在微波测量中作为波长计或频率计；在微波电子管中是重要的组成部分；在微波半导体振荡器中则作为振荡器或稳频器；在微波带通、带阻滤波器中，微波谐振器是它们的基本环节；微波谐振器还可以作为微波信号源等。它是用短路面、开路面，以及其他措施将电磁场约束于一定空间的装置。微波谐振器中的电能和磁能一般是无法分开的。

微波谐振器可分为传输线型和非传输线型两种。前者将微波传输线两端接短路面或开路面，以便形成传输线型谐振器，如矩形谐振器、圆柱谐振器、同轴线谐振器、微带谐振器和介质谐振器等；后者是一些特殊形状的谐振器，在腔体的一个或几个方向上存在不均匀

性，例如，电容加载同轴线谐振器、注入式环形谐振器等。根据不同用途，可选择不同形式的谐振器，例如，在微波集成电路中，主要采用微带谐振器和介质谐振器。对不同类型的微波谐振器，应有不同的分析方法。

微波谐振器的完整理论必须从电磁场方程及其边界条件获得。这种方法对多模工作的传输线型谐振器（如矩形和圆形波导、微带环形腔等）以及非传输线型谐振器的研究比较合适，这种方法是从"场"的角度来分析；而对于单模工作的一些传输线型谐振器（如同轴线谐振器、微带谐振器等），用分布参数电路或集总参数电路来研究更为方便，即从"路"的角度来分析。

5.9.1　微波谐振器的基本参数

微波谐振器的主要参数有谐振频率 f_0（或者谐振波长 λ_0）、品质因数 Q 和等效电导 G_0（或电阻 R_0）。如同在规则波导中一样，谐振腔中也有 TM 模和 TE 模，不同工作模式的参数一般是不同的。

从理论上说，只要满足边界条件，任何模式的驻波场都可以在谐振器存在，因而谐振器中有无穷多个振荡模式。这里仅限对一种特定的单模电磁谐振进行研究。谐振器工作时，应保证所需要的振荡模式，防止跳模。

1. 谐振频率

不同于低频电路 LC 谐振回路只有唯一的工作频率，微波谐振腔可以在一系列频率下产生电磁振荡。这个电磁振荡的频率称为谐振器的谐振频率 f_0，又称固有频率，对应的波长为谐振波长 λ_0。谐振频率（或谐振波长）是微波谐振腔的重要参数之一。

在此频率下，谐振器内的电场能量与磁场能量相等。由波动方程

$$\nabla^2 \boldsymbol{E} + k^2 \boldsymbol{E} = 0 \tag{5-9-1}$$

$$\nabla^2 \boldsymbol{H} + k^2 \boldsymbol{H} = 0 \tag{5-9-2}$$

其中，$k = 2\pi/\lambda$，λ 为波长，求出满足给定边界条件的本征值 k，便得到其谐振频率。对于闭合的理想导体的边界条件，k 具有无穷多个离散的实数本征值 $k_i(i=1,2,\cdots)$，可见有无穷多个谐振频率。它与无穷多个振荡模式相对应。

2. 品质因数

品质因数是微波谐振器的另一个重要参数，它表明了谐振器的选择性优劣和能量损耗程度，它包括固有品质因数 Q_0 和有载品质因数 Q_L。

根据定义，固有品质因素

$$Q_0 = 2\pi \frac{W}{W_T} = \omega_0 \frac{W}{P_L} \tag{5-9-3}$$

式中，W 为谐振器内存储的电磁场总能量；W_T 为一个周期内谐振器的耗能；P_L 为谐振器中的耗能功率。

在谐振时，谐振器中电磁场的总能量为

$$W = \frac{\varepsilon}{2} \int_V E \cdot E^* \, \mathrm{d}V = \frac{\mu}{2} \int_V H \cdot H^* \, \mathrm{d}V \tag{5-9-4}$$

式中，V 为谐振器的体积；ε 和 μ 分别为谐振器内媒质的介电常数和磁导率。

谐振器的功率损耗主要是导体损耗，它可由下式计算：

$$P_L = \frac{1}{2}\oint_S |J|^2 R_s \mathrm{d}S = \frac{R_s}{2}\oint_S |H_t|^2 \mathrm{d}S \tag{5-9-5}$$

式中，S 为谐振器导体内壁的表面积；R_s 为导体内壁的表面电阻，$R_s = \dfrac{1}{\delta \cdot \sigma}$；$J$ 为导体内表面的电流线密度；H_t 为导体表面的切向磁场。

将式（5-9-4）和式（5-9-5）代入式（5-9-3）可得

$$Q_0 = \omega_0 \frac{\mu}{R_s} \frac{\int_V |H|^2 \mathrm{d}V}{\oint_S |H_t|^2 \mathrm{d}S} \tag{5-9-6}$$

若 δ 为导体表面的趋肤深度，则 $\delta = \sqrt{\dfrac{2}{\omega_0 \delta \mu}}$，式中 σ 为导体电导率，μ 为磁导率，故 $\omega_0 \dfrac{\mu}{R_s} = \dfrac{2}{\delta}$，因此，固有品质因数

$$Q_0 = \frac{2}{\delta} \frac{\int_V |H|^2 \mathrm{d}V}{\oint_S |H_t|^2 \mathrm{d}S} \tag{5-9-7}$$

由此可知，V/S 越大，Q_0 越高；δ 越小，Q_0 越高。因此，为了提高品质因数，在抑制干扰模的前提下，应尽可能地使体积 V 大一些，使面积 S 小一些；并且选用电导率较大的金属作为表面，且金属表面尽量光滑。在厘米波波段，腔体趋肤深度为几微米，品质因数值为 $10^4 \sim 10^5$ 数量级，远远大于 LC 振荡回路的品质因数值。空腔谐振器的 Q_0 值远大于 LC 回路的 Q_0 值，这是空腔谐振器的一个重要优点。

当一个微波谐振器正常工作时，必定通过耦合缝（孔）、耦合环或探针与外界发生能量的交换。由于外界负载的作用，不仅使谐振频率发生了变化，还额外增加了腔体的功率损耗，从而导致品质因数的下降。通常，把考虑了外界负载作用下的腔体的品质因数称为有载品质因数，用 Q_L 表示

$$Q_L = \omega_0 \frac{W}{P_1 + P_2}$$

有载品质因数不仅有腔体本身的功率损耗，还有外接负载的功率损耗。

3. 等效电导

谐振器内工作的是驻波，存储了电磁能量，电能相当于存储于等效电容；磁能相当于存储于等效电感。如果考虑谐振器的损耗，相当于一个等效电导 G_0 提供损耗，那么可以将谐振器等效为一个谐振回路。

等效电导 G_0 是将微波谐振器等效为参数谐振回路而得到的一个参数，它代表了谐振器内的损耗。定义

$$G_0 = \frac{R_s \oint_S |H_t|^2 \mathrm{d}S}{\left(\int_b^a E_m \cdot \mathrm{d}l\right)^2} = \sqrt{\frac{\omega_0 \mu}{2\sigma}} \frac{\int_S |H_t|^2 \mathrm{d}S}{U_m^2} \tag{5-9-8}$$

式中，$U_m = \int_b^a E_m \cdot \mathrm{d}l$ 表示不同模式的等效电压振幅，积分路径由两端点 a、b 确定。

综上，微波谐振器的三个主要参数(谐振频率、品质因数和等效电导)的计算公式如上所推导。实际中，仅有矩形、圆柱和同轴线等类型的谐振器可以精确计算出上面三个参数，其他复杂形状的谐振器就很难用这些公式严格计算。一般在理论指导下用"路"的方式进行粗略估计，然后用实验方法测得；或者用微扰法及其他数值方法求解。

5.9.2　微波谐振器的类型

常见的微波谐振器包括矩形波导谐振器、圆柱谐振器、同轴线谐振器和微带传输线谐振器。

1. 矩形波导谐振器

矩形波导谐振器是由一段两端用导体板封闭起来的矩形波导构成的，如图 5-9-1 所示。它是几何形状最简单的一种空腔谐振器。

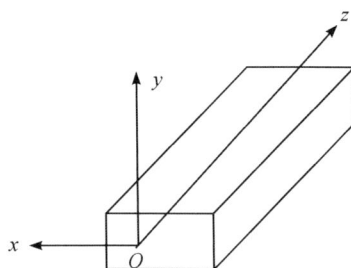

图 5-9-1　矩形空腔谐振器

1) 谐振波长 λ_0

矩形腔的谐振波长为

$$\lambda_0 = \frac{2}{\sqrt{\left(\frac{m}{a}\right)^2 + \left(\frac{n}{b}\right)^2 + \left(\frac{p}{l}\right)^2}} \tag{5-9-9}$$

式中，m、n、p 分别表示场分量沿波导宽边、窄边和腔长度方向分布的驻波数。

对于同一腔体(a、b、l 一定)，不同模式有不同的谐振波长，只要将其 m、n、p 代入上式，即可求得所对应的 λ_0。

例如，矩形腔中的 H_{101} 模式，将 $m=p=1$、$n=0$ 代入式(5-9-9)得

$$\lambda_{0H_{101}^m} = \frac{2}{\sqrt{\left(\frac{1}{a}\right)^2 + \left(\frac{1}{l}\right)^2}} \tag{5-9-10}$$

又如，对于 E_{110} 有

$$\lambda_{0E_{110}} = \frac{1}{\sqrt{\left(\frac{1}{a}\right)^2 + \left(\frac{1}{b}\right)^2}} \tag{5-9-11}$$

2) 品质因数

为求得矩形腔中各振荡模式的固有品质因数 Q_0，只要将相应的场分量代入 TE_{10} 的场方程求解即可。下面以 H_{101} 的模式为例，介绍计算方法。

将 $m=p=1$、$n=0$ 代入 TE_{10} 的场方程解中可得出 H_{101} 模式的场方程，即

$$
\begin{cases}
E_y = -\dfrac{2\omega\mu a}{\pi} H_0 \sin\left(\dfrac{\pi}{a}x\right)\sin\left(\dfrac{\pi}{l}z\right) \\[2mm]
H_x = \text{j}\dfrac{2a}{l}H_0 \sin\left(\dfrac{\pi}{a}x\right)\cos\left(\dfrac{\pi}{l}z\right) \\[2mm]
H_z = -\text{j}2H_0 \cos\left(\dfrac{\pi}{a}x\right)\sin\left(\dfrac{\pi}{l}z\right) \\[2mm]
E_x = E_z = H_y = 0
\end{cases}
\qquad (5-9-12)
$$

进而可得品质因数为

$$
Q_0 = \frac{abl}{\delta} \cdot \frac{a^2+l^2}{2b(a^3+l^3)+al(a^2+l^2)} \qquad (5-9-13)
$$

式中，δ 为波导导体的趋肤深度。

2. 圆柱谐振器

圆柱谐振器是由一段两端短路的圆波导构成的，半径为 a，高度（即长度）为 l，如图 5-9-2 所示。设介质为均匀、无耗，其介电常数为 $\varepsilon_1 = \varepsilon_{r1}\varepsilon_0$。

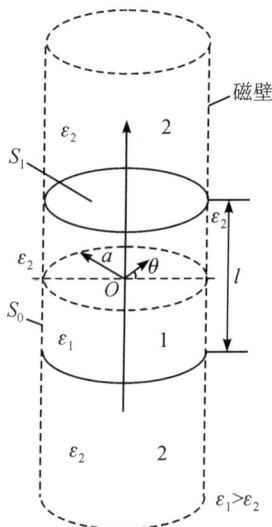

图 5-9-2　磁壁波导边界中的圆柱形介质谐振器

一般采用改进磁壁法（又称混合磁壁法或磁壁波导模型法）来分析圆柱谐振器。其分析方法如下：

首先，圆柱谐振器等效为一段圆柱形介质波导（介电常数为 ε_1），设它为 1 区。理想磁壁在 $r=a$ 的圆柱面 S_0 上，即 $r>a$ 处不存在电磁场。S_0 上、下延伸至无穷远处。

其次，圆柱谐振器上、下两区（介电常数为 ε_2）设为 2 区，可看成截止波导。在两种不同介质波导的交界面（S_1）上，切向场应当匹配，使介质圆柱中传输的波来回反射，形成自由振荡。

最后，介质圆柱内的电磁场可按类似金属圆柱形谐振腔方法求解，即先把其中的谐振模分成 TE 模和 TM 模，再解纵向场的亥姆霍茨方程，并求出横向场各分量，接下来匹配切向场，即可求得各谐振模的场分布及其谐振频率。

圆柱谐振器的主模为 $TE_{01\delta}$，其中，0、1、δ 分别表示场分量沿圆周、半径和腔长度方向分布的驻波数。图 5 - 9 - 3 给出了 $TE_{01\delta}$ 模和 $TM_{11\delta}$ 模谐振频率与尺寸的关系。由图可见，当 l 较小时，圆柱形介质谐振器中最低次模是 $TE_{01\delta}$；当 l 较大时，圆柱形介质谐振器中最低次模是 $TM_{11\delta}$ 模。这主要由形状比 l/D（$D = 2a$）来确定，在一般圆柱形介质谐振器的设计中，只要选取形状比小于 0.7，就可以保证谐振器的最低次模是 $TE_{01\delta}$ 模，由于 $TE_{01\delta}$ 模具有简单的电场分布（圆电场），故多用其作谐振器的主模。

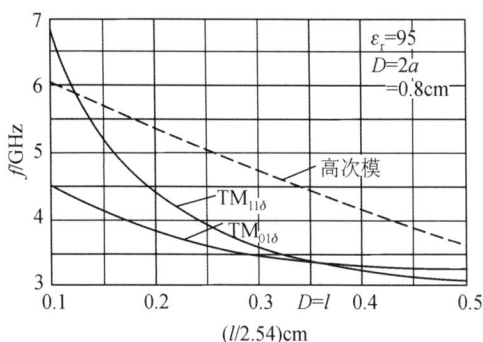

图 5 - 9 - 3　圆柱形介质谐振器谐振频率与尺寸的关系

3. 同轴线谐振器

利用同轴线段构成的分布参数谐振回路，称为同轴线谐振器。由于同轴线中传输的主模是无色散的 TEM 波，故同轴线谐振器振荡模式简单，不容易产生跳模，工作可靠而频带宽，因而获得了广泛的应用。

同轴线谐振器可用一个四分之一波长奇数倍的同轴线段，或二分之一波长整数倍的同轴线段构成，其常见的结构如图 5 - 9 - 4 所示。

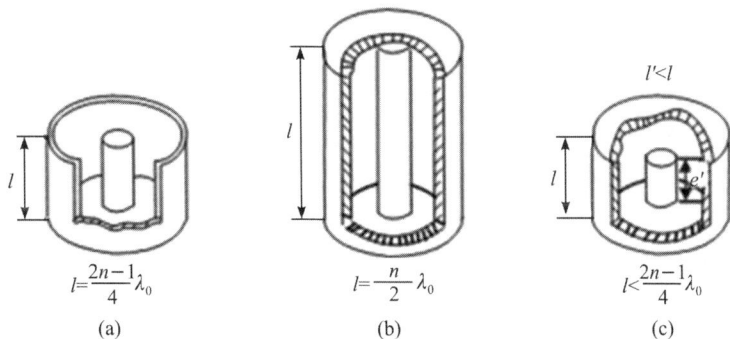

图 5 - 9 - 4　同轴线谐振器举例

在图 5 - 9 - 4 中，按图的排列顺序，后一种是前一种的某一方面的改进。图 5 - 9 - 4(a) 即 $\lambda/4$ 谐振器，具有尺寸小的突出优点，但因为一端开路，有额外的辐射损耗，不利于获得高的 Q 值；图 5 - 9 - 4(b) 即一个用两端面封闭（短路）的 $\lambda/2$ 谐振器，避免了辐射损耗，但尺寸比前者大了一倍；图 5 - 9 - 4(c) 即是附带有集总电容的同轴腔，又称为电容加载的同轴谐振器，由于利用了其中的内导体与端面之间的间隙形成的集总参数电容，其长度 l 可小于 $\lambda/4$，同时又不会产生辐射损耗。当然，因其他需要，也可作为 $l > \lambda/4$ 的同轴谐振器。

为了保证同轴谐振器中只出现 TEM 波所形成的驻波场的振荡模式，而不出现高次模，其内、外导体直径 a、b 应满足

$$\frac{\pi(a+b)}{2} < \lambda_{\min} \tag{5-9-14}$$

式中，$\lambda_{\min}$ 为工作频带内的最短波长。

4. 微带传输线谐振器

为了使微波设备小型化，在微波电路特别是小信号工作的微波电路中，微带电路的使用越来越广泛。微带传输线谐振器常是各种微带电路的组成部分。

由于微带传输线的主模是准 TEM 波。利用传输线谐振器的基本原理，对微带传输线谐振器的原理分析，是不难理解和掌握的。

当频率一定时，一段长度适合的开路或短路的微带线，均可构成微带传输线谐振器。因为在理想的情况下，电磁波在微带线的开路端或短路端产生全反射而在线上形成驻波，发生谐振。但为了获得终端短路，需要在微带基片上开槽，将终端与接地板连接起来，这样做增加了工艺的复杂性，所以在微带电路中应尽可能少用这种工艺。

本 章 小 结

本章分析了常用的微波无源元器件的性质和基本工作原理，主要有：微波系统中的终端负载元件，微波电抗元件，微波连接和转接元件，衰减器和移相器，阻抗变换器，微波滤波器，微带功分器，定向耦合器和微波谐振器等。要求理解其工作原理和在电路中的主要作用，并掌握其主要的技术参数。

习 题

5-1 匹配负载的作用是什么？

5-2 短路负载的作用是什么？

5-3 什么是理想衰减器？什么是理想移相器？写出这两种二端口微波网络的 S 参量矩阵。

5-4 简述微波滤波器的种类和主要性能指标，并简述对滤波器的要求。

5-5 定向耦合器的技术指标主要有哪些？其定义和表达式各是什么？

5-6 用波程法简述微带型双分支定向耦合器的工作原理。

5-7 微波滤波器与集总参数滤波器有什么区别？

5-8 微波滤波器有哪些主要技术指标？

5-9 微波谐振器有哪些主要参量？这些参量与低频集总参数谐振电路的参量有哪些异同点？

5-10 某空气填充的矩形谐振腔，尺寸为 $a=b=l=3$ cm，用电导率 $\sigma=1.5\times10^7$ S/m 的黄铜制作，试求工作于 TE_{101} 模式的固有品质因数。

5-11 试说明雷达平衡式收发开关的工作机理及魔 T 的作用。

第6章　微波技术应用

【本章导读】

微波系统是由信号源和传输线及无源、有源元件组成的具有一定功能的设备，已在雷达、卫星通信、移动通信、电子对抗、能束武器等军事领域得到广泛应用。微波技术也已深入通信与导航、空间技术、遥感技术、射电天文、微波输能、工业加热、工业检测、医学诊断等民用领域。本章首先介绍天线的射频特性，然后介绍典型的雷达系统和无线通信系统中的微波电路组成，并介绍微波技术在这些系统中的应用。

6.1　天　　线

无线电系统中发射或接收电磁波的设备，称为天线。

常见天线种类有很多。例如，按用途可将天线分为通信天线、广播电视天线、雷达天线等；按照工作波长，可将天线分为长波天线、中波天线、短波天线、超短波天线和微波天线等；按照辐射源的类型可将天线分为线天线和面天线两大类。这里只简要介绍天线的外部特征，包括方向图、方向性系数、增益、效率和等效面积等。

6.1.1　天线的常用性能参数

天线将传输线上的导引电磁波转换成空中传播的电磁波，起转换器作用。天线将发射机产生的导波场转换为空间辐射场，在电磁波传输的过程中完成从"传输线"到"空间"的转换；或者接收空间的电磁波，将电磁波能量转换成导波场，完成电磁波从"空间"再到"传输线"的转换，并送给接收机。微波通信系统中的收发天线如图6-1-1所示。从本质上讲，天线既可以作发射用也可以作接收用，具有互易性。很多无线电设备都采用一部收、发共用天线。

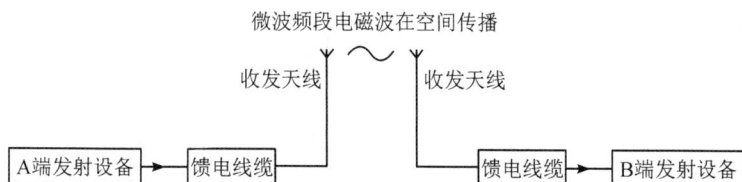

图 6-1-1　微波通信系统中的收发天线

发射天线将微波源产生的电磁波以球面波的形式辐射出去；接收天线一般处于远场区，在远场区的电磁波可近似看作是平面波。

若天线的最大线度是 l，则源到远场区的距离为

$$R = \frac{2l^2}{\lambda} \quad \text{m} \tag{6-1-1}$$

式中，λ 是天线的工作波长。对于电小天线，如短偶极子和小环天线，这一结果给出的远场区距离太小，一般用 $R=2\lambda$ 作为最小距离。

远场区也叫辐射区，任意天线辐射的电场可以表示为

$$\boldsymbol{E}(r, \theta, \phi) = [\boldsymbol{e}_\theta F_\theta(\theta, \phi) + \boldsymbol{e}_\phi F_\phi(\theta, \phi)] \frac{\mathrm{e}^{-\mathrm{j}k_0 r}}{r} \quad \text{V/m} \tag{6-1-2}$$

式中，$\boldsymbol{e}_\theta$、$\boldsymbol{e}_\phi$ 是球坐标系中的单位矢量；r 为场点距原点的距离；k_0 是空气中的传播常数；$F_\theta(\theta, \phi)$ 和 $F_\phi(\theta, \phi)$ 是方向图函数。电场在径向方向传播，相位变化为 $\mathrm{e}^{-\mathrm{j}k_0 r}$，幅度变化为 $1/r$。磁场由电场求得：

$$H_\phi = \frac{E_\theta}{\eta_0} \tag{6-1-3}$$

$$H_\theta = \frac{-E_\phi}{\eta_0} \tag{6-1-4}$$

其中，$\eta_0 = 120\pi$ 是空气中的波阻抗。电磁波的平均坡印亭矢量为

$$\boldsymbol{S}_{\mathrm{avg}} = \frac{1}{2}(E \times H^*) \quad \text{W/m}^2 \tag{6-1-5}$$

大多数天线的性能参数是针对发射状态规定的，以衡量天线把高频电流能量转变成空间电波能量以及定向辐射的能力。天线的电参数主要有方向图函数、方向图、主瓣宽度、旁瓣电平、方向系数、天线效率、极化特性、频带宽度和输入阻抗等。下面对它们逐一作详细介绍。

1. 天线的方向性

天线的功能之一是发射和接收信号，即天线具有对能量进行空间分配的功能。例如，卫星地球站的发射天线将辐射能量集束成一个很窄的主波束，并将它指向卫星。这种能力可用天线的方向性来描述。方向性是天线最重要的参量之一。

天线的方向性通常用方向图函数、主瓣宽度和方向系数表示。

1) 方向图函数 $F(\theta, \phi)$

天线方向图是指远场区任一方向的电场场强和同一距离的最大场强之比与方向角之间的关系曲线。表示方向图的函数也叫作方向图因子，即

$$F(\theta, \phi) = \frac{|E(\theta, \phi)|}{|E_{\max}|} \tag{6-1-6}$$

式中，$E_{\max}$ 是最大辐射方向上的电场强度；$E(\theta, \phi)$ 为同一距离 (θ, ϕ) 方向上的电场强度。这种表示方式叫作归一化方向图，通常用两个主平面上的方向图表示。主平面即相互垂直的电场 (E) 和磁场 (H) 所在平面，这两个方向图分别用 $F_E(\theta)$ 和 $F_E(\phi)$ 表示。

归一化方向图函数 $F(\theta, \phi)$ 的最大值为 1。因此，电基本振子天线的归一化方向图函数可写为

$$F(\theta, \phi) = |\sin\theta| \tag{6-1-7}$$

2) 半功率主瓣宽度 $2\theta_{0.5}$

实际天线的方向图通常由多个波瓣构成，常呈花瓣状，故又称波瓣图。最大辐射方向

所在的波瓣称为主瓣,其余的叫作旁瓣或副瓣。

　　如何表征方向图波瓣的宽度?根据电场强度和功率的关系,主瓣两侧半功率点处的场强为最大场强的$\sqrt{2}/2$(即 0.707)。若记 $F_E(\theta)=1/\sqrt{2}=0.707$ 处的 θ 角为 $\theta_{0.5}$,则 $2\theta_{0.5}$ 表示功率密度为最大方向上功率密度一半的两点之间的夹角。定义 $2\theta_{0.5}$ 为半功率主瓣宽度(Half Power Bind Width,HPBW),即称为半功率波瓣宽度,又称三分贝波束宽度,如图 6-1-2 所示。另外,图中标注的 FNBW 即为第一零点波束宽度。

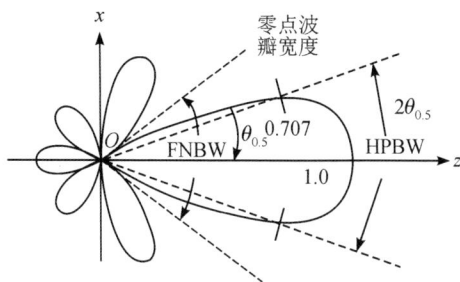

图 6-1-2　场方向图的波瓣和主瓣宽度

　　旁瓣除了损耗能量外,还会对目标测量带来误差,所以一般希望方向图的旁瓣尽可能小。可定义旁瓣电平分贝值来评价旁瓣对于主瓣的幅度,记为

$$\mathrm{SLL}=20\lg\frac{旁瓣最大值}{主瓣最大值}\quad \mathrm{dB} \tag{6-1-8}$$

　　3) 方向系数 D

　　方向系数用来定量描述天线定向辐射功率的集中程度。将一个在各个方向辐射功率相同的点源作为比较标准,无方向性天线(点源)的辐射功率 $S_0=|E_0|^2$。天线的方向系数 D (Directivity)即天线在最大辐射方向上远区某点的辐射功率密度与辐射功率相同的点源在同一点的功率密度之比。由于辐射功率密度正比于电场强度的平方,所以最大方向的方向系数 D 表示为

$$D=\frac{S_M}{S_0}\bigg|_{P_r相同,\,r相同} \tag{6-1-9}$$

式中,S_M 和 S_0 可分别表示为

$$S_M=\frac{1}{2}\frac{E_M^2}{120\pi},\ S_0=\frac{P_r}{4\pi r^2} \tag{6-1-10}$$

则有

$$D=\frac{\dfrac{1}{2}\dfrac{E_M^2}{120\pi}}{\dfrac{P_r}{4\pi r^2}}=\frac{E_M^2 r^2}{60P_r} \tag{6-1-11}$$

故

$$|E_M|=\frac{\sqrt{60P_r D}}{r} \tag{6-1-12}$$

2. 天线增益和天线效率

　　天线增益定义为:天线在最大辐射方向上远区某点的功率密度与输入功率相同的无方

向性天线在同一点的功率密度之比，即

$$G = \frac{S_M}{S_0}\bigg|_{P_r相同, r相同} \qquad (6-1-13)$$

由于理想点源天线的辐射功率即为输入功率 P_{in}，则有

$$G = \frac{E_M^2 r^2}{60P_{in}} = \frac{E_M^2 r^2}{60P_r}\frac{P_r}{P_{in}} = D\eta \qquad (6-1-14)$$

式中，η 为天线辐射效率。若设天线实际辐射功率为 P_r，定义 η 为辐射功率与输入功率之比，即

$$\eta = \frac{P_r}{P_{in}} \qquad (6-1-15)$$

可见，天线增益是天线方向系数和天线辐射效率这两个参数的结合。

天线增益一般用分贝(dB)表示，即

$$G = 10\lg D\eta \quad dB \qquad (6-1-16)$$

故天线增益分贝值表示某天线在最大辐射方向上与无方向性理想点源相比较时，其输入功率增大的倍数。微波系统中应用的实际天线一般都是定向天线。由于其辐射效率很高，天线增益与方向系数差别不大，这两个术语往往是混用的。

3. 天线的有效面积

当天线用于接收电磁波时，人们所关心的是该天线能够从来波中获取多大的功率。为此定义天线最大可接收功率 P_{RM} 与来波的实功率流密度 S_i 的比值为接收天线的有效面积，即

$$A_{eff} = \frac{P_{RM}}{S_i} \qquad (6-1-17)$$

可以证明天线的最大有效面积与天线方向系数的关系为

$$A_{eff} = D\frac{\lambda^2}{4\pi} \qquad (6-1-18)$$

式中，λ 是天线的工作波长。对于电大天线，其有效面积常接近于实际的物理口径面积。但是对于偶极子、环形天线等，其物理横截面积和它的有效面积不存在以上简单关系。

实际上，天线沿线电流一般都不是均匀的，它的辐射能力并不是按比例随着天线的长度变化。为了直观地衡量天线的辐射能力，引入了有效面积的概念。

4. 天线的极化方式

电磁波的极化是指电场强度的取向随时间变化的性质。当电场矢量的两个正交分量具有不同的振幅和相位关系时，可能形成三种极化方式：线极化、圆极化、椭圆极化，分别如图 6-1-3(a)、(b)、(c)所示。

接收天线与发射天线的极化方式必须互相适应，即极化匹配。否则产生损耗，称为极化损耗，完全正交时，接收天线也就完全接收不到来波的能量，这时称来波与接收天线是极化隔离的。

因此，接收天线只能接收跟自己极化方向相同的分量，不能接收与其正交的极化分量。为了提高接收效率，接收天线的极化方式最好能和发射天线一致。

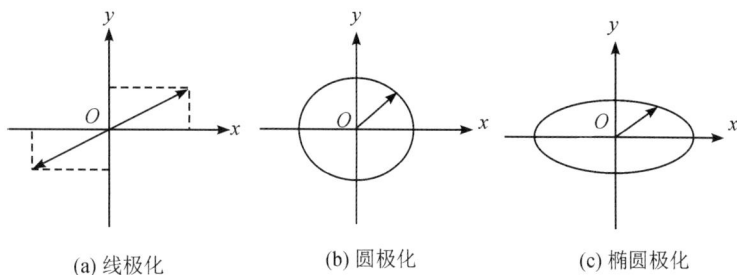

(a) 线极化   (b) 圆极化   (c) 椭圆极化

图 6-1-3 电磁波的极化方式

5. 天线的带宽

如前所述,当天线用于接收电磁波时,每个天线都有其工作频率范围,当偏离中心频率时,天线的电性能(如天线的输入阻抗匹配、增益、波瓣宽度、极化等)将会受到影响。

带宽可以根据最高截止频率 f_H 和最低截止频率 f_L 定义为

$$\text{BW} = f_H - f_L \tag{6-1-19}$$

采用绝对带宽表示时,带宽 BW 的量纲为 Hz。

采用相对带宽表示时,带宽是无量纲的相对值。带宽的百分比法定义为绝对带宽占中心频率的百分数,用 RBW 表示为

$$\text{RBW} = \frac{f_H - f_L}{f_c} \times 100\% = \frac{\text{BW}}{f_c} \times 100\% \tag{6-1-20}$$

其中,$f_c = \dfrac{f_H + f_L}{2}$ 为中心频率。

6. 天线的输入阻抗

假设有一副天线,将高频电流信号通过馈线发送出去,天线输入端的电流为 I_A,输入端的电压为 U_A。对比电路理论,如果把输入到天线的功率看成被一个阻抗所吸收,那么天线就可以看成是一个等效阻抗,如图 6-1-4 所示。从天线输入端看过去,天线所呈现的阻抗称为输入阻抗。它是加在天线输入端的高频电压与输入端电流之比,用 Z_{in} 来表示。

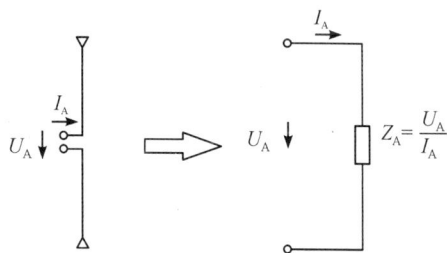

图 6-1-4 天线的等效阻抗电路

输入阻抗 Z_{in} 通常包括实部和虚部两个部分:

$$Z_{in} = \frac{U_{in}}{I_{in}} = R_{in} + jX_{in} \tag{6-1-21}$$

其中,R_{in} 为输入电阻,X_{in} 为输入电抗。

关于输入电阻和输入电抗的含义,有如下的简单理解:结合电基本振子的辐射场特点可知,天线的近区场,在一个周期内从场源流出的能量等于流回场源的能量,相当于一个电抗,而远区场则将能量源源不断地向空间辐射,相当于一个电阻。

以上是输入阻抗的概念,下面引入辐射阻抗的概念。

如果把天线向外辐射的功率看作被某个等效阻抗所吸收,则称此等效阻抗为辐射阻

173

抗。辐射阻抗是一个假想的等效阻抗，其数值与归算电流有关。

广义的天线辐射功率为复数，即包含实部和虚部两个部分。由远区场求出的辐射功率为实部，与之相应的等效阻抗为纯电阻，称为辐射电阻。实际工程中，人们最关心的就是天线的辐射电阻。

6.1.2　微波天线

第二次世界大战前，随着微波速调管和磁控管的发明，微波雷达开始发展。战时炮瞄雷达广泛采用抛物面天线，同时也发展了喇叭天线，并且还有在喇叭前加介质或金属透镜的透镜天线，以及其他形式的反射面天线。这些天线都是面天线或口径天线。抛物面天线是面天线的典型代表。与线天线不同，抛物面天线所载电流或磁流是沿天线体表面分布的，且天线的口径远大于工作波长。面天线常用在无线电频谱的高频段，特别是微波波段。这类天线的基本分析理论，如几何光学法、口径场法和电流分布法等，都在第二次世界大战后得到了进一步发展。

第二次世界大战后，人造地球卫星工程促进了微波天线技术的发展。1957 年，美国制成了用于精密跟踪雷达 AN/FPS-16 的单脉冲天线；同年，提出非频变天线理论，相继制成了用于电子对抗的等角螺旋天线和对数周期天线。1960 年，相控阵天线问世，并在 1968 年制成了高功率相控阵雷达 AN/FPS-85，以满足跟踪洲际导弹的需求。在当时，还制成了预警飞机 E-3A 雷达用的第一副超低旁瓣天线。射电天文和卫星通信的兴起，大大促进了反射面天线及其馈源的发展，1963 年，出现了高效率的双模喇叭馈源，之后发明的波纹喇叭天线，至今还应用在军事卫星通信系统中。1978 年，加拿大卫星 ANIK-B 首次使用了多波束天线。

近年来，这类天线蓬勃发展，出现了介质谐振器天线、分形天线等新的小型化天线形式。除此以外；在 20 世纪 50 年代末制成了第一批机载的自适应天线；1972 年，美国制成第一批实用微带天线，作为火箭和导弹的共形天线开始应用；20 世纪 90 年代，出现了所谓的智能天线，现在用于移动通信的基站天线，在此基础上，又制成了可重构天线。

目前，微波天线发展方向是多功能化、智能化、小型化、集成化及高性能化。

在实际应用中，微波频段天线的类型很多，可根据不同情况进行分类。

(1) 按照使用范围分类，有通信天线、雷达天线、导航天线、测向天线、广播天线、电视天线等。

(2) 按照用途分类，有发射天线、接收天线和收发共用天线。单基地脉冲雷达、卫星通信大多采用收发共用天线。

(3) 按照天线特性分类：按照方向特性分，有强方向性天线、弱方向性天线、定向天线、全向天线、针形波束天线、扇形波束天线等；按照极化特性分，有线极化天线（垂直极化与水平极化）、圆极化天线和椭圆极化天线；按照频带特性分，有窄频带天线、宽频带天线和超宽频带天线。

(4) 按照使用波段分类，有分米波天线、厘米波天线、毫米波天线、亚毫米波天线等。

(5) 按照天线外形分类，有螺旋天线、喇叭天线、反射面天线等。

此外，还有一些新型天线，如平板阵列天线、相控阵天线、自适应天线等。

这里举例说明几类常见的微波天线。

1. 反射面天线

反射面天线较早在雷达领域得到广泛应用。反射面天线结构简单，成本低，能耗低，主要形式如图 6-1-5 所示，包括旋转抛物面、垂直抛物柱面、水平抛物柱面、赋形发射面、堆积波束、单脉冲和卡塞格伦天线等。相对于赋形抛物面天线、堆积波束抛物面天线，旋转抛物面、垂直抛物面、水平抛物柱面都是简单抛物面天线。

下面简单介绍几种反射面天线。

抛物线绕轴旋转，可获得圆口径对称反射面，再配上合适的馈源，就得到旋转抛物面天线，如图 6-1-5(a)所示。它可以形成两维聚焦的高增益笔形波束，是最早采用的雷达天线形式之一，适用于各种频段的气象雷达以及要求不太高的火控、跟踪、监视雷达。

使抛物线沿垂直于焦轴的直线平行运动可得到抛物柱面，在焦轴上配置线阵馈源就构成抛物柱面天线，如图 6-1-5(b)、(c)所示。水平抛物柱面天线往往形成方位面窄、垂直面宽的扇形波束，特别适合作为 L 波段到米波波段的大型远程警戒和搜索雷达天线。图 6-1-5(d)是赋形发射面天线，图(e)是堆积波束天线，图(f)是单脉冲天线，图(g)是卡塞格伦天线。图 6-1-6 为远程警戒雷达采用的水平抛物柱面天线外观图。

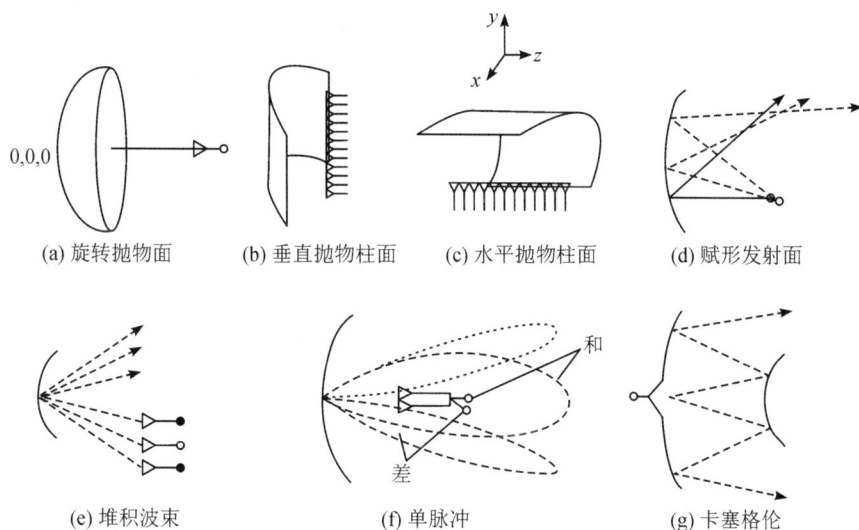

(a) 旋转抛物面　　(b) 垂直抛物柱面　　(c) 水平抛物柱面　　(d) 赋形发射面

(e) 堆积波束　　　　(f) 单脉冲　　　　(g) 卡塞格伦

图 6-1-5 反射面天线分类

图 6-1-6 远程警戒雷达采用的水平抛物柱面天线

卡塞格伦天线是一种双反射面天线。它由两个发射面和一个馈源组成,如图 6-1-7 所示。主反射面是一个旋转抛物面,副反射面为旋转双曲面,馈源置于旋转双曲面的实焦点上,旋转抛物面的焦点与旋转双曲面的焦点重合,即都位于 F2 点。从馈源辐射出来的电磁波被副反射面反射向主反射面,在主反射面上再次被反射。由于主反射面的焦点与副反射面的焦点重合,经主副反射面的两次反射后,电波平行于抛物面法向方向定向辐射。对经典的卡塞格伦天线来说,副反射面的存在遮挡了一部分能量,使得天线效率降低,能量分布不均匀,必须进行修正。修正型卡塞格伦天线通过天线面修正后,天线效率可提高到 0.7~0.75,而且能量分布均匀。

较之普通的抛物面天线,卡塞格伦天线的优点是:天线效率高,噪声温度低,馈源和低噪声放大器可安装在天线后方的射频箱里,这样可以减小馈线损耗带来的不利影响;缺点是副反射面及其支干会造成一定的遮挡,如图 6-1-8 所示。目前,大多数卫星地球站采用的都是修正型卡塞格伦天线。实际应用中,卫星通信中多采用卡塞格伦天线。

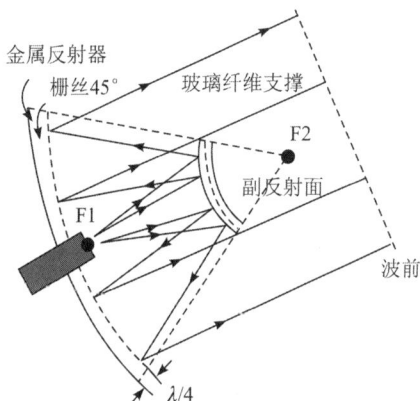

图 6-1-7 卡塞格伦天线

图 6-1-8 卡塞格伦天线外观图

图 6-1-9 是我国建设的 500 m 口径球面射电望远镜(Five-hundred meters Aperture Spherical radio telescope,FAST)。该望远镜开创了建造巨型望远镜的新模式,其反射面相当于 30 个足球场,灵敏度是世界第二大望远镜的 2.5 倍以上,大幅拓展了人类的视野,用于探索宇宙起源和演化。

图 6-1-9 FAST:中国制造的射电天文望远镜口径 500 m

2. 微带天线

微带天线是由一块厚度远小于波长的介质板（称为介质基片）和覆盖在它两面上的金属片（用印刷电路或微波集成技术）构成的，其中完全覆盖介质板的一片称为接地板，而尺寸可以和波长相比拟的另一片称为辐射源，俗称贴片，所以微带天线也叫贴片天线。辐射源的形状可以是方形、矩形、圆形和椭圆形等。

微带天线的特点是：体积小、重量轻、低剖面，因此容易做到与高速飞行器共形，且电性能多样化（如双频微带天线、圆极化天线等），尤其是容易和有源器件、微波电路集成为统一组件，因而适合大规模生产。在现代通信中，微带天线广泛地应用于 100 MHz～50 GHz 的频率范围内。

由于微带制作阵元的一致性很好，且易于集成，故很多场合将其设计成微带天线阵，从而得到了广泛的应用。微带天线自 20 世纪 70 年代以来引起了广泛的重视与研究，各种形状的微带天线已在军事通信、军用雷达、导航等多个领域得到应用，随着通信和新材料及集成技术的发展，微带天线必将在越来越多的领域发挥它的作用。

6.2　雷达系统中的微波电路

雷达是英文 Radar 的音译，源于 Radio Detection and Ranging 的缩写，原意是"无线电探测和测距"，最初的用途是利用军事目标对电磁波的反射（或称为二次散射）现象来发现目标并测定其位置。随着军用雷达技术的发展，军用雷达的任务不再只是测量目标的距离、方位和仰角，而且还包括测量目标的速度，以及从目标回波中获取更多有关目标的信息，如目标的尺寸、形状、航迹、敌我状态等。因此，飞机、导弹、人造卫星、船舶、车辆、兵器、炮弹及建筑物、山川、云雨等，都可能作为雷达的探测目标，这要根据雷达的用途而定。

1. 雷达的基本工作原理

现以典型的单基地脉冲雷达为例来说明雷达测量的基本工作原理。图 6-2-1 示意了这种雷达的基本工作原理。

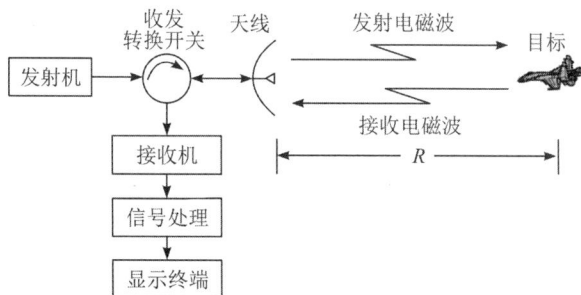

图 6-2-1　雷达的基本工作原理

如图 6-2-1 所示，由雷达发射机产生的电磁能经收发转换开关传输给天线，再由天线将此电磁能定向辐射于大气中。电磁能在大气中以光速传播，如果目标恰好位于定向天线的波束内，则它将要截取一部分电磁能。目标将被截取的电磁能向各方向散射，其中部分散射的能量朝向雷达接收方向。雷达天线收集到这部分散射的电磁波后，经传输线和收发转换开关馈给接收机。接收机将该微弱信号放大并经信号处理后即可获取所需信息，并将结果送至终端显示。

2. 雷达基本组成电路

下面以典型单基地脉冲雷达为例来说明雷达的基本组成及其作用。如图 6-2-2 所示，它主要由天线、发射机、接收机、信号处理机和终端设备等组成。其中，雷达发射机的主要部件，如天线、高功率射频振荡器和高功率射频放大器(包括行波管和速调管等)、调制器、高压电源和冷却模块、收发开关、接收机保护器、激励器等射频器件，都属于微波技术的范畴。

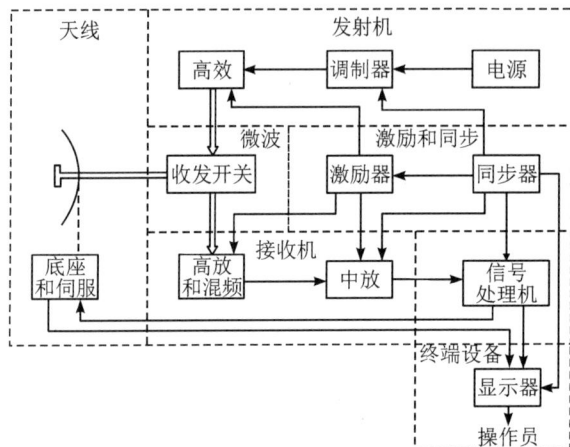

图 6-2-2　典型单基地脉冲雷达基本组成框图

需要说明的是，图 6-2-2 所示为雷达的基本电路组成框图，不同类型的雷达还有一些补充和差别，此处不再赘述。

6.3　现代无线通信系统中的微波电路

无线通信是军事通信的主要通信手段。特别对于飞机、舰艇、无人机和无人艇等运动载体，无线通信系统是重要的通信手段。

目前，无线通信方式较多。其中，陆地上通信主要采用卫星通信、微波接力通信、散射通信、流星余迹通信、短波通信、中波通信等方式；海上通信主要采用卫星通信、短波通信、超短波通信、中波通信、长波通信、激光对潜通信和水声通信等方式。这些通信方式所使用的电子设备，其中很重要的就是射频电路单元。

本节讨论的无线通信系统仅仅是以射频(Radio Frequency，RF)电磁波作为传输媒介的系统。射频的范围大体限定在 10 kHz～100 GHz，而目前无线通信系统的主要应用频段在 300 MHz 到 10 GHz 的频率范围，也就是射频/微波频段，这是因为微波具有长距离传播衰减少、穿透能力强和可传输宽带信号等特点。

图 6-3-1 给出了一个典型的无线通信

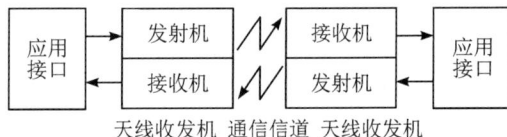

图 6-3-1　一个典型的无线通信系统

系统的示意图。天线收发机提供信源与通信信道(空气、媒质等)之间进行信息交换的接口。信源发送的数据经发射机调制和上变频后,转换为适合在信道中传送的信号,经天线辐射后,以无线电波形式在空间中传播;接收机接收到信号后,经下变频和解调后,将数据恢复为原来的格式并发送给用户或应用对象。

　　无线接收机一般由三部分组成,如图 6-3-2 所示。其中,应用接口部分提供用户数据和应用之间的接口,在这一部分可以定义各种各样的服务。基带处理部分对从射频前端来的中频信号进行解调,这一部分的实现方式是由所采用的调制技术决定的。一般来说,射频前端必须完成两个主要的操作:对天线采集到的信号进行放大,将放大后的信号下变频到较低的频率。由于射频前端对整个接收机的影响最大,对其性能要求也最高,这一部分通常采用模拟电路来实现。基带处理部分和应用接口部分则是在较低的频率(中频和基带)下工作的,在成熟的模/数变换器技术和数字信号处理技术的支持下,这两部分功能主要采用数字技术来实现,这样不仅可以提高集成度,还可以采用复杂的解调算法来提高整个接收机的性能,并可以提供各种各样的服务。

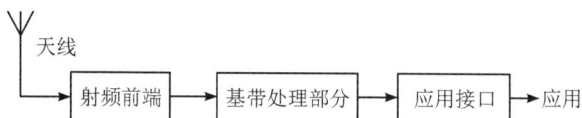

图 6-3-2　无线接收机的基本组成部分

6.3.1　超外差式接收机

　　虽然存在着多种无线通信系统,它们在许多方面都不一样,但是无线通信系统都包含一个射频前端模块来调制发送的信号和解调接收的信号。超外差式接收机是应用最广泛的一种接收机,它的基本原理是将从天线接收到的高频信号经放大和下变频后转换为一固定的中频信号,然后进一步下变频或者直接进行解调。

　　这里以图 6-3-3 所示的射频前端框图为例。射频前端包括低噪声放大器、下变频器、上变频器、功率放大器和频率综合器等模块和其他必要的偏置电路及控制电路。接收信号时,射频前端通过天线接收空间传播来的电磁波。由于信号一般都比较微弱,需要使用低噪声放大器对它进行放大。同时,由于空间存在着许多其他的电磁波信号,需要使用滤波器将这些无用的信号过滤掉,保留有用的信号。然后在下变频器中经过与本地产生的振荡信号进行混频,将信号从射频载波变换到中频或者基带信号。发送信号过程与接收信号过程相反,需要将中频或者基带信号经上变频器变换为射频载波,经过功率放大器放大到一

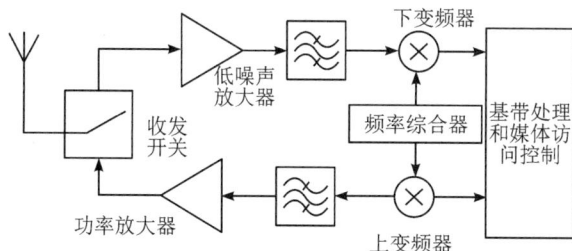

图 6-3-3　射频前端框图

定的功率，然后经过天线发送出去。频率综合器用来产生频率变换所需的本地振荡信号。将组成射频前端的这些电路集成到一个芯片内，形成单芯片射频通信系统，是学术界和产业界研究的热点，这样的芯片就是典型的微波混合集成电路。

6.3.2 现代无线通信系统

现代无线通信系统复杂多样，正以惊人的速度向前发展，而且民为军用、军民融合的趋势逐渐凸显。现在个人移动电话、全球定位系统(GPS)、互联网等应用都深入到了千家万户。军事无线通信、军用导航技术更是发展迅速。

表6-3-1是现代典型无线通信系统及其工作频带。由表可以看到，无线通信所使用的频段越来越高，带宽逐渐加大。

表6-3-1 典型无线通信系统及其工作频带

无线通信系统	工作频带
直播卫星(DBS)	1170～1250 MHz
无线局域网(WLAN)	902～928 MHz，2400～2484 MHz，5725～5850 MHz
北斗卫星导航系统 (L波段)	1559.052～1591.788 MHz，1166.22～1217.37 MHz， 1250.618～1286.423 MHz
全球定位系统(GPS)	L1：1575.42 MHz；L2：1227.60 MHz
3G通信系统	核心频段1900～1920 MHz，2010～2025 MHz
4G通信系统 (B3-FDD频段)	上行频段1710～1785 MHz，下行频段1805～1880 MHz
5G通信系统 (中国电信)	3400～3500 MHz
新铱星系统	卫星与地球站之间的链路，上行频段27.5～30 GHz，下行 频段18.8～20.2 GHz
本地多点业务 分配(LMDS) ——毫米波波段	24～38 GHz，利用高容量点对点微波传输，几乎可以提供 任何种类的业务，支持双向语音、数据及视频图像业务，实 现了较高带宽的用户接入速率，同时保证了很高的可靠性， 被誉为"无线光纤"技术

1. 移动通信系统

移动通信发展于20世纪80年代早期。1983年，高级移动电话服务(Advanced Mobile Phone Service，AMPS)在美国第一次应用于商业电信服务。而当时所有第一代移动通信系统，包括美国的AMPS、英国的TACS(Total Access Communication System)、日本的NTT(Nippon Telephone and Telegraph)以及欧洲的NMT(Nordic Mobile Telephone)都属于模拟系统。

第二代移动系统(即数字移动通信系统)出现于20世纪80年代晚期。当时，在该领域存在多种竞争性的规范标准，如全球移动通信系统(Global System for Mobile communications，GSM)、码分多址系统(Code-Division Multiple-Access system，CDMA)、时分多址系统(Time-

Division Multiple-Access system，TDMA 或 DAMPS)以及日本的个人数字蜂窝系统(Personal Digital Cellular，PDC)。GSM 主要工作在 900 MHz 频段，在较高频段 1800 MHz 的 GSM 被称为数字通信系统，或称为 1800 MHz GSM。IS-95/98 CDMA 系统和 IS-136 DAMPS 通常应用于 800 MHz 或 1900 MHz PCS 频段。像第一代无线通信系统一样，第二代移动通信系统主要还是应用于语音通信。但是，无线工业界一直致力于提高数据容量。通用分组无线系统(General Package Radio System，GPRS)、增强型数据速率 GSM 演进技术(Enhanced Data rate for GSM Evaluation，EDGE)等 2.5 G 技术相继诞生。其中，速率达到 384 kb/s 的 EDGE 可提供语音、数据、网络等其他连接方案。

为了满足日益增长的通信需求，在 20 世纪 90 年代后期，第三代系统(即 CDMA2000_1x)以及宽带码分多址系统(Wide-band Code Division Multiple Access，WCDMA)出现在历史舞台上。新一代系统能够满足当时所有的数据传输速率需求，提供语音、视频以及多媒体服务。

21 世纪初出现第四代移动通信技术，其关键技术包括正交频分复用、调制与编码技术、智能天线技术、MIMO 技术、软件无线电技术、多用户检测技术等，在数据通信、多媒体业务服务方面较第三代技术有显著提高。

21 世纪 10 年代中期，第五代移动通信技术启动，确定了增强移动宽带、大规模机器类通信、超低时延高可靠性通信。第五代移动通信关键技术包括新空口技术，例如大规模天线阵列技术、移动通信多址接入技术、频谱和多载波技术、编码技术、双工技术和终端直通技术等，以及网络技术和运营技术。

2. 北斗卫星导航系统

由于卫星导航定位技术具有定位精度高、覆盖范围广、响应速度快并能够全天时工作等特点，在各个领域尤其是军事方面具有很突出的意义，因此世界上各个国家都在争相发展独立自主的卫星导航系统。目前主要有中国自主研发的北斗卫星导航系统(Beidou Navigation Satellite System，BDS)、美国的全球定位系统(Global Positioning System，GPS)、欧洲伽利略导航定位系统(Galileo)和俄罗斯的格洛纳斯卫星导航定位系统(GLONASS)。

BDS 具有三大基本功能：分布式快速定位、双向通信和精密授时。该系统由空间段、地面段、用户段组成。

北斗一代向国际电信联盟(International Telecommunication Union，ITU)申请的工作上行 L 频段(1618.25 MHz±8.25 MHz，2491.75 MHz±8.25 MHz)，是以右旋圆极化方式工作的。北斗二代所有的频段都是以右旋圆极化方式工作的，由 5 颗静止轨道卫星和 30 颗非静止轨道卫星组成，能够实现全球定位和导航。北斗二代在 B1、B2 和 B3 频段上提供 B1I、B2I 和 B3I 三个公开服务信号，其中，B1 频段的中心频率为 1561.098 MHz，B2 频段的中心频率为 1207.14 MHz，B3 频段的中心频率为 1268.52 MHz。

北斗卫星导航系统是由我国自主研发的全球导航定位系统。2020 年 7 月 31 日，北斗三代全球卫星导航系统正式开通。系统实现了关键核心技术的自主可控，包括星间链路、高精度原子钟等 160 余项关键核心技术，突破 500 余种器部件国产化研制，实现北斗三代卫星核心器部件国产化率 100%，全球实测定位经度均值为 2.34 m。

3. 全球定位系统

全球定位系统(Global Positioning System，GPS)是美国的卫星导航定位系统。它是由

24 颗距地面 1.7 万公里的卫星组成的。这些卫星分布在 6 个轨道平面上。卫星持续地发回精准的时间与空间位置。GPS 接收方通过从卫星接收到的信号来确定其在地球上的准确位置。GPS 卫星拥有自身的空间位置，所以 GPS 接收方可通过射频信号在卫星与接收方两端来回所需的时间确定两者的距离。

GPS 卫星在两个频率上广播测距码和导航数据，分别是 L1 频段(1575.42 MHz)和 L2 频段(1227.6 MHz)。空间段的卫星与地面端的控制系统组成一个大型网络，能够为全球 98% 的用户提供导航定位服务，即 PVT 信息。

GPS 系统可提供的服务分为两类，即分布式精密定位服务(PPS)和标准定位服务(SPS)。其中：PPS 主要服务于美国军方和取得授权的政府机构用户，系统采用 P 码定位，单点定位精度可达到 0.29～2.9 m，利用 GPS 制导的导弹精度达到 3 m 以内；SPS 则主要用作民用，工作在 1575.42 MHz 频率上，定位精度可达 2.93～29.3 m。民用 GPS 应用 1.023 Mchip/s 伪随机码扩频技术使得其带宽达到 2.046 MHz。独立的 GPS 接收机的灵敏度可达到 −130 dBm 或更好，主要应用于车辆追踪系统以及汽车驾驶或船舶航行的导航系统中。

综上，现代信息与网络的发展是与射频/微波电路的飞速发展是分不开的。射频/微波技术正与计算机技术紧密结合，并关联多种学科，在技术上多次升级换代，并在多个层面产生突破和创新。未来的射频/微波研究人员将继续探索，推动该领域的发展。

本 章 小 结

本章简要地介绍了典型微波应用系统的组成和功能，以及微波技术在天线、雷达系统、无线通信系统等典型领域的应用、技术特点以及发展概况。

习　　题

6-1　什么是天线的半功率主瓣宽度？

6-2　简述天线方向系数的定义。

6-3　什么是天线增益和天线效率？

6-4　天线的极化方式有哪几种？

6-5　简述雷达探测目标的基本工作原理。

附　　录

附录1　常用数学公式

1. 矩阵的基本运算规则

1）矩阵的线性运算规则

特殊乘法：$(A+B)^2 = A^2 + AB + BA + B^2$　$(AB)^2 = (AB)(AB) \neq A^2 B^2$

2）关于逆矩阵的运算规则

(1) $(AB)^{-1} = B^{-1} A^{-1}$；

(2) $(kA)^{-1} = A^{-1}/k$；

(3) $(A^{-1})^{\mathrm{T}} = (A^{\mathrm{T}})^{-1}$；

(4) $(A^n)^{-1} = (A^{-1})^n$。

3）关于矩阵转置的运算规则

(1) $(AB)^{\mathrm{T}} = B^{\mathrm{T}} A^{\mathrm{T}}$；

(2) $(A+B)^{\mathrm{T}} = B^{\mathrm{T}} + A^{\mathrm{T}}$。

4）关于伴随矩阵的运算规则

(1) $AA^* = A^* A = |A| E$；

(2) $|A^*| = |A|^{n-1}$（$n \geqslant 2$）；

(3) $(A^*)^* = |A|^{n-2} A$；

(4) $(kA)^* = k^* \cdot A^*$，其中 k^* 是 k 的共轭复数；

(5) $r(A^*) = \begin{cases} n, & \text{若 } r(A) = n \\ 1, & \text{若 } r(A) = n-1; \\ 0, & \text{若 } r(A) = n-2 \end{cases}$

(6) 若 A 可逆，则 $(A^*)^{-1} = \dfrac{A}{|A|}$，$(A^*)^{-1} = (A^{-1})^*$，$A^* = |A| A^{-1}$。

5）关于分块矩阵的运算法则

(1) $\begin{bmatrix} A & B \\ C & D \end{bmatrix}^{\mathrm{T}} = \begin{bmatrix} A^{\mathrm{T}} & C^{\mathrm{T}} \\ B^{\mathrm{T}} & D^{\mathrm{T}} \end{bmatrix}$；

(2) $\begin{bmatrix} \boldsymbol{B} & 0 \\ 0 & \boldsymbol{C} \end{bmatrix}^{-1} = \begin{bmatrix} \boldsymbol{B}^{-1} & 0 \\ 0 & \boldsymbol{C}^{-1} \end{bmatrix}$，$\begin{bmatrix} 0 & \boldsymbol{B} \\ \boldsymbol{C} & 0 \end{bmatrix}^{-1} = \begin{bmatrix} 0 & \boldsymbol{C}^{-1} \\ \boldsymbol{B}^{-1} & 0 \end{bmatrix}$。

6）求变换矩阵

已知矩阵 $\boldsymbol{A}$ 及其特征值 λ_i，求 $\boldsymbol{T}$，使得

$$\boldsymbol{T}\boldsymbol{A}\boldsymbol{T}^{-1} = \begin{bmatrix} \lambda_1 & & & \boldsymbol{0} \\ & \lambda_2 & & \\ & & \ddots & \\ \boldsymbol{0} & & & \lambda_n \end{bmatrix}$$

设 $\boldsymbol{T} = (\boldsymbol{P}_1 \boldsymbol{P}_2 \cdots \boldsymbol{P}_n)$，则 $\boldsymbol{A}\boldsymbol{P}_i = \lambda_i \boldsymbol{P}_i$，其中 $\boldsymbol{A} = (a_{ij})(i=1, \cdots, n; j=1, \cdots, n)$

$$\begin{bmatrix} a_{11} & a_{12} & a_{13} \\ a_{21} & a_{22} & a_{23} \\ a_{31} & a_{32} & a_{33} \end{bmatrix} \begin{bmatrix} P_{11} \\ P_{21} \\ P_{31} \end{bmatrix} = \lambda_1 \begin{bmatrix} P_{11} \\ P_{21} \\ P_{31} \end{bmatrix} \Rightarrow \boldsymbol{P}_1 = \begin{bmatrix} P_{11} \\ P_{21} \\ P_{31} \end{bmatrix}$$

若有重根，则 $\boldsymbol{A}\boldsymbol{P}_i = \lambda_i \boldsymbol{P}_i + \boldsymbol{P}_{i-1}(i \geqslant 2)$。

再由 $\boldsymbol{T}$ 求 $\boldsymbol{T}^{-1}$。

7）特征值与矩阵

$\boldsymbol{A}$ 若可以化成对角型 $\boldsymbol{\Lambda}$，则存在矩阵 $\boldsymbol{a}$ 使得 $\boldsymbol{A} = \boldsymbol{a}^{-1}\boldsymbol{\Lambda}\boldsymbol{a}$，所以

(1) $\boldsymbol{A}^2 = \boldsymbol{a}^{-1}\boldsymbol{\Lambda}^2\boldsymbol{a}$，特征值 $\lambda_i = \lambda_i^2$ 对于 $\boldsymbol{A}^n$ 仍然适用；

(2) $\boldsymbol{A}^{-1} = (\boldsymbol{a}\boldsymbol{\Lambda}\boldsymbol{a}^{-1})^{-1} = \boldsymbol{a}^{-1}\boldsymbol{\Lambda}^{-1}\boldsymbol{a}$，因此，$\lambda_{A^{-1}} = 1/\lambda_A$。

8）酉变换

$\boldsymbol{A}^H$ 表示转置共轭向量，即

$$\boldsymbol{A}^H = \boldsymbol{A}^{-T}$$

$\boldsymbol{A}\boldsymbol{A}^H = \boldsymbol{A}^H\boldsymbol{A} = \boldsymbol{E}$，则 $\boldsymbol{A}$ 为酉矩阵。

2. 一些有用的矢量恒等式

$$\boldsymbol{A} \cdot \boldsymbol{B} = |A||B|\cos a_{AB}$$

$$\boldsymbol{A} \times \boldsymbol{B} = \boldsymbol{e}_n |A||B|\sin a_{AB}$$

$$\boldsymbol{A} \times \boldsymbol{B} = \begin{vmatrix} \boldsymbol{e}_x & \boldsymbol{e}_y & \boldsymbol{e}_z \\ A_x & A_y & A_z \\ B_x & B_y & B_z \end{vmatrix}$$

$$\int_V \nabla \cdot \boldsymbol{A} \, \mathrm{d}v = \oint \boldsymbol{A} \cdot \mathrm{d}\boldsymbol{s} \quad \text{（散度定理）}$$

$$\int_s (\nabla \times \boldsymbol{A}) \cdot \mathrm{d}\boldsymbol{s} = \oint_l \boldsymbol{A} \cdot \mathrm{d}\boldsymbol{l} \quad \text{（斯托克斯定理）}$$

3. 直角、圆柱和球坐标系下的梯度、散度和旋度公式

直角坐标系 (x, y, z)：

$$\nabla = \boldsymbol{e}_x \frac{\partial}{\partial x} + \boldsymbol{e}_y \frac{\partial}{\partial y} + \boldsymbol{e}_z \frac{\partial}{\partial z}$$

$$\nabla \Phi = \boldsymbol{e}_x \frac{\partial \Phi}{\partial x} + \boldsymbol{e}_y \frac{\partial \Phi}{\partial y} + \boldsymbol{e}_z \frac{\partial \Phi}{\partial z}$$

$$\nabla \cdot \boldsymbol{A} = \frac{\partial A_x}{\partial x} + \frac{\partial A_y}{\partial y} + \frac{\partial A_z}{\partial z}$$

$$\nabla \times \boldsymbol{A} = \begin{vmatrix} \boldsymbol{e}_x & \boldsymbol{e}_y & \boldsymbol{e}_z \\ \dfrac{\partial}{\partial x} & \dfrac{\partial}{\partial y} & \dfrac{\partial}{\partial z} \\ A_x & A_y & A_z \end{vmatrix}$$

$$= \boldsymbol{e}_x \left(\frac{\partial A_z}{\partial y} - \frac{\partial A_y}{\partial z} \right) + \boldsymbol{e}_y \left(\frac{\partial A_x}{\partial z} - \frac{\partial A_z}{\partial x} \right) + \boldsymbol{e}_z \left(\frac{\partial A_y}{\partial x} - \frac{\partial A_x}{\partial y} \right)$$

$$\nabla^2 \boldsymbol{A} = \boldsymbol{e}_x \nabla^2 A_x + \boldsymbol{e}_y \nabla^2 A_y + \boldsymbol{e}_z \nabla^2 A_z$$

圆柱坐标(r, φ, z)：

$$\nabla f = \boldsymbol{e}_\rho \frac{\partial f}{\partial \rho} + \boldsymbol{e}_\varphi \frac{1}{\rho} \frac{\partial f}{\partial \varphi} + \boldsymbol{e}_z \frac{\partial f}{\partial z}$$

$$\nabla \cdot \boldsymbol{A} = \frac{1}{\rho} \frac{\partial}{\partial \rho} (\rho A_\rho) + \frac{1}{\rho} \frac{\partial A_\varphi}{\partial \varphi} + \boldsymbol{e}_z \frac{\partial A_z}{\partial z}$$

$$\nabla \times \boldsymbol{A} = \frac{1}{\rho} \begin{vmatrix} \boldsymbol{e}_\rho & \rho \boldsymbol{e}_\varphi & \boldsymbol{e}_z \\ \dfrac{\partial}{\partial \rho} & \dfrac{\partial}{\partial \varphi} & \dfrac{\partial}{\partial z} \\ A_\rho & R A_\varphi & A_z \end{vmatrix}$$

$$\nabla^2 = \frac{1}{\rho} \frac{\partial}{\partial \rho} \left(\rho \frac{\partial f}{\partial \rho} \right) + \frac{1}{\rho^2} \frac{\partial^2 f}{\partial \varphi^2} + \frac{\partial^2 f}{\partial z^2}$$

球面坐标(r, θ, φ)：

$$\nabla f = \hat{\boldsymbol{e}}_r \frac{\partial f}{\partial r} + \hat{\boldsymbol{e}}_\theta \frac{1}{r} \frac{\partial f}{\partial \theta} + \hat{\boldsymbol{e}}_\varphi \frac{1}{r \sin\theta} \frac{\partial f}{\partial \varphi}$$

$$\nabla \cdot \boldsymbol{A} = \frac{1}{r^2} \frac{\partial}{\partial r} (r^2 A_r) + \frac{1}{r \sin\theta} \frac{\partial}{\partial \theta} (\sin\theta A_\theta) + \frac{1}{r \sin\theta} \frac{\partial A_\varphi}{\partial \varphi}$$

$$\nabla \times \boldsymbol{A} = \frac{1}{r^2 \sin\theta} \begin{vmatrix} \boldsymbol{e}_r & r \boldsymbol{e}_\theta & r \sin\theta \boldsymbol{e}_\varphi \\ \dfrac{\partial}{\partial r} & \dfrac{\partial}{\partial \theta} & \dfrac{\partial}{\partial \varphi} \\ A_r & r A_\theta & r \sin\theta A_\varphi \end{vmatrix}$$

$$\nabla^2 f = \frac{1}{r^2} \frac{\partial}{\partial r} \left(r^2 \frac{\partial f}{\partial r} \right) + \frac{1}{r^2 \sin\theta} \frac{\partial}{\partial \theta} \left(\sin\theta \frac{\partial f}{\partial \theta} \right) + \frac{1}{r^2 \sin^2\theta} \frac{\partial^2 f}{\partial \varphi^2}$$

4. 其他常用数学公式

欧拉公式：

$$\mathrm{e}^{jx} = \cos x + j \sin x$$

$$\sin x = \frac{\mathrm{e}^{jx} - \mathrm{e}^{jx}}{2j}, \ \cos x = \frac{\mathrm{e}^{jx} + \mathrm{e}^{-jx}}{2}$$

$$\sinh x = \frac{\mathrm{e}^{x} - \mathrm{e}^{-x}}{2}, \ \cosh x = \frac{\mathrm{e}^{x} + \mathrm{e}^{-x}}{2}$$

$$\sinh jx = j \sin x, \ \cosh jx = \cos x$$

麦克劳林展开式：

(1) $e^x = 1 + x + \dfrac{x^2}{2} + \cdots \dfrac{x^n}{n!}$；

(2) $\sin x = x - \dfrac{x^3}{3!} + \dfrac{x^5}{5!} - \cdots + (-1)^n \dfrac{x^{2n+1}}{2n+1!}$；

(3) $\cos x = 1 - \dfrac{x^2}{2!} + \dfrac{x^4}{4!} - \cdots + (-1)^n \dfrac{x^{2n}}{2n!}$；

(4) $(1+x)^\alpha = 1 + \alpha x + \dfrac{\alpha(\alpha-1)}{2!}x^2 + \dfrac{\alpha(\alpha-1)(\alpha-2)}{3!}x^3 + \cdots + \dfrac{\prod\limits_{k=1}^{n}(\alpha-k+1)}{n!}x^n$。

附录 2　基本运算规则

一个二端口微波网络，其阻抗网络的联立方程形式为
$$\begin{cases} U_1 = Z_{11}I_1 + Z_{12}I_2 \\ U_2 = Z_{21}I_1 + Z_{22}I_2 \end{cases}$$
可把此联立方程写成下列简洁的矩阵形式，以便于作矩阵运算
$$\begin{bmatrix} U_1 \\ U_2 \end{bmatrix} = \begin{bmatrix} Z_{11} & Z_{12} \\ Z_{21} & Z_{22} \end{bmatrix} \cdot \begin{bmatrix} I_1 \\ I_2 \end{bmatrix} \tag{1}$$
或
$$\boldsymbol{U} = \boldsymbol{Z} \cdot \boldsymbol{I} \tag{2}$$

式(2)为式(1)的简单形式。[ ]为矩阵符号，[ ]内的变量为矩阵元素。式(1)或式(2)表示阻抗矩阵乘上电流矩阵等于电压矩阵。这个乘法称为矩阵乘法，有其一定的规则，下面就要谈到。根据矩阵的运算规则，式(1)、式(2)即可完全代表阻抗网络的联立方程形式。

在式(1)的矩阵符号中，横排称行，纵排称列。只有一行的矩阵称为行矩阵，只有一列的矩阵称为列矩阵。行数和列数相等的矩阵称为方阵。在式(1)中，$\begin{bmatrix} U_1 \\ U_2 \end{bmatrix}$、$\begin{bmatrix} I_1 \\ I_2 \end{bmatrix}$ 为列矩阵，而 $\begin{bmatrix} Z_{11} & Z_{12} \\ Z_{21} & Z_{22} \end{bmatrix}$ 则为方阵。

当矩阵的行和列的位置互换时，称转置矩阵，如 $\begin{bmatrix} Z_{11} & Z_{12} \\ Z_{21} & Z_{22} \end{bmatrix}$ 的转置矩阵为 $\begin{bmatrix} Z_{11} & Z_{21} \\ Z_{12} & Z_{22} \end{bmatrix}$。转置矩阵以符号 $\overline{[\ ]}$ 表示。

对于一个方阵，如从左上角到右下角的对角线位置上所有元素的值为1，而其他位置的元素均为零时，称为单位矩阵，如 $\begin{bmatrix} 1 & 0 \\ 0 & 1 \end{bmatrix}$ 就是单位矩阵，通常以符号 $[\boldsymbol{1}]$ 表示。在矩阵运算中，其作用相当于一般运算中的1。

下面是常用的矩阵基本运算规则。

（1）矩阵的加减只能在同行数、同列数的矩阵间进行。加减时只将其对应位置的元素进行加减。例如，

$$\begin{bmatrix} A_{11} & A_{12} \\ A_{21} & A_{22} \end{bmatrix} + \begin{bmatrix} B_{11} & B_{12} \\ B_{21} & B_{22} \end{bmatrix} = \begin{bmatrix} A_{11}+B_{11} & A_{12}+B_{12} \\ A_{21}+B_{21} & A_{22}+B_{22} \end{bmatrix} \tag{3}$$

（2）矩阵和一常数相乘时，应将所有元素乘上该常数，例如，

$$K \begin{bmatrix} A_{11} & A_{12} \\ A_{21} & A_{22} \end{bmatrix} = \begin{bmatrix} KA_{11} & KA_{12} \\ KA_{21} & KA_{22} \end{bmatrix} \tag{4}$$

（3）矩阵 A 和矩阵 B 相乘时，要求 A 的列数等于 B 的行数，否则 $A \cdot B$ 不成立。两者相乘后得到的矩阵，其行数等于 A 的行数，列数等于 B 的列数。具体乘法的例子如下：

$$\begin{bmatrix} A_{11} & A_{12} & A_{13} \\ A_{21} & A_{22} & A_{23} \end{bmatrix} \cdot \begin{bmatrix} B_{11} & B_{12} \\ B_{21} & B_{22} \\ B_{31} & B_{32} \end{bmatrix} = \begin{bmatrix} A_{11}B_{11}+A_{12}B_{21}+A_{13}B_{31} & A_{11}B_{12}+A_{12}B_{22}+A_{13}B_{32} \\ A_{21}B_{11}+A_{22}B_{21}+A_{23}B_{31} & A_{21}B_{12}+A_{22}B_{22}+A_{23}B_{32} \end{bmatrix}$$

$$\tag{5}$$

矩阵相乘有一定次序，不能任意颠倒。从上例可看出，$A \cdot B$ 得到二行二列的新矩阵；若是 $B \cdot A$，则得到三行三列的矩阵。显然，$A \cdot B \neq B \cdot A$。

（4）当三个或更多个矩阵相乘时，在不变更次序的前提下，满足结合律，即可以先把任意几个矩阵相乘，再和其他矩阵相乘。

$$A \cdot B \cdot C = \{A \cdot B\} \cdot C = A \cdot \{B \cdot C\} \tag{6}$$

（5）单位矩阵乘以同行同列数的方阵后，其结果仍为被乘式方阵本身。

$$[1] \cdot A = A \tag{7}$$

这一性质可由矩阵的乘法规则推导。

（6）矩阵运算满足下列结合律：

$$A \cdot C + B \cdot C = \{A+B\} \cdot C \tag{8}$$

（7）矩阵等式的两边可乘上相同的矩阵。例如，

$$A = B$$

则

$$C \cdot A = C \cdot B \tag{9}$$

（8）如 $A \cdot B = C$，其中 A 为方阵。若作此乘法的逆运算，而得

$$B = D \cdot C$$

则 D 称为 A 的逆矩阵，相当于一般乘法的倒数，以 A^{-1} 表示。即

$$B = A^{-1}C \tag{10}$$

在式（10）两边都乘以矩阵 A，则得

$$A \cdot B = A \cdot A^{-1} \cdot C$$
$$C = A \cdot A^{-1} \cdot C$$
$$[1] \cdot C = A \cdot A^{-1} \cdot C$$

故得

$$A \cdot A^{-1} = [1]$$

因此，当两个方阵相乘等于单位矩阵时，此两方阵彼此互为逆矩阵。

计算逆矩阵诸元素的具体运算规则为

$$\boldsymbol{Z}^{-1} = \begin{bmatrix} Z_{11} & Z_{12} & Z_{13} \\ Z_{21} & Z_{22} & Z_{23} \\ Z_{31} & Z_{32} & Z_{33} \end{bmatrix}^{-1} = \frac{1}{|\boldsymbol{Z}|} \begin{bmatrix} Az_{11} & Az_{21} & Az_{31} \\ Az_{12} & Az_{22} & Az_{32} \\ Az_{13} & Az_{23} & Az_{33} \end{bmatrix} \tag{11}$$

即当 $\boldsymbol{Z}$ 矩阵的诸元素为 Z_{11}，Z_{12}，$\cdots$，Z_{33} 时，其逆矩阵的相应元素分别为 $\frac{1}{|Z|}Az_{11}$，$\frac{1}{|Z|}Az_{21}$，$\cdots$，$\frac{1}{|Z|}Az_{33}$。其中 $|\boldsymbol{Z}|$ 为将 $\boldsymbol{Z}$ 矩阵变为行列式时求得之和

$$\begin{aligned} |\boldsymbol{Z}| &= \begin{vmatrix} Z_{11} & Z_{12} & Z_{13} \\ Z_{21} & Z_{22} & Z_{23} \\ Z_{31} & Z_{32} & Z_{33} \end{vmatrix} \\ &= Z_{11}Z_{22}Z_{33} + Z_{21}Z_{32}Z_{13} + Z_{31}Z_{12}Z_{23} - Z_{13}Z_{22}Z_{31} - \\ &\quad Z_{23}Z_{32}Z_{11} - Z_{33}Z_{12}Z_{21} \end{aligned} \tag{12}$$

Az_{ij} 称为 Z 行列式中元素 Z_{ij} 的代数余子式。通过元素 Z_{ij} 把两线上元素去掉得到一个降阶行列式，在其前面乘以因子 $(-1)^{i+j}$，即得余子式 Az_{ij}。例如上述三阶行列式的 Az_{23} 为

$$\begin{aligned} Az_{23} &= (-1)^{2+3} \begin{vmatrix} Z_{11} & Z_{12} \\ Z_{31} & Z_{32} \end{vmatrix} = - \begin{vmatrix} Z_{11} & Z_{12} \\ Z_{31} & Z_{32} \end{vmatrix} \\ &= -(Z_{11}Z_{32} - Z_{12}Z_{31}) \end{aligned}$$

以上为矩阵的基本运算规则。

为了比较简洁地对联立方程进行运算，需要利用这些矩阵的运算规则。

例如，将式 (1) 的右边按矩阵乘法规则相乘，得

$$\begin{bmatrix} U_1 \\ U_2 \end{bmatrix} = \begin{bmatrix} Z_{11} & Z_{12} \\ Z_{21} & Z_{22} \end{bmatrix} \cdot \begin{bmatrix} I_1 \\ I_2 \end{bmatrix} = \begin{bmatrix} Z_{11}I_1 + Z_{12}I_2 \\ Z_{21}I_1 + Z_{22}I_2 \end{bmatrix} \tag{13}$$

此等式两边都是一个二行一列的矩阵，其相应的矩阵元素应该相等。

在式 (13) 中，系将电压表达成对电流的关系，称为阻抗网络表达式。若反过来，则把电流表达成对电压的关系，即称为导纳网络表达式：

$$\begin{aligned} I_1 &= Y_{11}U_1 + Y_{12}U_2 \\ I_2 &= Y_{21}U_1 + Y_{22}U_2 \end{aligned} \tag{14}$$

如阻抗网络参量 Z_{11}，Z_{12}，$\cdots$ 已求得，而需求导纳网络参量 Y_{11}，Y_{12}，$\cdots$ 时，一般可由联立方程得出，也可根据矩阵运算而得出。

而联立方程 (14) 的矩阵表达式为

$$\boldsymbol{I} = \boldsymbol{Y} \cdot \boldsymbol{U} \tag{15}$$

根据矩阵运算规则，显然有 $\boldsymbol{Y} = \boldsymbol{Z}^{-1}$，即阻抗矩阵和导纳矩阵互为逆矩阵。因此 $\boldsymbol{Y}$ 的诸元素（即 $\boldsymbol{Y}$ 网络的参量），可根据逆矩阵运算规则由 $\boldsymbol{Z}$ 计算而得：

$$\boldsymbol{Y} = \begin{bmatrix} Z_{11} & Z_{12} \\ Z_{21} & Z_{22} \end{bmatrix}^{-1} = \frac{1}{Z_{11}Z_{22} - Z_{12}Z_{21}} \begin{vmatrix} Z_{22} & -Z_{21} \\ -Z_{12} & Z_{11} \end{vmatrix} \tag{16}$$

即从 $\boldsymbol{Z}$ 网络的各参量得到了 $\boldsymbol{Y}$ 网络的各参量。

附录3　常用绝缘材料的电性能

名　称	电阻率 $\rho/(\Omega \cdot mm)$	相对介电常数 ε_r	名　称	电阻率 $\rho/(\Omega \cdot mm)$	相对介电常数 ε_r
聚四氟乙烯		2.0—2.1	松节油		2.2
聚苯乙烯	1017	3	橄榄油		3
环氧树脂		3.6	蓖麻油		4.7
聚酰胺		5	云母板		5
酚醛塑料	1013	3.6	石英		4.5
酚醛树脂		8	玻璃	1014	5
硬质胶		2.5	云母	1016	6
胶质不碎玻璃	1014	3.2	瓷	1013	4.4
石蜡油	1017	2.2	页岩		4
石油		2.2	皂石		6
变压器油（矿物性）		2.2	大理石	109	8
变压器油（植物性）		2.5	硬橡胶	1015	4
电容器油	1015～1016	2.1～2.3	软橡胶		2.5
人造琥珀	1017		胶纸板		4.5
电力电缆绝缘		4.2	层压纸板		4
通信电缆绝缘		1.5	真空		1
电缆填料		2.5	空气	1018	1
纸		2.3	水（蒸馏）	106	80
刚纸（硬化纸板）		2.5	石蜡	1017	2.2
油纸		5	马来树胶		4

附录 4　标准矩形波导主要参数

波导型号		主模频率范围/GHz	截止频率/MHz	结构尺寸/mm		衰减/(dB·m⁻¹)	
153-IEC标准	中国-国家标准			宽度 a	高度 b	频率/GHz	理论值
R8	BJ 3	0.64～0.98	513.17	292.1	146.05	0.77	0.00222
R9	BJ 9	0.76～1.15	605.27	247.65	123.83	0.91	0.00284
R12	BJ 12	0.96～1.46	766.42	195.58	97.79	1.15	0.00405
R14	BJ 14	1.14～1.73	907.91	165.10	82.55	1.36	0.00522
R18	BJ 18	1.45～2.20	1137.1	129.54	64.77	1.74	0.00749
R22	BJ 22	1.72～2.61	1372.4	109.22	54.61	2.06	0.00970
R26	BJ 26	2.17～3.30	1735.7	86.36	43.18	2.61	0.0138
R32	BJ 32	2.60～3.95	2077.9	72.14	34.04	3.12	0.0189
R40	BJ 40	3.22～4.90	2576.9	58.17	29.083	3.87	0.0249
R48	BJ 48	3.94～5.99	3152.4	47.55	22.149	4.73	0.0355
R58	BJ 58	4.64～7.05	3711.2	40.39	20.193	5.57	0.0431
R70	BJ 70	5.38～8.17	4301.2	34.85	15.799	6.46	0.0576
R84	BJ 84	6.57～9.99	5259.7	28.499	12.624	7.89	0.0794
R100	BJ 100	8.20～12.5	6557.1	22.860	10.160	9.84	0.110
R120	BJ 120	9.84～15.0	7868.6	19.050	9.525	11.8	0.133
R140	BJ 140	11.9～18.0	9487.7	15.799	7.898	14.2	0.176
R180	BJ 180	14.5～22.0	11571	12.945	6.477	17.4	0.238
R220	BJ 220	17.6～26.7	14051	10.668	5.328	21.1	0.370
R260	BJ 260	21.7～33.0	17357	8.636	5.328	26.1	0.435
R320	BJ 320	26.4～40.0	21077	7.112	3.556	31.6	0.583
R400	BJ 400	32.9～50.1	26344	5.690	2.845	39.5	0.815
R500	BJ 500	39.2～59.6	31392	4.755	2.388	47.1	1.060
R620	BJ 620	49.8～75.8	39977	3.759	1.880	59.9	1.52
R740	BJ 740	60.5～91.9	48369	3.099	1.549	72.6	2.03
R900	BJ 900	73.8～112	59014	2.540	1.270	88.6	2.74
R1200	BJ 1200	92.2～140	73768	2.032	1.016	111	3.82

附录 5　史密斯圆图

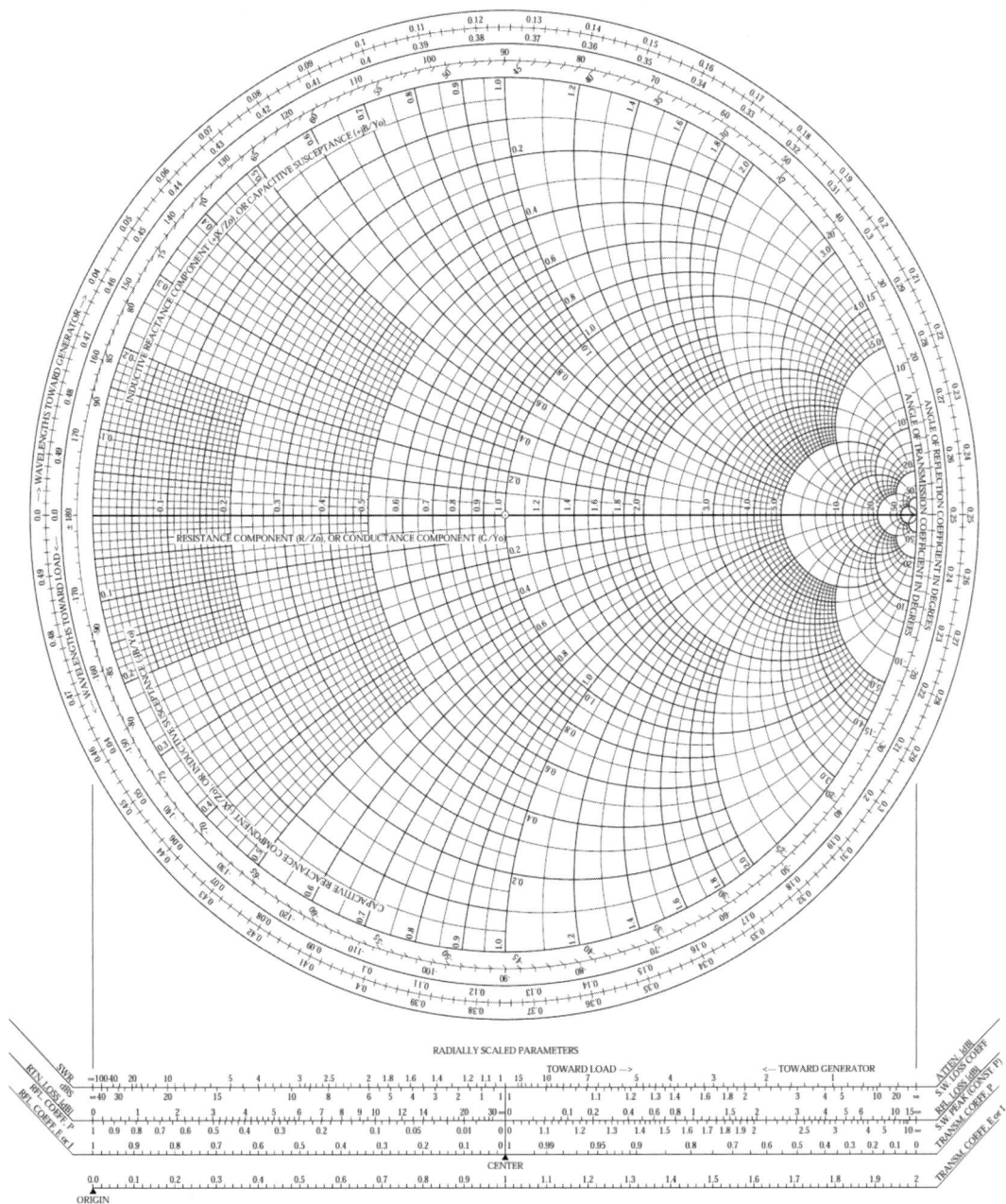

参 考 文 献

[1] 赵春晖. 微波技术[M]. 2 版. 北京：高等教育出版社，2020.

[2] 杨儒贵. 电磁场与电磁波教学指导书[M]. 2 版. 北京：高等教育出版社，2008.

[3] 王一平. 工程电动力学[M]. 西安：西安电子科技大学出版社，2007.

[4] 应嘉年，顾茂章，张克潜. 微波与光导波技术[M]. 北京：国防工业出版社，1994.

[5] 陈抗生. 电磁场理论与微波工程基础[M]. 杭州：浙江大学出版社，2009.

[6] 美国业余无线电协会. 天线手册[M]. 22 版. 匡磊，译. 北京：人民邮电出版社，2016.

[7] DAVID M. POZAR. 微波工程[M]. 4 版. 谭云华，等译. 北京：电子工业出版社，2019.

[8] QIZHENG GU. 无线通信中的射频收发系统设计[M]. 杨国敏，译. 北京：清华大学出版社，2016.

[9] 赵克玉，许福永. 微波原理与技术[M]. 北京：高等教育出版社，2006.

[10] 赵春晖. 微波技术：测量与仿真[M]. 哈尔滨：哈尔滨工程大学出版社，2013.

[11] 全绍辉. 微波技术基础[M]. 北京：高等教育出版社，2011.

[12] 栾秀珍，王钟葆，傅世强，等. 微波技术与微波器件[M]. 2 版. 北京：清华大学出版社，2022.

[13] 王培章，余同彬，晋军. 微波射频技术电路设计与分析[M]. 北京：国防工业出版社，2012.

[14] 梁昌洪，谢拥军，官伯然. 简明微波[M]. 北京：高等教育出版社，2006.

[15] 廖承恩. 微波技术基础[M]. 西安：西安电子科技大学出版社，2000.

[16] 雷振亚. 微波电子线路[M]. 西安：西安电子科技大学出版社，2009.

[17] 杨雪霞，宸梓轩. 微波技术基础[M]. 北京：清华大学出版社，2021.

[18] 丁鹭飞，耿富禄，陈建春. 雷达原理[M]. 北京：电子工业出版社，2020.